"职业素养+能力提升+大赛辅导"一体化教材

电子电路装调与应用

主　编　王　林
副主编　赵　维　冯　永　刘　畅
参　编　冯　佳　高　铮　桑　舸　董　森

電子工業出版社
Publishing House of Electronics Industry
北京 · BEIJING

内 容 简 介

本书按照“做中学、做中教、理实一体”的教学理念进行编写，选取生活中 6 种典型的电子产品作为载体，搭建由易到难、由简到繁的螺旋递进式学习阶梯，力求使学生乐学、易学。全书内容包括直流稳压电源的装调与应用、声光控楼道灯控制器的装调与应用、抢答器的装调与应用、多功能控制器的装调与应用、数字钟的装调与应用、智能巡更机器人的装调与应用。

在项目的编写过程中，依据企业一般电子产品装配工艺流程中的典型岗位，将每个项目的内容分解为装配、调试、检修 3 个具体的工作任务，将电子元器件的识别与检测、仪器仪表的识别与使用、工具的识别与使用、不同焊接技能的学习、电路调试方法、电路检修方法融入工作任务中，使每个项目具有一样的工作流程、不一样的工作内容和学习内容，不断强化学生的操作技能。

本书可作为职业院校机电类、电气类相关专业的教材。

图书在版编目（CIP）数据

电子电路装调与应用 / 王林主编. -- 北京 : 电子工业出版社, 2024. 7. -- ISBN 978-7-121-48162-8

Ⅰ. TN710

中国国家版本馆CIP数据核字第2024EX3242号

责任编辑：张　凌
印　　刷：北京雁林吉兆印刷有限公司
装　　订：北京雁林吉兆印刷有限公司
出版发行：电子工业出版社
　　　　　北京市海淀区万寿路173信箱　邮编：100036
开　　本：880×1230　1/16　印张：11.5　字数：258千字
版　　次：2024年7月第1版
印　　次：2024年7月第1次印刷
定　　价：39.00元

凡所购买电子工业出版社图书有缺损问题，请向购买书店调换。若书店售缺，请与本社发行部联系，联系及邮购电话：（010）88254888，88258888。

质量投诉请发邮件至 zlts@phei.com.cn，盗版侵权举报请发邮件至 dbqq@phei.com.cn。

本书咨询联系方式：（010）88254583，zling@phei.com.cn。

前　言
PREFACE

本书编者团队深入学习党的二十大精神，坚定理想信念，落实立德树人根本任务，强化课程思政功能，结合科技发展，在课程内容中有机融入社会主义核心价值观、大国工匠等内容，育德于行，增强学生的民族自信、爱国情怀，引领正确的价值观，力求为国家培养德智体美劳全面发展的社会主义建设者和接班人。在本书的编写过程中，编者深入企业调研，融合“岗课赛证”相关内容，借鉴全国职业院校技能大赛电子电路装调与应用赛项内容与标准，引入OBE教学理念，让学生学以致用，激发学习兴趣。本书理论结合实践，力求突破传统学科的教学体系框架，以项目式教学模块为架构，引入行业相关标准，以培养学生的综合职业能力为目标。

在教学内容方面，6个装配教学项目均选自生活中典型的电子产品，涵盖日常生活的方方面面，尽量使学生在完成工作任务的过程中不仅获得与实际工作过程有着紧密联系、带有经验性质的知识，而且获得成就感，增强学生学习的信心。

本书最大的特点：学习内容与工作内容相结合，学习过程与工作过程相结合，突出岗位要求与专业特色。根据岗位要求与课程标准，以“做中学、做中教、理实一体”为教学理念，采用任务驱动教学法，以完成电子产品装配、调试、检修为主线，使学生在完成任务的过程中，学会灵活运用专业知识解决实际问题，同时体验电子产品岗位操作流程，熟悉企业操作规范和6S管理标准，逐步树立职业意识，为更好地胜任岗位工作奠定基础。

本书可作为职业院校机电类、电气类相关专业的教材。

本书由王林担任主编并对全书进行统稿，由赵维、冯永、刘畅担任副主编，参与本书编写的还有北京市电气工程学校的冯佳、高铮、桑舸、董森老师。为本书编写提供帮助的企业顾问有中国航天科工集团二院北京无线电计量测试研究所穆大维高级工程师、北京北整东信机电设备有限公司吴东风总经理。此外，本书在编写过程中还得到了北京市电气工程学校崇静校长和冯长征书记的大力支持。

由于编者水平有限，书中难免存在疏漏之处，敬请读者批评指正。

编　者

目录
CONTENTS

项目一

直流稳压电源的装调与应用

当今社会，人们享受着电子设备带来的极大便利，但是任何电子设备都有一个共同的电路——电源电路。大到超级计算机、小到袖珍计算器，所有的电子设备都必须在电源电路的支持下才能正常工作。可以说电源电路是一切电子设备的基础，没有电源电路就不会有如此种类繁多的电子设备。电子设备对电源电路的要求就是能够提供持续稳定、满足负载要求的电能，而且通常情况下都要求电源电路提供稳定的直流电能，提供这种稳定的直流电能的电源就是直流稳压电源。

项目介绍

本项目为直流稳压电源的装调与应用，该直流稳压电源由220V、50Hz市电供电，通过桥式整流电路进行整流、电容滤波，经LM317三端可调稳压集成电路调节后进行输出，输出电压可在1.25～12V范围内调节；配有电压显示功能；具有逻辑笔功能，可测试高低电平；同时具有一路可调信号发生器输出。该电路工作稳定、可靠，结构简单，适用于有不同直流供电需求的电子电路。项目流程及主要知识技能如图1-1所示。

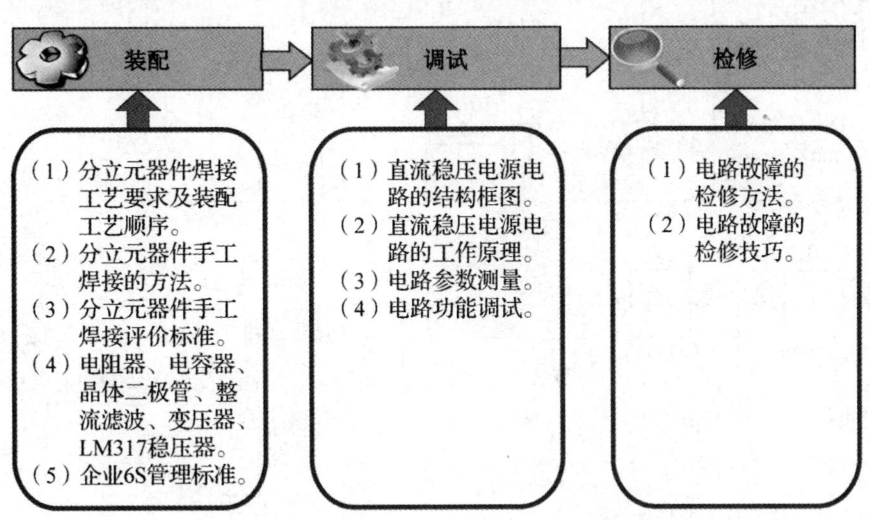

图 1-1　项目流程及主要知识技能

项目实施

任务一 直流稳压电源的装配

直流稳压电源的实物图如图 1-2 所示。

图 1-2　直流稳压电源的实物图

一、来料检查

根据图 1-3 及表 1-1 认真清点元器件，并对主要元器件进行检测，将结果记录到表 1-1 的“检测结果”一栏中，“√”代表合格，“×”代表不合格。如果不合格，请在“备注”栏写出判断依据。

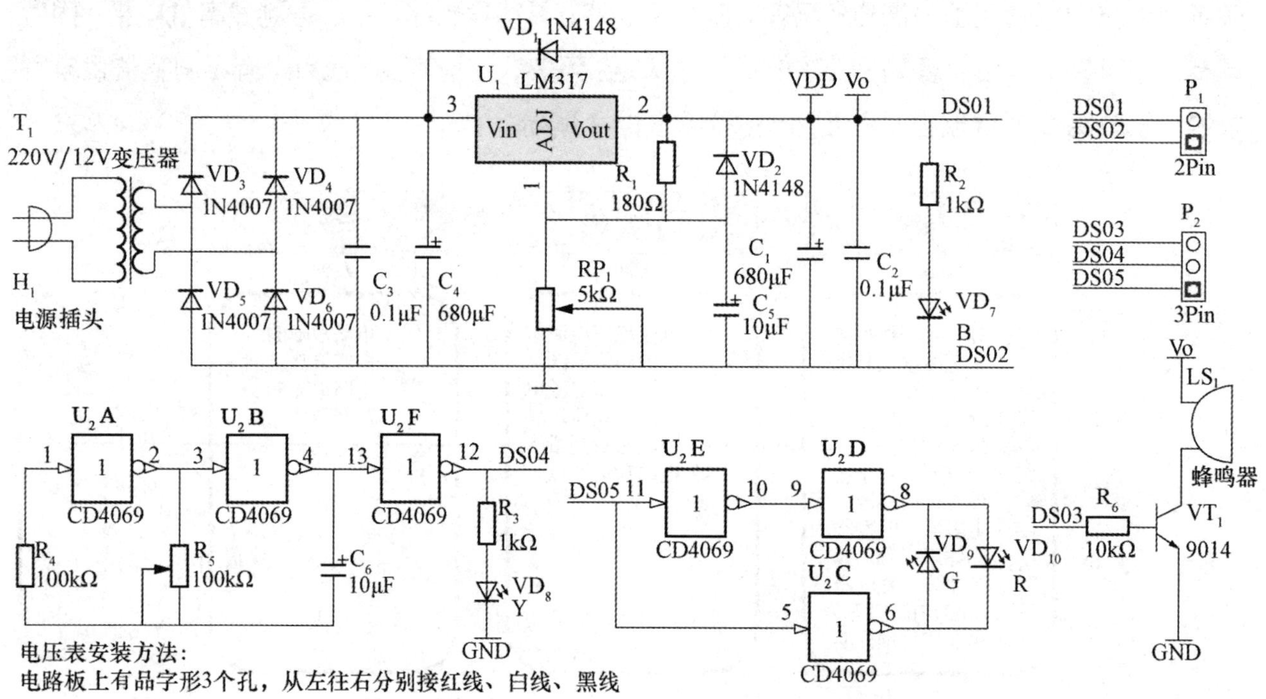

图 1-3　直流稳压电源电路原理图

表 1-1　直流稳压电源电路元器件清单

序　号	标　称	名　称	规　格	检 测 结 果	备　注
1	R_1	色环电阻	180Ω或 200Ω		
2	R_2、R_3	色环电阻	1kΩ		
3	R_4	色环电阻	100kΩ		
4	R_6	色环电阻	10kΩ		
5	VD_1、VD_2	稳压二极管	1N4148		
6	VD_3～VD_6	整流二极管	1N4007		
7	C_2、C_3	瓷片电容	0.1μF		
8	VT_1	三极管	9014		
9	VD_7～VD_9	发光二极管	直径 5mm		
10	C_1、C_4	电解电容	680μF 25V		
11	C_5、C_6	电解电容	10μF 25V		
12	R_5	电位器	100kΩ		
13	LS_1	蜂鸣器	有源蜂鸣器		
14	RP_1	电位器	5kΩ		
15	U_1	集成芯片	LM317		
16	U_2	集成芯片	CD4069		
17	P_1	接插座	2P		
18	P_2	接插座	3P		
19	—	螺钉	M2.3 × 5		
20	—	鳄鱼夹	红、黑各一个		
21	—	导线	10cm 红、黑各 1 条		
22	—	变压器	220V 转 12V		
23	—	电压表	—		
24	—	散热片	—		
25	—	电位器螺旋帽	—		
26	—	螺母	—		

二、电路装配

根据元器件的外观，按照先小后大、先低后高、先内后外的原则将元器件正确焊接在电路板上，注意元器件的极性、参数正确，集成电路要按照引脚的编号安装，不能装错。

1．分立元器件焊接工艺要求

（1）焊点要有足够的机械强度，保证被焊件在受振动或冲击时不会脱落、松动。不能用过多焊料堆积，这样容易造成虚焊或焊点与焊点的短路。

（2）焊接可靠，具有良好的导电性，必须防止虚焊。虚焊是指焊料与被焊件的金属表面没有形成合金结构，焊料只是简单地依附在被焊件的金属表面上。

（3）焊点表面要光滑、清洁，具有良好的光泽，不应有毛刺、空隙，无污垢（尤其是焊剂的有害残留物质），要选择合适的焊料与焊剂。

（4）焊点对比图如图 1-4 所示。

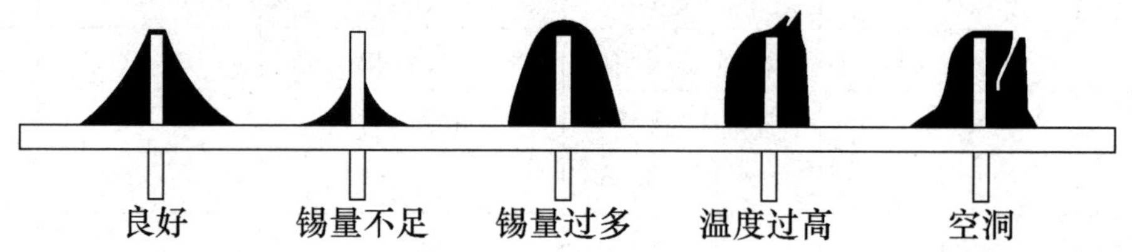

图 1-4　焊点对比图

2．分立元器件的焊接

1）分立元器件焊接工具的选用

（1）电烙铁。

电烙铁外形如图 1-5 所示。

图 1-5　电烙铁外形

① 电烙铁的绝缘电阻阻值应大于 10MΩ，电源线绝缘层不得有破损。

② 使用万用表电阻挡测试，表笔分别接触电烙铁头部和电源插头接地端，接地电阻阻值应小于 2Ω，否则接地不良。

③ 电烙铁头部不得有氧化、烧蚀、变形等缺陷。

④ 在新电烙铁使用前先将其加热，给电烙铁前端镀上一层锡，使电烙铁在作业时具有良好导热性和吸锡性。

（2）电烙铁架。

电烙铁架和高温海绵如图 1-6 所示。

图 1-6　电烙铁架和高温海绵

① 电烙铁在被放入电烙铁架后应能保持稳定，无下垂趋势。

② 为支架上的高温海绵上加适量清水，加水量以按压海绵厚度 1/2 时不溢水为宜。

（3）焊锡丝。

焊锡丝如图 1-7 所示。

图 1-7　焊锡丝

常用手工电子元器件焊接使用的焊锡丝由锡铅合金或无铅焊锡和助焊剂两部分组成。在焊接电子元器件时，焊锡丝与电烙铁配合，优质的电烙铁能够提供稳定持续的熔化热量，焊锡丝作为填充物被加到电子元器件的表面和缝隙中，可以固定电子元器件并成为焊接的主要成分。焊锡丝的组成与焊锡丝的质量密切相关，将影响焊锡丝的化学性质、机械性能和物理性质。

（4）偏口钳（见图 1-8）。

偏口钳又称斜口钳，主要用于剪切导线，剪掉元器件多余的引脚。在使用偏口钳时，注意要使平面朝向电路板一侧，方便剪切。

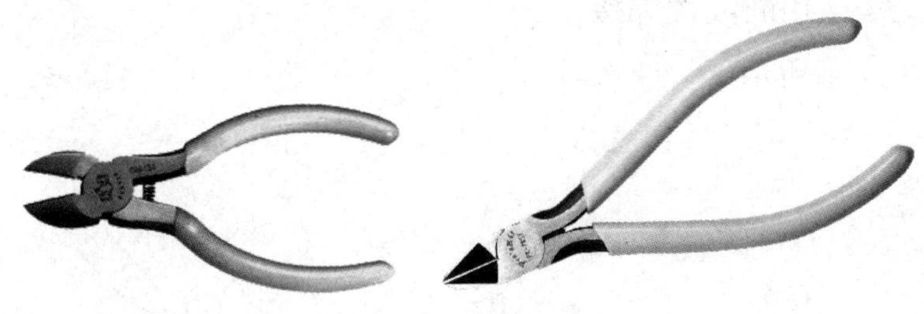

图 1-8　偏口钳

2）分立元器件手工焊接的方法

（1）焊接前准备工作。

① 保证焊接人员戴上防静电腕带。

② 使用万用表测量电烙铁头部和电源插头接地端，接地电阻阻值应小于 2Ω，确保电烙铁良好接地。

③ 查看电烙铁头部是否氧化或有污物，若有则可用湿海绵擦去污物，电烙铁头部在焊接前应被挂上一层光亮的焊锡。

（2）实施焊接。

电烙铁的握法如图 1-9 所示。

① 反握法——此法适用于大功率电烙铁，焊接散热量大的被焊件。

② 正握法——此法适用于较大的电烙铁，具有弯形电烙铁头的电烙铁一般也用此法。

③ 握笔法——此法适用于小功率电烙铁，焊接散热量小的被焊件，如印制电路板（PCB）及其连接线缆、被焊件等。

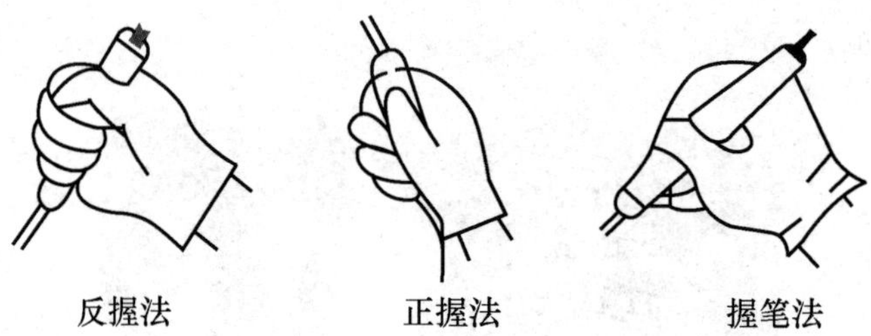

图 1-9　电烙铁的握法

焊锡丝的拿法如图 1-10 所示。

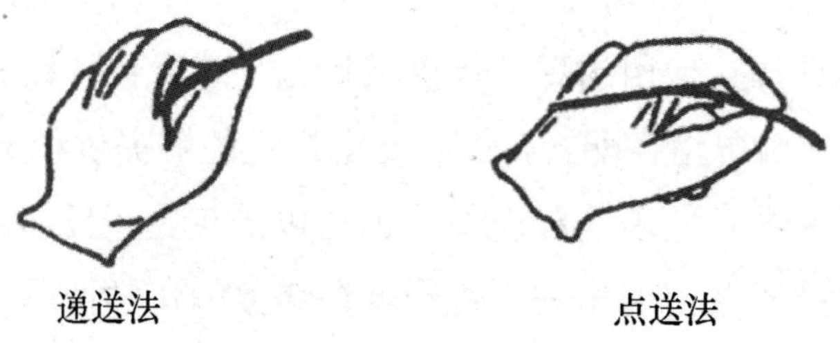

图 1-10　焊锡丝的拿法

① 递送法——此法适用连续性焊接。

② 点送法——此法适用断续性焊接。

焊接五步法如图 1-11 所示。

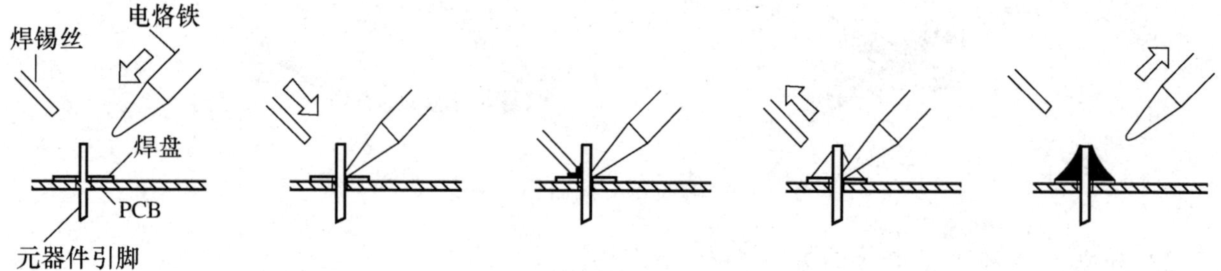

图 1-11　焊接五步法

① 准备施焊——准备好焊锡丝和电烙铁，保持电烙铁头部干净。

② 加热焊盘——用电烙铁加热焊盘，给焊盘预热，使焊锡易于和焊盘融合。

③ 送入焊料——让焊锡丝接触母材，使适量焊锡熔化。

④ 移开焊料——焊锡的量合适之后，迅速将焊锡丝拿开。

⑤ 移开电烙铁——当焊锡完全润湿焊点后，将电烙铁以与母材 45° 夹角的方向移开。

（3）焊接后续工作。

① 手工焊接完成后，检查一遍所焊元器件有无错误，有无焊接质量缺陷，确保焊接质量。

② 将未用完的材料或元器件分类放回原位，将桌面上残余的锡渣或杂物扫入指定的周转盒中；将工具归位放好；保持台面整洁。

③ 关掉电源，按照电烙铁使用要求放好电烙铁，并做好防氧化保护工作。

④ 焊接人员应洗净双手后才能喝水或吃饭，以防锡残留对人体造成危害。

企业 6S 管理标准

Seiri（整理）：对现场滞留物品的管理，重要的是区分要与不要。将经常使用的物品放在作业区，将不常使用的物品放在远处，将偶尔使用的物品集中放在储备区，将不用的物品坚决清理出现场。

Seiton（整顿）：对所需物品的整顿。重点是合理布置，方便使用。

Seiso（清扫）：定出具体清扫值日表，责任到个人。将现场打扫干净，创造一个优质、高效的工作环境。

Setketsu（清洁）：整理、整顿、清扫的结果就是清洁。

Shitsuke（素养）：素养就是行为规范，提高素养就是指养成良好的风气和习惯，自觉执行制度、标准，改善人际关系。

Safety（安全）：建立起安全生产的环境，重视全员安全教育，每时每刻都要有安全第一的观念，所有的工作都应建立在安全的前提下，防患于未然。

企业 6S 管理标准如图 1-12 所示。

图 1-12　企业 6S 管理标准

思 政 课 堂

读一读：大师足迹——大国工匠高凤林的故事。

填写装配工艺过程卡片中的空项（见表 1-2）。

表 1-2 装配工艺过程卡片

<table>
<tr><td rowspan="2">项目</td><td colspan="3" rowspan="2">装配工艺过程卡片</td><td>工序名称</td><td>产品图号</td></tr>
<tr><td>插件</td><td>PCB-20170625</td></tr>
<tr><td rowspan="2">标称
（位号）</td><td colspan="3">装入件及辅助材料</td><td rowspan="2">工艺要求</td><td rowspan="2">工　具</td></tr>
<tr><td>名　称</td><td>规　格</td><td>数　量</td></tr>
<tr><td>C_2</td><td>瓷片电容</td><td>104</td><td>1</td><td>______</td><td rowspan="7">镊子、剪刀、电烙铁等常用装接工具</td></tr>
<tr><td>R_2</td><td>金属膜电阻</td><td>1kΩ ±1%</td><td>1</td><td>贴底板安装</td></tr>
<tr><td>R_4</td><td>金属膜电阻</td><td>100kΩ ±1%</td><td>1</td><td>贴底板安装</td></tr>
<tr><td>D_3</td><td>整流二极管</td><td>1N4007</td><td>1</td><td>贴底板安装</td></tr>
<tr><td>C_5</td><td>电解电容</td><td>10μF 25V</td><td>1</td><td>按照图样中图______进行安装</td></tr>
<tr><td>LS</td><td>蜂鸣器</td><td>有源蜂鸣器</td><td>1</td><td>贴底板安装</td></tr>
<tr><td>U_1</td><td>集成芯片</td><td>LM317</td><td>1</td><td>用螺钉将 LM317 与散热器固定后再装入电路板</td></tr>
<tr><td colspan="6">以上各元器件的插装顺序是：
______
______
______</td></tr>
<tr><td colspan="6">图样：</td></tr>
</table>

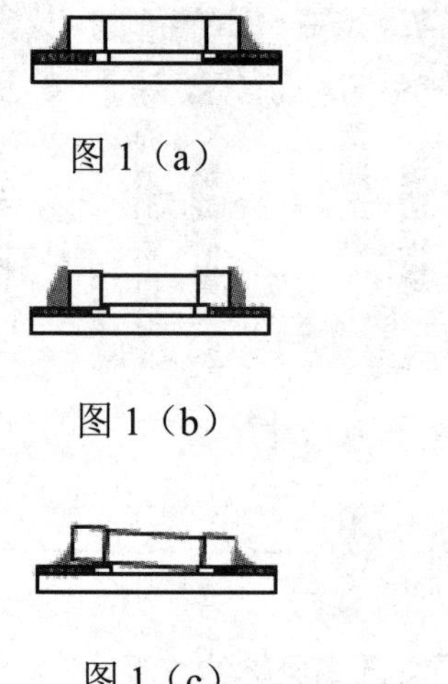

图 1（a）

图 1（b）

图 1（c）

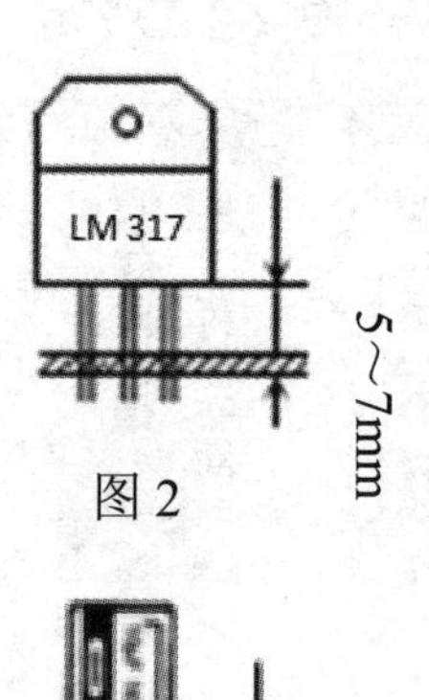

图 2

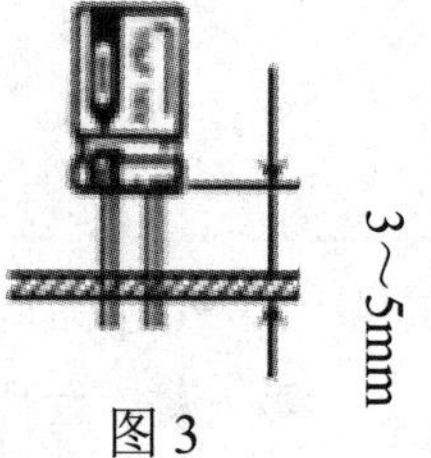

图 3

<table>
<tr><td>旧底图
总号</td><td>底图总号</td><td>更改标记</td><td>数　量</td><td>更改
单号</td><td>签　名</td><td>日　期</td><td colspan="2">签　名</td><td>日　期</td><td>第　页</td></tr>
<tr><td></td><td></td><td></td><td></td><td></td><td></td><td></td><td>拟　制</td><td></td><td></td><td>共　页</td></tr>
<tr><td></td><td></td><td></td><td></td><td></td><td></td><td></td><td>审　核</td><td></td><td></td><td>第　册</td></tr>
<tr><td></td><td></td><td></td><td></td><td></td><td></td><td></td><td>标准化</td><td></td><td></td><td>第　页</td></tr>
</table>

三、元器件手工焊接评价标准

元器件焊接安装无错漏，元器件、导线安装及元器件上的字符标示方向均应符合工艺要求；电路板上的接插件位置正确，接插件、紧固件安装可靠牢固；电路板和元器件无烫伤和划伤，整机清洁无污物。

评价参考：电子产品电路安装按如下标准分级评价。

（1）A 级：焊接安装无错漏，电路板插件位置正确，元器件极性正确，接插件、紧固件安装可靠牢固，电路板安装对位，整机清洁无污物。

（2）B 级：元器件均已被焊接在电路板上，但出现错误的焊接安装（1～2 个元器件）；缺少 1～2 个元器件或插件；1～2 个插件位置不正确或元器件极性不正确；元器件、导线安装及字标方向未符合工艺要求；出现 1～2 处烫伤或划伤，有污物。

（3）C 级：缺少 3～5 个元器件或插件；3～5 个插件位置不正确或元器件极性不正确；元器件、导线安装及字标方向未符合工艺要求；出现 3～5 处烫伤或划伤，有污物。

（4）D 级：缺少 6 个以上元器件或插件；6 个以上插件位置不正确或元器件极性不正确；元器件、导线安装及字标方向未符合工艺要求；出现 6 处以上烫伤或划伤，有污物。

知识链接 1　色环电阻

电阻器（Resistor）简称电阻，在电路中用符号“—□—”表示，是电子电路中使用量最大也是应用面最广泛的元件。当电流流过电阻时，电阻会对电流产生一定的“阻力”，这种阻碍电流流过的作用叫作“阻抗”。由于电流流经电阻时会在其两端形成不同的电压，因此可利用电阻改变电路节点的电压。电阻两端的电压可由欧姆定律来计算。

电阻阻值描述的是电阻阻碍流经电流的能力，阻值越大表明这种能力越强。欧姆简称欧，是电阻阻值的单位，通常用字母“Ω”来表示，此外，还有 kΩ（千欧）和 MΩ（兆欧），换算关系为

$$1\text{M}\Omega = 10^3\text{k}\Omega = 10^6\Omega$$

色环电阻表面上标有五颜六色的色环，它表示电阻阻值。表 1-3 所示为 5 环电阻的色环含义，其中前 3 环代表电阻的有效数值，第 4 环代表倍乘数，第 5 环代表误差。

表 1-3　5 环电阻的色环含义

颜色	第 1 环数值	第 2 环数值	第 3 环数值	第 4 环倍乘数	第 5 环误差
黑	0	0	0	×1	—
棕	1	1	1	×10	±1%
红	2	2	2	×100	±2%
橙	3	3	3	×1000	—
黄	4	4	4	×10000	—
绿	5	5	5	×100000	—

续表

颜色	第 1 环数值	第 2 环数值	第 3 环数值	第 4 环倍乘数	第 5 环误差
蓝	6	6	6	×1000000	—
紫	7	7	7	—	—
灰	8	8	8	—	—
白	9	9	9	—	—
金	—	—	—	×0.1	±5%
银	—	—	—	×0.01	±10%

例如，本项目中 R_4 的色环颜色是棕、黑、黑、橙、棕，对照表 1-3 可知：第 1 环棕色代表数值 1；第 2 环和第 3 环黑色代表 0；第 4 环橙色代表×1000。所以，该电阻阻值为前 3 环代表的有效数字 100 乘以倍数 1000，等于 100000，单位为Ω，即 100kΩ。此外，第 5 环棕色代表电阻的误差为±1%，于是此电阻的完整读数应是：阻值 100kΩ，误差±1%。

值得强调的是，误差±1%表示此种色环电阻的阻值在±1%的范围内波动均是合格产品，即电阻阻值在 100×(1−1%)～100×(1+1%)kΩ（99～101kΩ）范围内变化是允许的。

同理，若色环电阻为 4 环电阻，读取阻值时只需要将 3 位有效数字变为两位有效数字即可，其他两个色环代表的含义不变。

除了依据表 1-3 所示的色环与数值的对应关系判断电阻阻值，还可以利用万用表对电阻阻值进行测量，选择适当的电阻挡位，两支表笔分别接触电阻的两个引脚即可测量出电阻阻值。例如，对色环为棕、黑、黑、橙、棕的电阻进行测量，结果为 99.4kΩ，如图 1-13 所示。

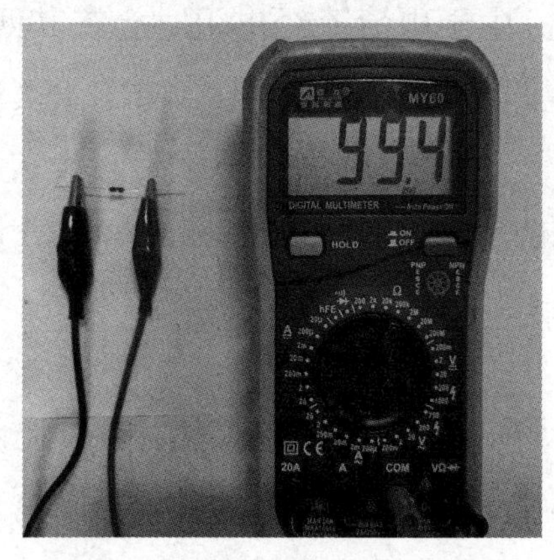

图 1-13　用万用表测量电阻阻值

美国电子工业联盟（EIA）对电阻阻值的取值基准有具体的规定，其中以 E24 系列基准最为常用。在 E24 基准中，电阻阻值为 1.0、1.1、1.2、1.3、1.5、1.6、1.8、2.0、2.2、2.4、2.7、3.0、3.3、3.6、3.9、4.3、4.7、5.1、5.6、6.2、6.8、7.5、8.2、9.1 分别乘以 1、10、100、1000…所得到的数值。例如，2Ω、20Ω、200Ω、2kΩ、20kΩ、200kΩ、2MΩ、20MΩ等。

当有电流流过电阻时，电阻会获得一定的功率，电阻自身必须有相应的能力保证将电功率转换为热量时不被烧毁，这个能力就是电阻的额定功率。例如，流经电阻的电流为 200mA，电

阻的阻值为200Ω时，电阻获得的功率为

$$P = I^2 \cdot R = (200\text{mA})^2 \times 200\Omega = 8\text{W}$$

因此，要求这个电阻的额定功率不能小于8W，否则电阻就会被烧毁。电阻的额定功率一般分为1/16W、1/8W、1/4W、1/2W、1W、2W、5W、10W、20W、50W等。一般电阻的功率越大，体积越大，价格也越高。

知识链接2　电容器

电容器（Capacitor）简称电容，在电路中用符号"⊣⊢"表示。电容是一种由电解质分隔的两个导体构成的基础元件，是电子设备中大量使用的电子元件之一，广泛应用于电路中的隔直通交、耦合、旁路、滤波、调谐回路、能量转换、控制等方面。所谓"隔直"就是隔离直流信号，换句话说就是直流信号不能通过，"通交"就是能通过交流信号，这是电容最本质的特性，但其实这种"通交"的能力并不是指交流信号完全可以通过、一点儿没有阻碍，实际上电容对交流信号也有一定的阻碍，即"阻抗"，我们把这种阻抗称为"容抗"，用 X_C 表示，单位为Ω，X_C 与电源的频率有关，计算公式为

$$X_C = \frac{1}{2\pi f C}$$

式中，f 表示电源的频率，单位为Hz；C 表示电容的容量，单位为F。

"F"（法拉）用来描述电容存储电荷的能力，容量越大，能存储的电荷量就越多。F是一个很大的单位，更常用的则是比F小的单位，如mF（毫法）、μF（微法）、nF（纳法）、pF（皮法）。它们之间的转换关系为

$$1\text{F} = 10^3\text{mF} = 10^6\mu\text{F} = 10^9\text{nF} = 10^{12}\text{pF}$$

1．有极性电容

最常用的有极性电容即电解电容，它的图形符号与其他电容有所区别，用"⊣⊢"表示。电解电容也是电容的一种，其正极为金属箔，与正极紧贴的氧化膜是电介质；其负极由导电材料、电解质（电解质可以是液体或固体）和其他材料共同组成，电解质是负极的主要部分，电解电容因此而得名。电解电容的外形如图1-14所示。

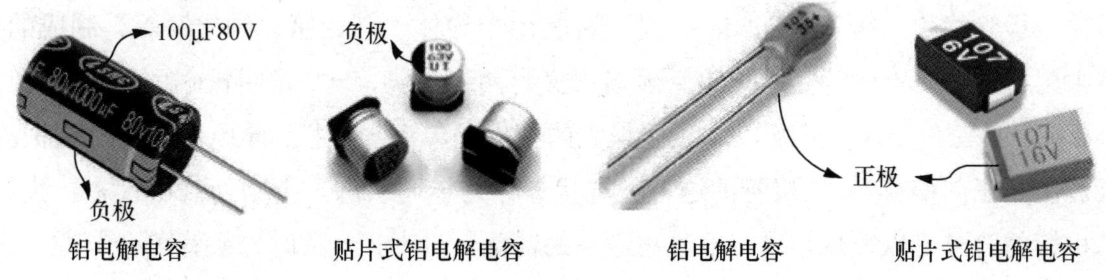

图1-14　电解电容的外形

电解电容具有正、负极之分。如图1-14所示，电容外壳上印有容量和额定电压等信息，

另外银色或灰色标记所对应的引脚为负极，在使用时一定要保证正极电压高于负极电压，否则电容就会有被烧毁爆炸的危险。

电解电容除了有隔直通交的特性，更多体现的则是电容的储能特性。如图 1-15 所示，当将开关拨到上方时，电容两端就接到了电池的正负极上，此时电容充电，上金属板的电子被电池正极吸引而形成多余的正电荷，下金属板从电池负极得到电子而带负电，在这一过程中，电容相当于短路，使电路出现短暂电流，开始电流最大，最后逐渐减小。当电容两极板间的电压等于电池电压时，充电结束，电流消失，电容相当于开路。

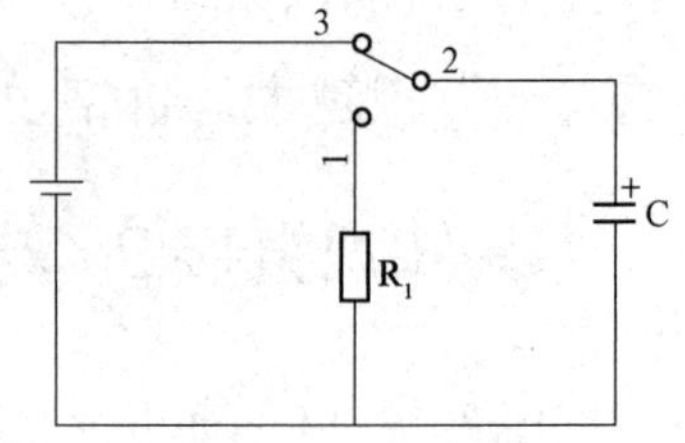

图 1-15　电容充放电电路

如果转换开关状态将电阻接入电路，那么电容和电阻会形成一个闭合回路，电容开始向电阻放电，此时的电流方向与充电时的电流方向相反，随着放电过程的进行，电容两端的电压降低，直至下降到 0V，电流消失，放电结束。

2．无极性电容

无极性电容的两个引脚没有正、负极之分，无极性电容根据电解质的不同可以分为瓷片电容、云母电容、涤纶电容等，如图 1-16 所示。

图 1-16　无极性电容

很多无极性电容的容量也被印制在电容的外壳上，值得强调的是瓷片电容的容量多以三位数字表示，比如图 1-16 中最左边的电容上标有“104”字样，其中“10”代表前两位有效数字，第三位“4”代表倍数（0 的个数），默认单位为 pF，所以 104 即 $10\times10000\text{pF} = 0.1\mu\text{F}$。如果瓷片电容上的数字不够三位，那么此数字表示实际的电容容量，单位仍为 pF，比如“22”表示此瓷片电容的容量为 22pF。

知识链接 3　晶体二极管

晶体二极管简称二极管（Diode），是一种利用半导体（硅、锗、砷化镓等）制成的器件，在电路中用符号“—▷|—”表示。二极管顾名思义有两个引脚，一个是阴极（短线一端，负极），另一个是阳极（三角一端，正极）。二极管最大的特性是单向导电性，即电流只能从阳极流入、从阴极流出（正向偏置），二极管的这种偏置状态称为导通状态，否则为截止状态。我们仔细观察二极管的符号可以发现，只有电流与潜在的箭头（—▷|—）一致时二极管才会导通，这样就很容易记住二极管的单向导电性了。

当然，二极管导通也是有一定条件的——阳极电压必须高于阴极电压 0.7V 或 0.15～0.25V，这个电压与制作二极管的材料有关（硅管为 0.7V，锗管为 0.15～0.25V），这个电压也正是二极管导通时的压降。

1. 整流二极管

整流二极管的型号有很多，常用的有 1N4001～1N4007、1N5391～1N5399 等。不同的二极管有着不同的伏安特性曲线（纵坐标电流 I 与横坐标电压 U 之间的关系曲线）及不同的外形，二极管的伏安特性曲线及外形如图 1-17 所示。

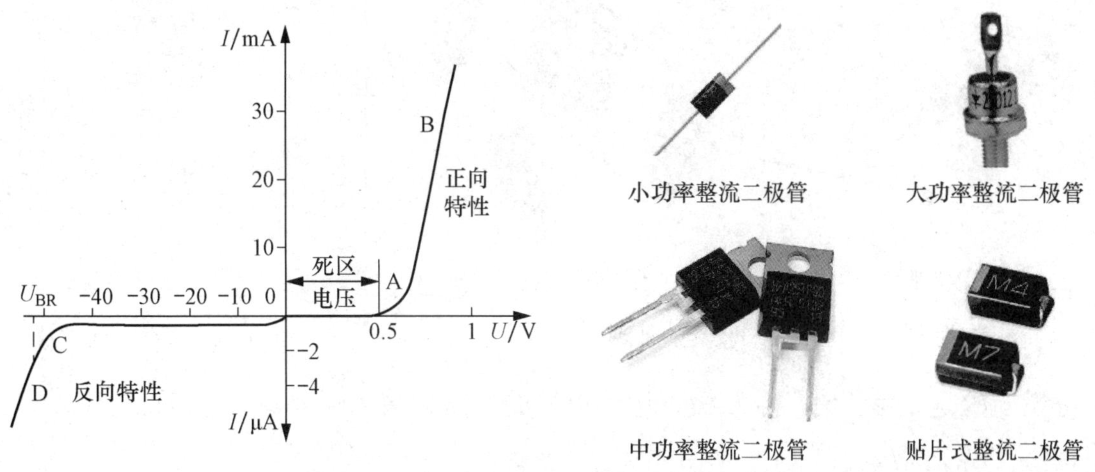

图 1-17　二极管的伏安特性曲线及外形

观察整流二极管的外形可以发现，在管壳上标有型号和引脚极性，通常有“环”“线”等标记的一侧为阴极。如果要用万用表进行检测，那么可以将万用表挡位调至二极管挡，用红黑表笔接触二极管的阳极和阴极，观察读数，如果读数为 0.2～0.7，那么红表笔接触的引脚为阳极，黑表笔接触的引脚为阴极；如果读数为其他值，那么红表笔接触的引脚为阴极，黑表笔接触的引脚为阳极。用万用表测量整流二极管如图 1-18 所示。

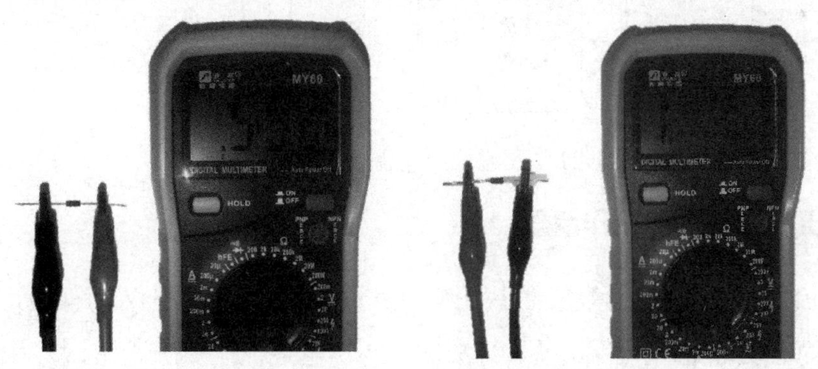

图 1-18　用万用表测量整流二极管

2. 稳压二极管

稳压二极管的图形符号与普通整流二极管的符号稍微有些不同（![稳压二极管符号]）。稳压二极管的作用顾名思义就是稳压，所谓稳压就是当负载电流发生变化时能够保证输出电压不会随之发生变化。普通整流二极管都工作在正向偏置状态，而稳压二极管则需要工作在反向偏置状态，它在反向偏置状态时只要达到一定的电压就会导通，这个导通电压就称为稳压二极管的稳压值，通常用

“V_D”来表示。

常用稳压二极管的引脚同样也分为阳极和阴极，标有黑色色环的一端为阴极，另一端为阳极，稳压二极管的外形如图 1-19 所示。在稳压电路中，为了保护稳压二极管不被烧毁，通常都会给它串联一个限流电阻 R，稳压二极管 VD 与输出端负载 R_L 并联，如图 1-20 所示。

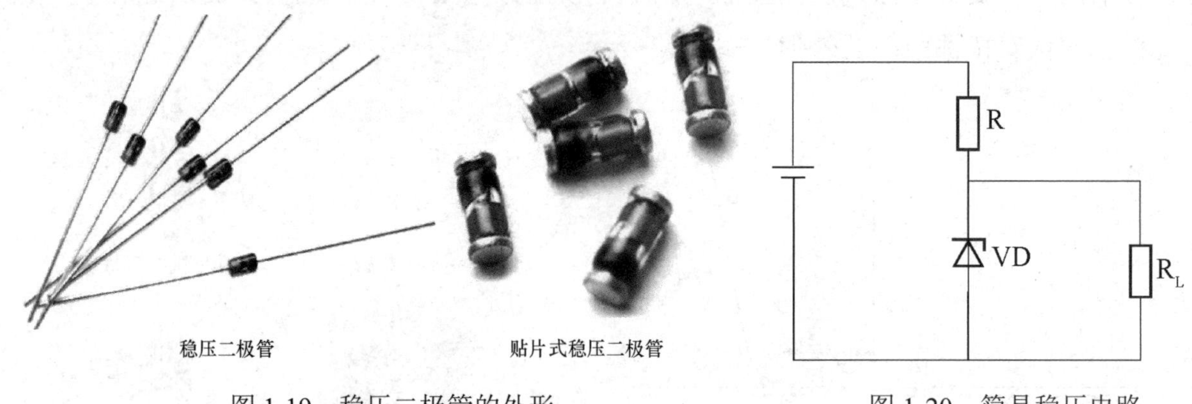

图 1-19　稳压二极管的外形　　图 1-20　简易稳压电路

值得说明的是，为了使稳压二极管达到更好的稳压效果，要求稳压电路的输入电压至少要高于稳压值（U_D）3V。

任务二　直流稳压电源的调试

一、直流稳压电源电路的结构框图

直流稳压电源电路的结构框图如图 1-21 所示。

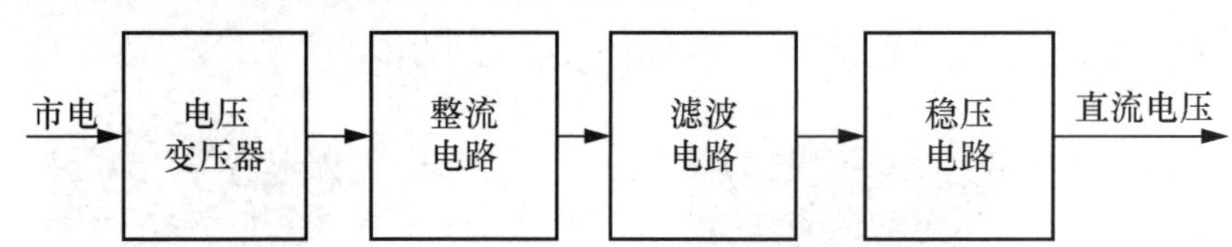

图 1-21　直流稳压电源电路的结构框图

二、直流稳压电源电路的工作原理

本项目的直流稳压电源采用集成芯片 LM317 设计而成，它不仅具有固定式三端稳压电路的最简单形式，而且具备输出可调电压（1.25～12V）的特点，调压范围大、稳压性能好、噪声低、纹波抑制比高，芯片内部具有过热、过流、短路保护电路。

直流稳压电源将 220V 工频交流电转换成稳压输出的直流电，经过变压、整流、滤波、稳压 4 个环节完成。其电路主要由电源变压器、整流滤波电路及稳压电路所组成。

三、直流稳压电源的调试步骤

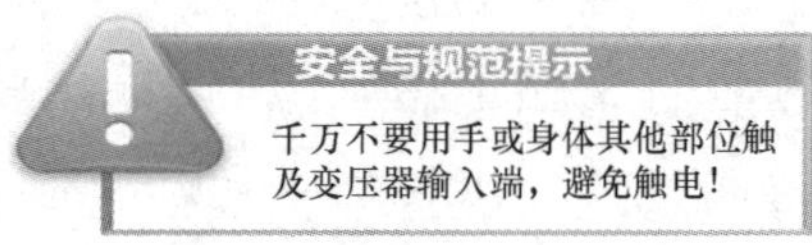

安全与规范提示
千万不要用手或身体其他部位触及变压器输入端，避免触电！

（1）仔细观察整流二极管和电解电容的极性是否正确，确保元器件参数正确。

（2）用万用表测量整流电路输入端的电阻，检查是否存在短路现象。

（3）接通 220V 交流电源，用万用表直流电压挡测量整流后的电压极性，极性应为正值。

（4）连续调节电位器 RP_1 的值，输出端 P_1 口的输出电压应能在 1.2～12V 范围内连续变化。

（5）观察数码管数值，应与输出电压相符。

（6）将一条导线接入“电源正”与“信号输入端”，若蜂鸣器响，则说明导线完好。

知识链接 4　用数字式万用表测量直流电压

（1）将黑表笔插入 COM 插孔，将红表笔插入 V/Ω 插孔。

（2）将挡位置于直流电压挡的“V–”量程范围，并将红表笔连接到待测电压一端，将黑表笔连接到待测电压的另一端，所显示的数值是待测的电压值，若显示正值，则红表笔电位高于黑表笔电位，否则相反。

在使用数字式万用表时，如果不知道被测电压范围，那么可将挡位置于最大量程并逐渐调低，若显示屏只显示“1”，则表示超出量程，需要将挡位置于更高量程（见图 1-22）。

图 1-22　用数字式万用表测量直流电压

测量以下电压值并记录。

1. 用数字式万用表测量 LM317 输入端（引脚 3）与地（GND）之间的电压

LM317 输入端测量表如表 1-4 所示。

表 1-4　LM317 输入端测量表

测　量　点	测 量 结 果
LM317 输入端电压值	________V

2. 调整电位器 RP_1 的位置，测量直流稳压电源输出端 P_1 口两端的电压值

直流稳压电源输出端电压测量表如表 1-5 所示。

表 1-5 直流稳压电源输出端电压测量表

测量点	测量结果
将 RP_1 旋转到最左端	________V
将 RP_1 旋转到最右端	________V
将 RP_1 旋转到中间任意位置	________V

任务三 直流稳压电源常见故障的检修

在装配完直流稳压电源后，电路有可能不能正常工作，出现电源指示灯不亮、没有直流电压输出或电压输出不可调等故障。如果电路出现以上故障，那么可以按照以下思路进行故障检修。

（1）根据原理图检查线路，用万用表检测每条线路，确保线路导通。

（2）用万用表交流 250V 电压挡测量变压器输入端的电压是否为 220V。

（3）使变压器的输入端（红色）接 220V 的交流电，输出端（黑色）应输出 12V 交流电压。用万用表交流电压挡测量变压器输出端的电压是否为 12V。

（4）用万用表直流电压挡测量整流输出的电压，也就是 LM317 的输入端（引脚 3）有没有电压输入。

（5）用万用表直流电压挡测量调整端的电压，也就是 LM317 的调整端（引脚 1）的电压，旋转可调电阻，观察电压是否可调。若不可调，则可判断出可调电阻 RP_1 损坏或 R_1 没有接到可调电阻上，或者接错。

（6）用万用表直流电压挡测量输出端的电压，也就是 LM317 的输出端（引脚 2）的电压，旋转可调电阻，观察电压是否可调。若不可调，则可能 LM317 已损坏。

（7）若输出电压一直是 10V 左右，可调范围很小，则极有可能是 LM317 已损坏，须更换。

知识链接 5 电路故障的检修方法及技巧

1. 电路故障的检修方法

（1）在线测量法。

在线测量法是指利用电压测量、电阻测量及电流测量等，通过在电路上测量电子元器件的各引脚电压值和电流值是否正常，来判断故障原因的方法。

（2）非在线测量法。

非在线测量法是指在非通电情况下，通过测量各引脚之间的连接情况，以及电阻值等与已知正常同型号电路板之间的对比，以确定故障原因的方法。

（3）代换法。

代换法是指使用已知完好的同型号、同规格元器件来代换可疑已损坏元器件来判断故障原因的方法。

（4）直觉检查法。

直觉检查法是指在不采用任何仪器设备、不改动任何电子元器件的情况下，凭人的直觉——视觉、嗅觉、听觉和触觉来检查待修电路板故障部位的一种方法。直觉检查法是最简单的一种故障检修方法。该方法又可以分为通电检查法和不通电检查法两种。

（5）信号注入法。

信号注入法是指将外部信号源的不同输出信号作为已知测试信号，并利用被检电子设备的终端指示器表明测试结果。检查时，根据具体要求选择相应的信号源，依次将已知的、不同的测试信号分别注入各级电路的输入端，同时观察被检电路输出是否正常，以此作为确定故障部位和分析故障发生原因的依据。

（6）波形观察法。

波形观察法是一种针对电子设备的动态测试法。该方法借助示波器观察电子设备故障部位或相关部位的波形，并根据测试得到波形、幅度参数、时间参数与电子设备正常参数的差异，分析故障原因，采取检修措施。

（7）寻迹法。

寻迹法是指使用单一的测试信号，借助测试仪器（如示波器、电子电压表等）由前、向后逐级进行检查。该方法能深入地定量检查各级电路，能迅速地确定发生故障的部位。

（8）交流短路法。

交流短路法又称电容旁路法，是利用适当容量和耐压的电容，对被检电子设备电路的某一部位进行旁路检查的方法。这是一种比较简便、快速的故障检查方法。交流短路法适用于判断电子设备电路中产生电源干扰和寄生振荡的电路部位。

（9）分隔测试法。

分隔测试法又称电路分隔法，是将电子设备内与故障相关的电路合理地分隔开来，以便明确故障所在的电路范围的一种故障检查方法。该方法通过多次分隔检查，肯定一部分电路，否定一部分电路，这样一步一步地缩小故障可能发生的电路范围，直至找到故障位置。

（10）参数测试法。

参数测试法是指运用仪器仪表，测试电子设备电路中的电压值、电流值、元器件参数等的一种电子设备故障检查方法。通常，在不通电的情况下测量电阻值，在通电的情况下测量电压值、电流值，或拆下元器件测量其相关的参数。

2．电路故障的检修步骤

（1）观察和分析故障现象。

电路故障现象是多种多样的，同一类故障可能有不同的故障现象，不同类故障可能有同种故障现象，这种故障现象的同一性和多样性给查找故障带来了困难。但是，故障现象是检修电路故障的基本依据，是电路故障检修的起点，因而要对故障现象进行仔细观察、分析，找出故障现象中最主要的、最典型的方面。

（2）分析故障原因——初步确定故障范围、缩小故障范围。

根据故障现象分析故障原因是电路故障检修的关键。分析的基础是电工电子基本理论，是对电路的工作原理、性能的充分理解，是电工电子基本理论与实际故障的结合。某个电路故障产生的原因可能有很多，重要的是在众多原因中找出最主要的原因。

（3）确定故障部位，判断故障点。

确定故障部位是电路故障检修的最终目的。确定故障部位可理解成确定电路的故障点，如短路点、损坏的元器件等，也可理解成确定某些运行参数的异常，如电压波动等。确定故障部位是在对故障现象进行周密的考察和细致分析的基础上进行的。在完成上述工作的过程中，实践经验的积累起着重要的作用。

3．电路故障的检修技巧

（1）先简单，后复杂。

检修故障要先用最简单易行、自己最拿手的方法，再用复杂、精确的方法去处理。排除故障时，先排除直观、显而易见、简单常见的故障，后排除难度较高、没有处理过的疑难故障。

（2）先外部，后内部。

外部是指靠近电路板外部的各种开关、按钮、插口及指示灯。内部是指在电路板内部的元器件及各种连接导线。先针对外部面板上的开关、旋钮、按钮等调试检查，缩小故障范围，排除外部部件引起的故障，再检修内部故障，尽量避免不必要的拆卸。

（3）先不通电测量，后通电测试。

对发生故障的电路进行检修时，不能立即通电，否则会人为扩大故障范围，烧毁更多的元器件，造成不必要的损失。因此，在通电前先进行电阻测量，检查是否有短路等现象，采取必要的措施后，方能通电检修。

（4）先公用电路，后专用电路。

任何电路的公用电路出故障时，其能量、信息都无法传送、分配到各具体专用电路，功能就会受到影响，性能就不起作用。若一个电路的电源出现故障，则整个系统都无法正常运转，向各种专用电路传递的能量、信息就不可能实现。因此，遵循先公用电路、后专用电路的顺序，就能快速、准确地排除故障。

（5）总结经验，提高效率。

电路出现的故障五花八门、千奇百怪。检修完任何一块有故障的电路板，都应该将故障现象、原因、检修经过、技巧、心得记录下来，学习掌握各种新型电路的理论知识，熟悉其工作原理，积累维修经验，将自己的经验上升为理论。在理论指导下，具体故障具体分析，才能快速、准确地排除故障。只有这样，才能将自己培养成检修电路的行家里手。

知识链接 6　整流滤波

所谓整流，就是将交流信号整顿为直流信号。我们将具有整流功能的电路称为整流电路，整流的方式大致可以分为两种——半波整流和全波整流。所谓半波整流就是在交流电压的一个周期内，整流二极管半个周期导通、半个周期截止，由于半波整流电路输出的脉动直流电压波形是输入交流电压波形的一半，因此称半波整流电路。半波整流电路将负半周信号直接除去，只留下正半周信号，因此效率很低。全波整流电路则采用两个整流二极管，工作时两个整流二极管交替导通，将负半周信号进行“对折”，与原来的正半周信号叠加形成更加充实的直流信号。半波整流电路及全波整流电路如图 1-23 所示。

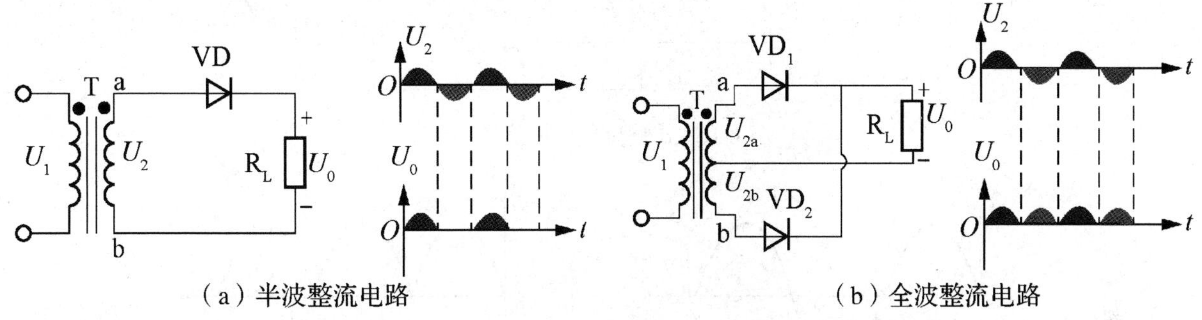

图 1-23　半波整流电路及全波整流电路

全波整流电路中以桥式全波整流最为常见，桥式全波整流使用了 4 个整流二极管。桥式全波整流电路如图 1-24 所示。变压器的输出端是交流信号输入二极管 VD_1、VD_4 的公共端和 VD_2、VD_3 的公共端，那么从 VD_1、VD_2 的公共端（正极）和 VD_3、VD_4 的公共端（负极）就可以输出直流电压信号了。

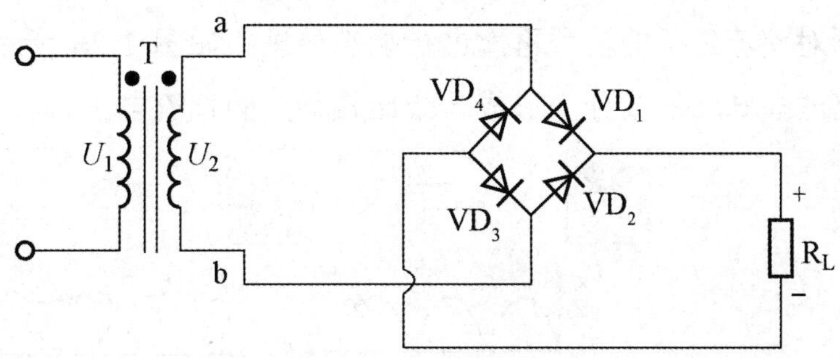

图 1-24　桥式全波整流电路

当交流信号的正半周到来时，如图 1-25（a）所示，电流从 a 点出发，经过二极管 VD_1、负载 R_L、二极管 VD_3 后回到 b 点，形成一个完整回路，负载 R_L 得到上正下负的直流电压。

当交流信号的负半周到来时，如图 1-25（b）所示，电流从 b 点出发，经过二极管 VD_2、负载 R_L、二极管 VD_4 后回到 a 点，形成一个完整回路，负载 R_L 同样得到上正下负的直流电压。

如此看来，如图 1-25（c）所示，桥式全波整流电路将电源电压的负半周信号“对折”到正半周，与原正半周信号组成一个频率为原来频率 2 倍的单向脉动直流电压。

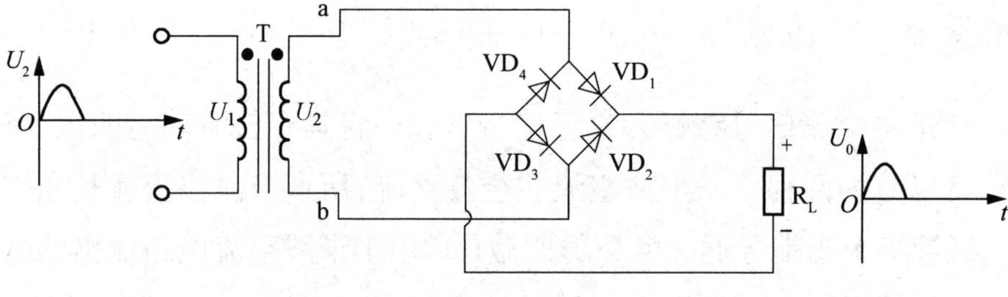

（a）桥式整流正半周信号

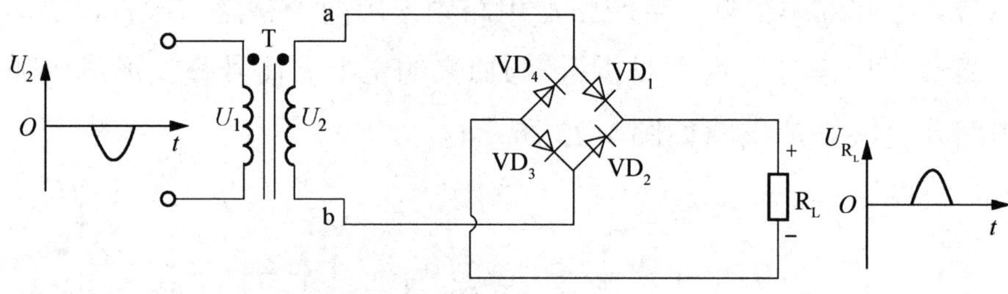

（b）桥式整流负半周信号

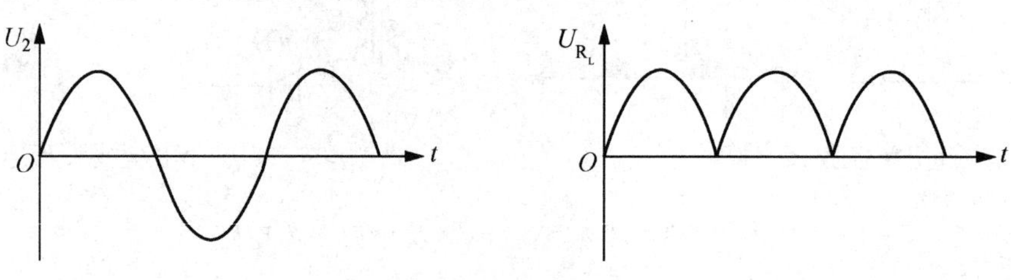

（c）桥式整流波形变化

图 1-25　桥式整流及波形变化

无论是半波整流电路还是全波整流电路，整流出来的信号虽然是直流信号（一个单向脉动的直流信号），但是存在着很大的波动，还不能够完全作为直流电源来使用，为了达到用电设备的电源需求，必须对整流之后的信号再次进行加工处理。如图 1-26 所示，全波整流电路输出之后再由滤波电路滤掉脉动的成分，形成一个比较稳定的直流电压。

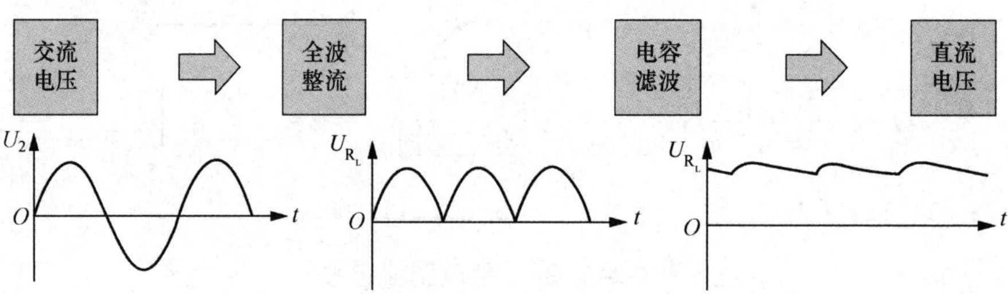

图 1-26　电源滤波波形

根据之前学习过的内容，最简单的滤波方法就是利用一个电解电容达到我们的目的。如图 1-27 所示，在桥式整流电路输出端并联一个滤波电容 C_1，利用电容的充放电作用，不断跟随单向脉动电压信号进行充电、放电，保证了输出电压基本稳定地形成一个直流电压信号。滤波电容 C_1 的大小可根据负载电流和滤波需求选择（100～10000μF），另外还要保证滤波电容的额定电压必须高于变压器的输出电压。

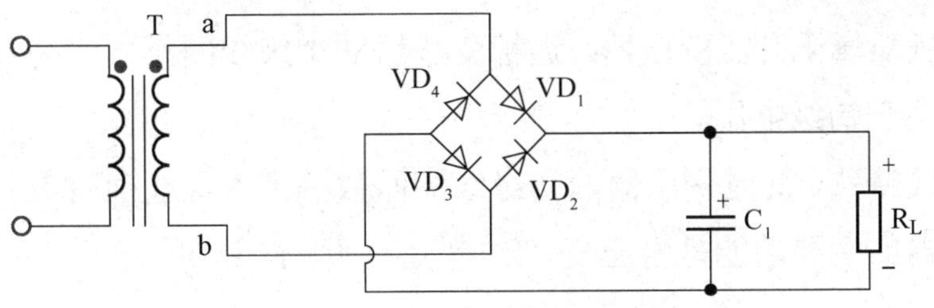

图 1-27　电容滤波电路

知识链接 7　变压器

变压器（Transformer）是利用电磁感应工作原理来改变交流电压的一种装置，主要结构包括初级线圈（原线圈）、次级线圈（副线圈）和铁芯。变压器的实物图、示意图及图形符号如图 1-28 所示。

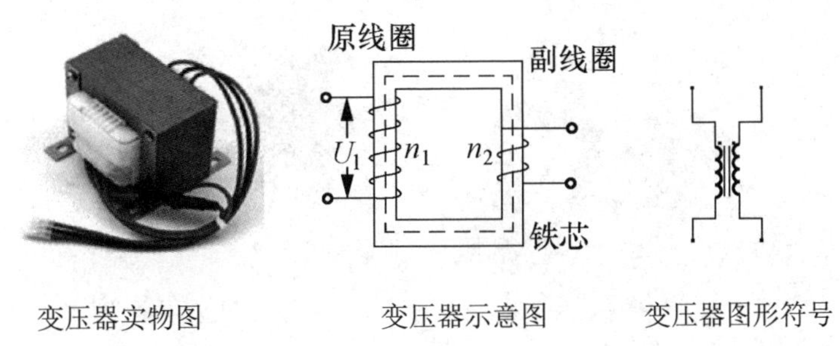

图 1-28　变压器的实物图、示意图及图形符号

变压器的线圈有两个或两个以上的绕组，其中接电源的绕组叫作初级线圈，其余的绕组叫作次级线圈，它可以变换交流电压、电流和阻抗。最简单的铁芯变压器由一个软磁材料做成的铁芯及套在铁芯上的两个匝数不等的线圈构成。

铁芯的作用是加强两个线圈间的磁耦合。为了减少铁芯内涡流和磁滞损耗，铁芯由涂漆的硅钢片叠压而成。两个线圈之间没有电的联系，线圈由绝缘铜线绕成。一个线圈接交流电源，称为初级线圈（或原线圈）；另一个线圈接负载，称为次级线圈（或副线圈）。当变压器的初级线圈接在交流电源上时，初级线圈会在变压器的铁芯中产生变化的磁通量，这个变化的磁通量又会在次级线圈上产生变化的电流，因此变压器就是通过两个线圈的互感来传递电能的。

变压器的变压比又称电压比，是由变压器的原副边匝数决定的，用 n 来表示。

$$n=\frac{N_1}{N_2}=\frac{U_1}{U_2}$$

式中　N_1——初级线圈的匝数；

N_2——次级线圈的匝数；

U_1——初级线圈两端的输入电压；

U_2——次级线圈两端的输出电压。

当 $n>1$ 时，变压器属于降压变压器。这种变压器的次级线圈匝数比初级线圈匝数少，是最常见的变压器，它将输入电压降低。

当$n<1$时，变压器属于升压变压器。这种变压器的次级线圈匝数比初级线圈匝数多。升压变压器的次级电压高于初级电压。

当$n=1$时，比较特殊，此时变压器的初级线圈匝数等于次级线圈匝数，在电压方面没有什么变化，这种变压器的主要功能是电压变换、电流变换、隔离等。

知识链接 8　LM317 稳压器

LM317 稳压器简称 LM317，是可调节 3 端正电压稳压器，输出电压范围为 1.2～37V，能够提供超过 1.5A 的电流。LM317 具有稳压性能好、噪声低、纹波抑制比高等优点。LM317 使用简单，只需两个电阻作为外部元件即可设置输出电压。LM317 的实物图及引脚功能如图 1-29 所示。

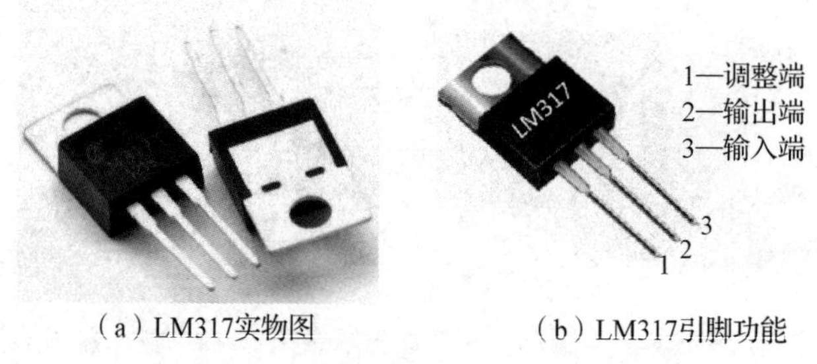

（a）LM317实物图　　（b）LM317引脚功能

图 1-29　LM317 的实物图及引脚功能

LM317 的典型电路如图 1-30 所示。

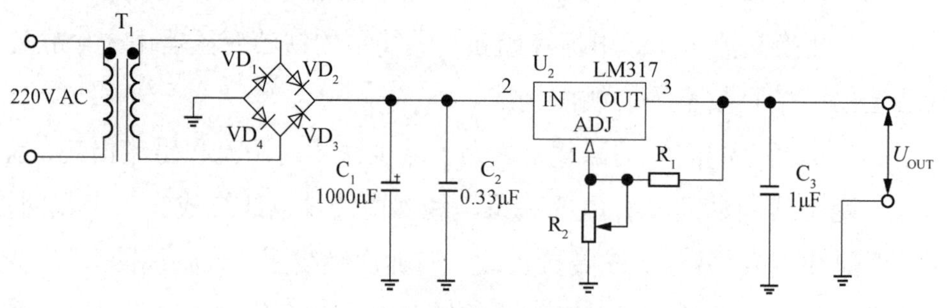

图 1-30　LM317 的典型电路

在 LM317 的调整端 ADJ 上增加一个反馈电阻 R_1，并通过由电位器 R_2 调节 ADJ 引脚的电压来实现对输出电压U_{OUT}的调节。输出电压U_{OUT}为

$$U_{OUT}=1.25\left(1+\frac{R_2}{R_1}\right)$$

需要注意的一点是，LM317 的输入端 IN 与输出端 OUT 之间的电压差不得超过 40V。如果负载电流较大，那么还可以选用 LM138 可调三端稳压器，其输出电压在 1.2～32V 范围内可调，最大输出电流为 7A；或选用 LM196，其输出电压在 1.25～15V 范围内可调，最大输出电流为 10A。

项目评价

一、装配评价

在稳压电源功能正常的前提下，应参考装配评价表（见表 1-6），对装配进行评价（参考 IPC-A-610C）。

表 1-6　装配评价表

装　配	图　示	要　求
元器件定位——水平		（1）元器件被放置于两焊盘之间，位置居中。 （2）元器件的标识清晰。 （3）无极性元器件依据标识标记的读取方向而放置，且保持一致（从左至右或从上至下）
元器件定位——垂直		（1）无极性元器件的标识从上到下读取。 （2）有极性元器件的标识在元器件顶部
元器件安装——水平		（1）元器件与 PCB 平行，元器件本体与 PCB 板面完全接触。 （2）有特殊要求时，元器件与 PCB 板面至少有 1.5mm 距离
元器件安装——垂直		（1）元器件垂直于板面，底面与 PCB 板面平行。 （2）元器件底面与 PCB 板面之间的距离为 0.3～2mm
安装——双列直插		（1）所有引脚的台肩紧靠焊盘。 （2）引脚伸出长度为 1mm

二、调试与检修评价

填写调试与检修评价表（见表 1-7）。

表 1-7　调试与检修评价表

产品名称			
调试与检修日期		检修者	
故障现象			
故障原因			
检修内容			
材料应用	材料名称	型号	数量
检修员签字		复检员签字	
检修结果		评　分	

三、6S 工作规范评价

请在表 1-8 中对完成本任务的 6S 工作规范进行评价。

表 1-8　6S 工作规范评价表

评 价 项 目	整理	整顿	清扫	清洁	素养	安全
评　　分						

随着日益丰富的电子产品的出现，人们对直流稳压电源也提出了越来越高的要求，特别是一些科研单位、实验室等对电源要求较高的场合。新一代数字直流稳压稳流电源内部采用 IGBT 模块调整模式，具有高效能、高精度、高稳定性等特点。

（1）输出电压值能够在额定输出电压值以下任意设定和正常工作。

（2）输出电流的稳流值能够在额定输出电流值以下任意设定和正常工作。

（3）直流稳压电源的稳压与稳流状态能够自动转换并有相应的状态指示。

（4）输出电压值和电流值有精确的显示和识别方法。

（5）输出电压值和电流值有精准要求的直流稳压电源，一般要用多圈电位器和电压电流微调电位器，或者直接采用数字输入。

（6）有完善的保护电路。直流稳压电源在输出端发生短路及异常工作状态时不应损坏，在异常情况消除后能立即正常工作。

1．电烙铁的绝缘电阻阻值应大于_______，电源线绝缘层不得有破损。

2．电烙铁的握法有 3 种，分别是____________、__________和_____________。

3．5 环电阻 1kΩ ±1%对应的电阻色环为____________________。

4．数字式万用表在测量直流电压时，若显示屏显示“1”，则表示_________________。

5．LM317 的第____个引脚为输出端。

6．简述焊接前的准备工作。

7．简述焊接五步法的具体内容。

8．简述企业 6S 管理标准的内容。

9．简述利用万用表测量直流电压的方法。

10．简述整流二极管的检测方法。

项目二

声光控楼道灯控制器的装调与应用

声光控楼道灯控制器在我们生活中很常见，声光控楼道灯控制器的实物图如图 2-1 所示。它以结构简单、安装方便、寿命长、工作可靠、节能低耗等众多优势广泛应用于工厂、住宅、写字楼等领域。声光控楼道灯能够自动检测外部环境光线和声响，对灯具的开关进行控制，是公共照明控制的理想选择。

声光控楼道灯控制器

图 2-1　声光控楼道灯控制器的实物图

项目介绍

声光控楼道灯控制器主要利用声波和光作为控制源，其电路通过拾音器和光敏电阻作为传感器检测声音和光，将声波和光转换为电信号，通过逻辑电路的分析计算来实现对灯光的控制，同时具备延时熄灭的功能。项目流程及主要知识技能如图 2-2 所示。

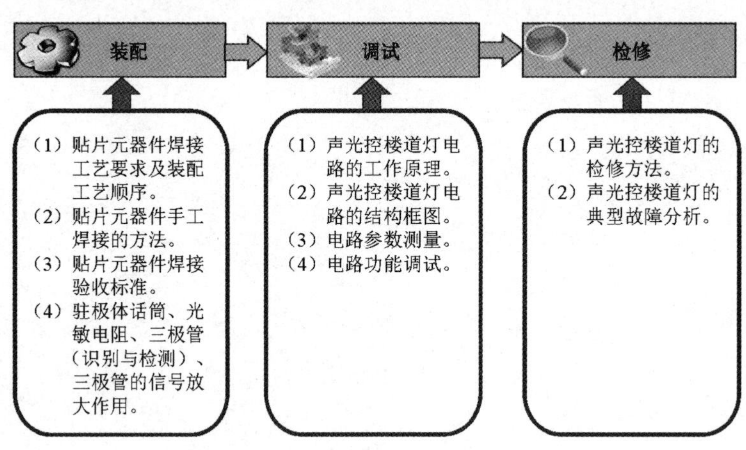

图 2-2　项目流程及主要知识技能

任务一　声光控楼道灯控制器的装配

一、来料检查

根据图 2-3 和表 2-1 所示，清点并检测元器件和功能部件，在 PCB 上进行焊接和装配。

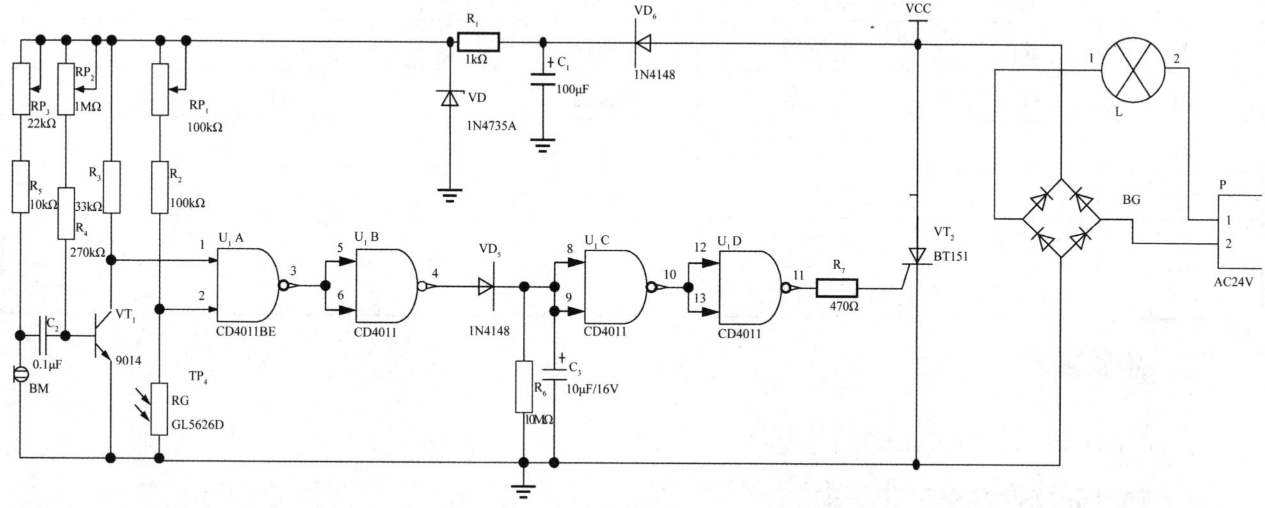

图 2-3　声光控楼道灯控制器的电路原理图

将检测结果记录到表 2-1 的“检测结果”一栏中，“ √ ”代表合格，“×”代表不合格。如果不合格，请在“备注”栏写出判断依据。

表 2-1　声光控楼道灯控制器电路元器件清单

序　号	标　称	名　称	规　格	检测结果	备　注
1	R_1	电阻	1kΩ		
2	R_2	电阻	100kΩ		
3	R_3	电阻	33kΩ		
4	R_4	电阻	270kΩ		
5	R_5	电阻	10kΩ		
6	R_6	电阻	10MΩ		
7	R_7	电阻	470Ω		
8	U_1	集成块	CD4011BE		
9	AC24V	电源插座	—		
10	RG	光敏电阻	GL5626D		
11	BM	驻极体话筒	—		
12	VD_5	二极管	1N4148		

续表

序　　号	标　　称	名　　称	规　　格	检 测 结 果	备　　注
13	VD_6	二极管	1N4148		
14	BG	桥式整流	2W10		
15	VT_2	晶闸管	BT151		
16	C_1	电解电容	100μF 25V		
17	C_2	电容	0.1μF		
18	C_3	电解电容	10μF 16V		
19	RP_1	电位器	100kΩ		
20	RP_2	电位器	1MΩ		
21	RP_3	电位器	22kΩ		
22	VD	稳压二极管	1N4735A		
23	VT_1	三极管	9014		
24	L　24V	灯+灯座	—		
25	电源线	带插头，红黑 1 套	—		

二、电路装配

将元器件和电路附件正确地装配在 PCB 上。

1．贴片元器件焊接工艺要求

贴片元器件焊接工艺图例及要求如表 2-2 所示。

表 2-2　贴片元器件焊接工艺图例及要求

检 验 项 目	描　　述	图示或备注
焊点标准	（1）焊缝表面总体光滑、无针孔，焊锡的流散性好。 （2）焊料在被焊件上充分润湿，有光亮的、大致光滑的外观，并在被焊金属表面形成凹形的液面。 （3）焊接件的轮廓清晰。 （4）连接处的焊料中间厚、边缘薄，焊缝形状为凹形。 （5）用焊锡将整个上锡位及零件引脚包围	示意图： 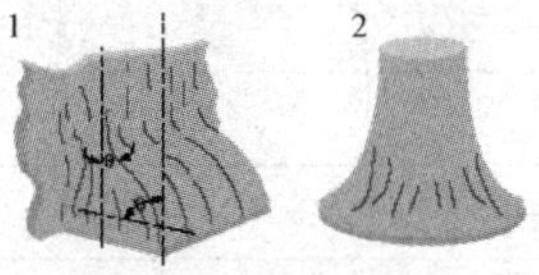 1　2 实物图： 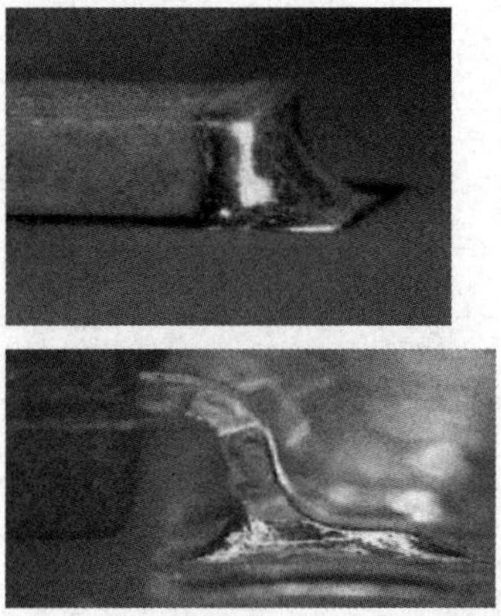

续表

检验项目	描　　述	图示或备注
长方体元器件焊接位置	（1）元器件的引脚或焊点应在焊盘上，最大侧面偏移 A 不应超过 $0.1W$。 （2）禁止元器件末端偏移出焊盘，也就是说 $B<0$。 （3）元器件与焊盘接触面应大于 $0.5W$	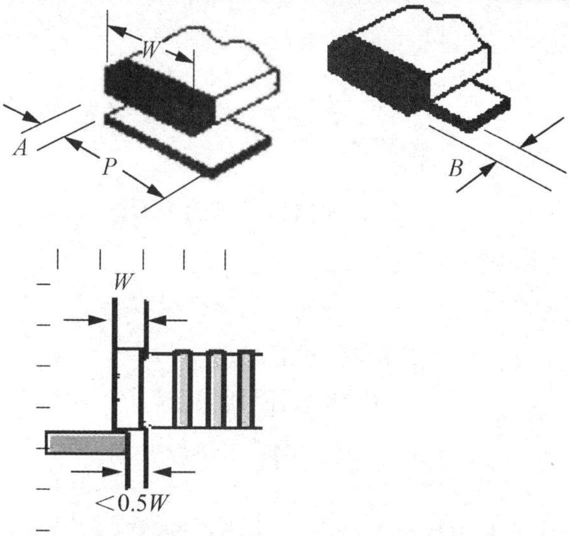
长方体元器件焊接标准	（1）焊锡宽度 C，超过元器件的宽度 W 或 P 的 80%。 （2）焊锡高度 H，至少应超过元器件高度的 50%。 （3）焊锡高度 E，可以超出焊盘或金属镀层端帽可焊端的顶部，但不可接触元器件本体。 （4）此标准同样适用于圆柱体焊接标准	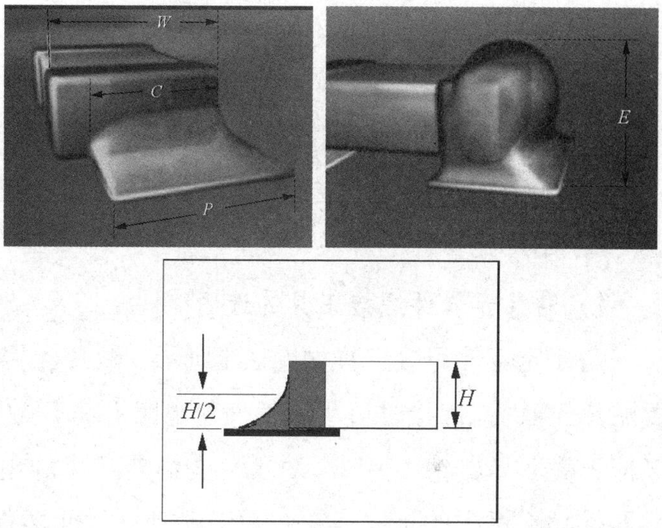
IC 引脚焊接位置	（1）最大侧面偏移 $A \leqslant 0.1W$。 （2）最大末端偏移 $B<0$，禁止末端偏移。 （3）最小末端焊点宽度 $C \geqslant 0.8W$。 （4）最小侧面焊接宽度 $D \geqslant W$。 （5）最大焊接高度 E 小于图中虚线所示高度。 （6）最小焊接高度 $F>G+T$	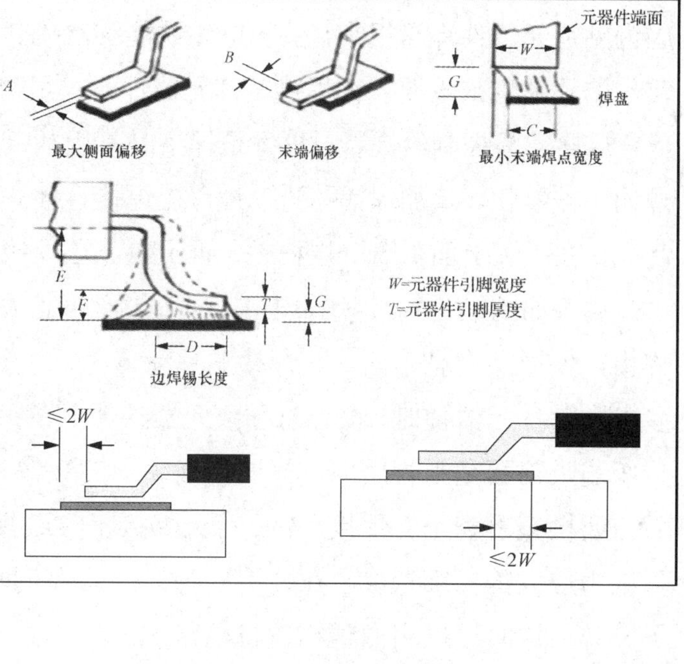 最大侧面偏移　末端偏移　最小末端焊点宽度 元器件端面　焊盘 边焊锡长度 W=元器件引脚宽度 T=元器件引脚厚度

续表

检验项目	描　述	图示或备注
IC 引脚焊接标准	（1）元器件引脚呈良好的黏锡情形。 （2）元器件引脚的表面洁净光亮。 （3）焊锡在元器件引脚上呈平滑的下抛物线形。 （4）元器件引脚前端上锡不低于 1/2 元器件引脚厚度	示意图： 实物图：
检查方法	（1）双手举板检查与放大镜检查。 （2）将板向下倾斜 45°，并保持离眼睛 30cm 距离，检查整体外观；用放大镜抽检焊点。 （3）视觉上不容易检查的点，使用镊子检查，注意不要破坏和使焊接点变形。 （4）对于不明确的焊点，有必要通过电烙铁进一步判断是否焊接完好	

2．贴片元器件的焊接

安全与规范提示
焊接过程要遵守6S管理标准。

1）贴片元器件焊接工具的选用

贴片元器件焊接工具如图 2-4 所示。贴片元器件非常小，镊子的主要作用是方便夹起和放置贴片元器件，焊接时可用镊子夹住电阻并将其放到电路板上进行焊接。要求镊子前端无变形，以便于夹取元器件。另外，对于一些需要防止静电的元器件或芯片，要用到防静电镊子。焊接元器件必不可少的是电烙铁，手工焊接贴片元器件时，推荐使用尖头电烙铁或马蹄形电烙铁，因为贴片元器件焊盘很小，尖头电烙铁能够准确、方便地对某一个或某几个引脚进行焊接。焊锡丝的选用也很重要，在焊接贴片元器件时，尽可能地使用细焊锡丝，最好是 0.3mm 的焊锡丝，这样容易控制给锡量。松香是焊接时常用的助焊剂，通过它能析出焊锡中的氧化物，保护焊锡不被氧化，增加焊锡的流动性。在焊接直插式元器件时，如果元器件生锈，那么要先将其刮亮，在引脚上面附着一层松香，再上锡。在焊接难上锡的铁件时，可以用焊锡膏，它可以除去金属表面的氧化物。焊锡膏具有一定的腐蚀性，在焊接贴片元器件时，有时可以利用它来“吃”焊锡，使焊点光亮牢固。在焊接贴片元器件时，很容易出现上锡过多的情况，特别在焊密集多引脚贴片元器件时，很容易导致元器件相邻的两脚甚至多脚被焊锡短路。遇到这种情况时，传统的吸锡器是不管用的，需要用到编织的吸锡带。对于一些特别小的元器件，焊接完毕之后需要检查引脚是否焊接正常、有无焊接不实或短路现象，此时用人眼直接观察是很费力的，可以用放大镜仔细查看。在使用松香作为助焊剂时，很容易在电路板上留下多余的松香。为了美观，这时可以用酒精棉球将电路板上有松香残留的地方擦干净。

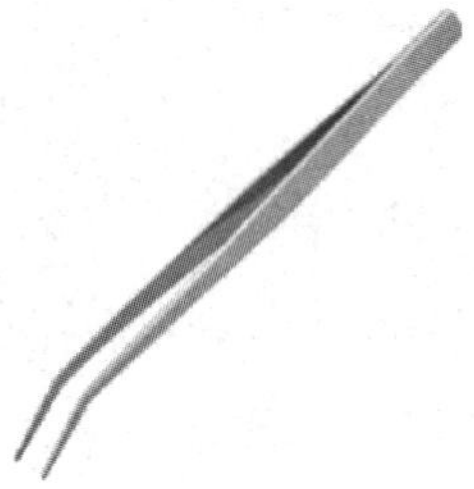

镊子　　电烙铁　　焊锡丝

焊锡膏　　松香　　吸锡带

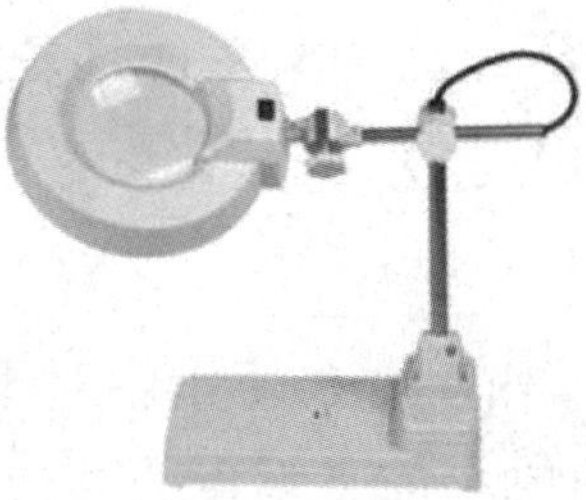

放大镜　　酒精

图 2-4　贴片元器件焊接工具

2）手工焊接贴片元器件的方法

（1）清洁和固定 PCB。

清洁和固定 PCB 示意图如图 2-5 所示。

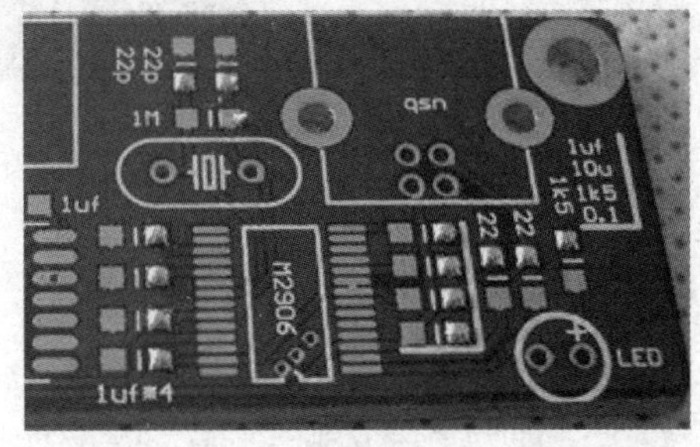

图 2-5　清洁和固定 PCB 示意图

在焊接前应对要焊接的 PCB 进行检查，确保其干净。对其上面的油性手印及氧化物等要进行清除，从而不影响上锡。手工焊接 PCB 时，如果条件允许，那么可以用焊台固定好 PCB，从而方便焊接，一般情况下用手固定就好，需要注意的是避免手指接触 PCB 上的焊盘而影响上锡。

（2）固定贴片元器件。

贴片元器件的固定是非常重要的。根据贴片元器件的引脚多少，其固定方法大体上可以分为两种——单脚固定法和多脚固定法。对于引脚数目少（一般为2～5个）的贴片元器件，如电阻、电容、二极管、三极管等，一般采用单脚固定法，即先在板上对其一个焊盘上锡，如图2-6所示。

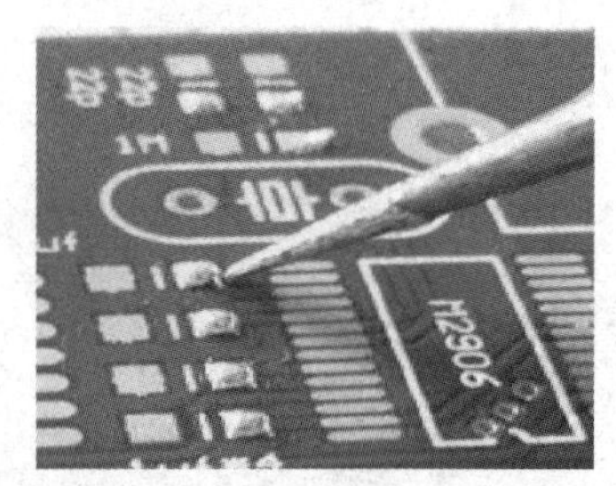

图2-6　对焊盘上锡

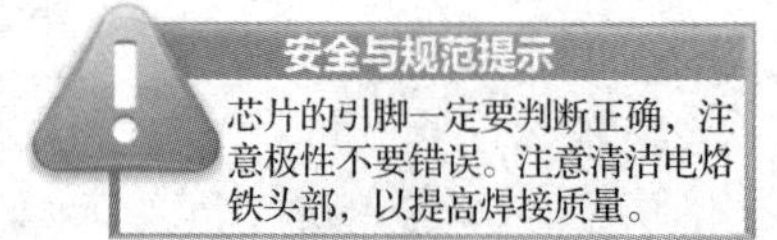

安全与规范提示
芯片的引脚一定要判断正确，注意极性不要错误。注意清洁电烙铁头部，以提高焊接质量。

左手用镊子夹住元器件，将其放到安装位置并轻抵住电路板，右手拿电烙铁靠近已镀锡焊盘，熔化焊锡将该引脚焊好，如图2-7所示。

焊好一个焊盘后，元器件被固定，此时可以松开镊子。对于引脚多而且多面分布的元器件，单脚固定法是难以将元器件固定好的，这时就需要多脚固定法，一般可以采用对角固定的方法。

（3）焊接剩下的引脚。

将元器件固定好之后，应对剩下的引脚进行焊接，如图2-8所示。对于引脚少的元器件，可左手拿焊锡，右手拿电烙铁，依次进行点焊。对于引脚多而且密集的元器件，除了点焊，还可以采取拖焊。

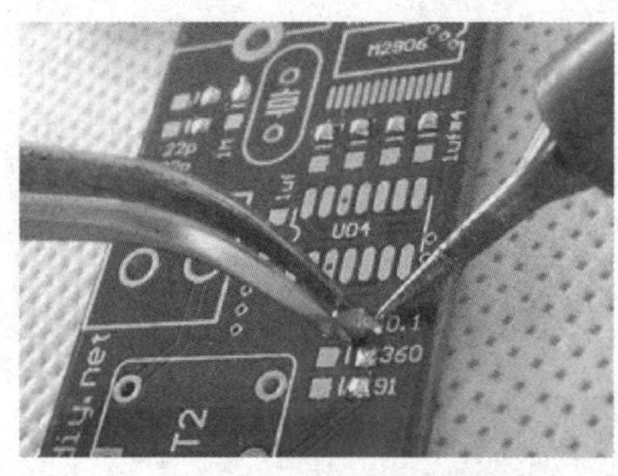

图2-7　固定元器件

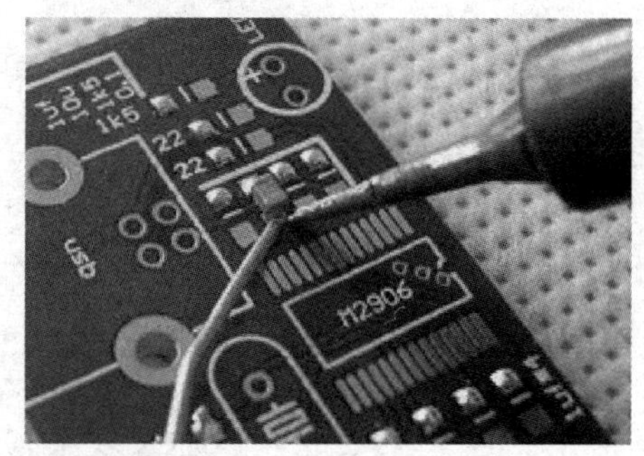

图2-8　焊接元器件

（4）清除多余焊锡。

焊接时所造成的焊锡过多、引脚短路现象，可以利用吸锡带来进行处理。具体方法是，向吸锡带上加入适量助焊剂（如松香），将吸锡带紧贴焊盘，将干净的电烙铁头部放在吸锡带上，待吸锡带被加热到可熔化焊锡的温度，轻压并慢慢地拖拉吸锡带，焊锡即被吸入吸锡带中。应当注意的是吸锡结束后，应将电烙铁头部与吸上了锡的吸锡带同时撤离焊盘，此时如果吸锡带粘在焊盘上，那么千万不要用力拉吸锡带，而是再向吸锡带上加助焊剂或重新用电烙铁头部加热后再轻拉吸锡带，使其顺利脱离焊盘，并且要防止烫坏周围元器件。

（5）清洗焊接的地方。

焊接和清除多余的焊锡之后，元器件基本上就焊接好了。但是由于使用松香助焊和吸锡带吸锡，板上元器件引脚的周围残留了一些松香，虽然并不影响元器件工作和正常使用，但不美观，而且对检查造成不便，因此有必要对这些残留物进行清理。常用的清理方法是用酒精清洗，清理时可以用棉签，也可以用镊子夹着纸巾等进行擦拭，如图 2-9 所示。清理时应该注意的是酒精要适量，其浓度最好较高，以快速溶解松香之类的残留物。擦拭的力度要控制好，不能太大，以免擦伤阻焊层及伤到元器件等。清理完毕之后让残余酒精快速挥发。至此，贴片元器件的焊接就结束了。

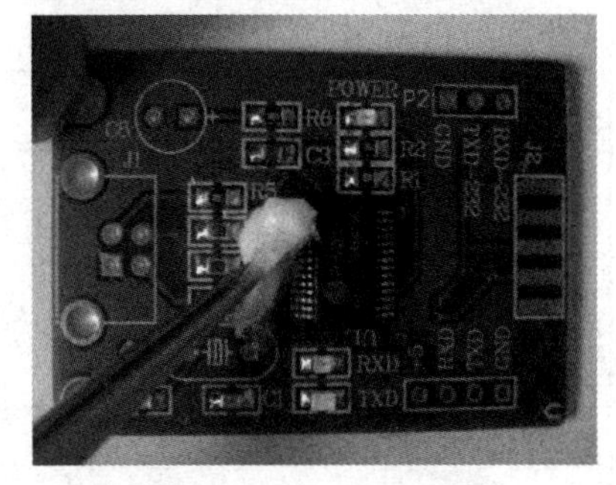

图 2-9　清洁电路板

（6）元器件焊接验收标准。

在 PCB 上所焊接的元器件的焊点大小适中，无漏焊、假焊、虚焊、连焊，焊点光滑、圆润、干净，无毛刺；引脚加工尺寸及成形符合工艺要求；导线长度、剥线头长度符合工艺要求，芯线完好，捻线头镀锡。元器件上的字符标示方向均应符合工艺要求；接插件、紧固件安装可靠牢固；电路板和元器件无烫伤和划伤，整机清洁无污物。

填写装配工艺过程卡片中的空项（见表 2-3）。

表 2-3　装配工艺过程卡片

<table>
<tr><td rowspan="2">项目</td><td colspan="2" rowspan="2">装配工艺过程卡片</td><td colspan="2">工序名称</td><td>产品图号</td></tr>
<tr><td colspan="2">插件</td><td>PCB-20110625</td></tr>
<tr><td rowspan="2">标称（位号）</td><td colspan="3">装入件及辅助材料</td><td rowspan="2">工艺要求</td><td rowspan="2">工　具</td></tr>
<tr><td>名　称</td><td>规　格</td><td>数　量</td></tr>
<tr><td>C_{11}</td><td>电解电容</td><td>100μF 35V</td><td>1</td><td>按图______所示安装，注意电容正负极性</td><td rowspan="7">镊子、剪刀、电烙铁等常用装接工具</td></tr>
<tr><td>R_{45}</td><td>金属膜电阻</td><td>1kΩ±1%</td><td>1</td><td>贴底板安装</td></tr>
<tr><td>R_{15}</td><td>0805 贴片电阻</td><td>100Ω±5%</td><td>1</td><td>______________________</td></tr>
<tr><td>R_{30}</td><td>0805 贴片电阻</td><td>1kΩ±5%</td><td>1</td><td>______________________</td></tr>
<tr><td>R_{27}</td><td>0805 贴片电阻</td><td>1kΩ±5%</td><td>1</td><td>______________________</td></tr>
<tr><td>IC_3</td><td>集成块</td><td>74LS04</td><td>1</td><td>贴片焊接</td></tr>
<tr><td>DCH</td><td>电源插座</td><td>RG45</td><td>1</td><td>贴底板安装</td></tr>
<tr><td>IC_8</td><td>三端集成稳压器</td><td>LM7805</td><td>1</td><td>用螺钉将 LM7805 与散热器固定，将 LM7805 插入 PCB，用螺母固定后再焊接，LM7805 的插装参考图 2</td><td></td></tr>
</table>

续表

以上各元器件的插装顺序是：

____

____

____

图样：

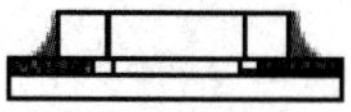

旧底图总号	底图总号	更改标记	数　量	更改单号	签　名	日　期	签　名		日　期	第　页
							拟　制			共　页
							审　核			第　册
							标准化			第　页

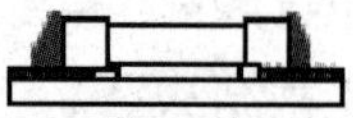

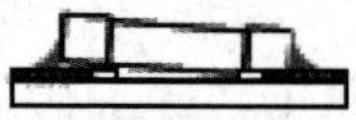

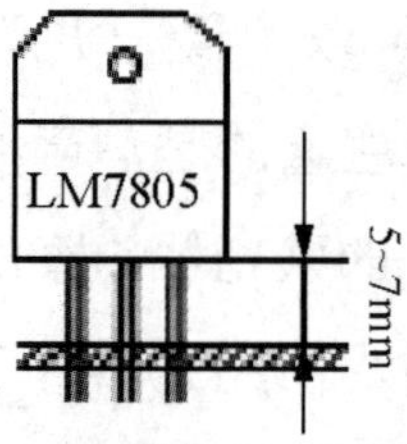

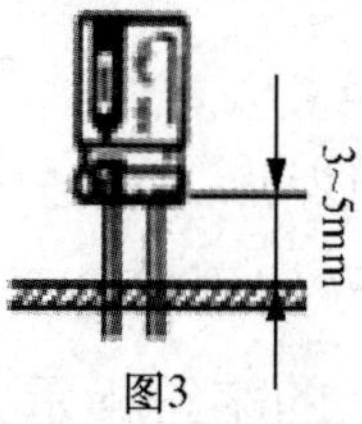

知识链接1　驻极体话筒

驻极体话筒（Electret microphone）如图2-10所示，是电子设备中常见的元器件，主要用于采集声音信号，驻极体话筒的特点是体积小、频率范围大、高保真、价格低。驻极体话筒由声电转换和阻抗变换两部分组成。

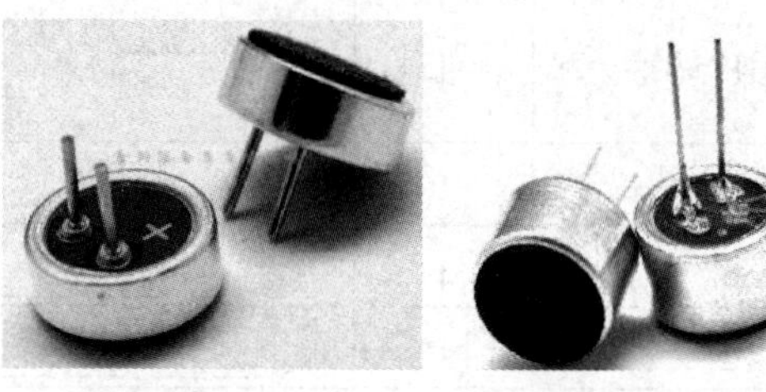

图2-10　驻极体话筒

声电转换的关键元器件是驻极体振动膜。它是一个极薄的塑料膜片，在其中一面通过蒸发镀上一层纯金薄膜，经过高压电场驻极后，两面分别驻有异性电荷。膜片的蒸金面向外，与金属外壳相连通。膜片的另一面与金属极板之间用薄的绝缘衬圈隔离开。这样，蒸金面与金属极板之间就形成了一个电容。当驻极体膜片遇到声波振动时，引起电容两端的电场发生变化，从而产生了随声波变化而变化的交变电压。驻极体膜片与金属极板之间的电容量比较小，一般为几十皮法，因而它的输出阻抗值很高，为几十兆欧以上。这样高的阻抗是不能直接与音频放大器相匹配的，所以在驻极体话筒内接入一个结型场效应晶体三极管（简称场效应管）来进行阻抗变换。场效应管的特点是输入阻抗极高、噪声系数低。普通场效应管有源极（S）、栅极（G）和漏极（D）3 个极。这里使用的是在内部源极和栅极间再复合一个二极管的专用场效应管。接二极管 VD 的目的是在场效应管受强信号冲击时起保护作用。场效应管的栅极接金属极板。这样，驻极体话筒的输出线便有 3 条，即源极（S）、漏极（D）和连接金属外壳的接地线。驻极体话筒的内部结构如图 2-11 所示。

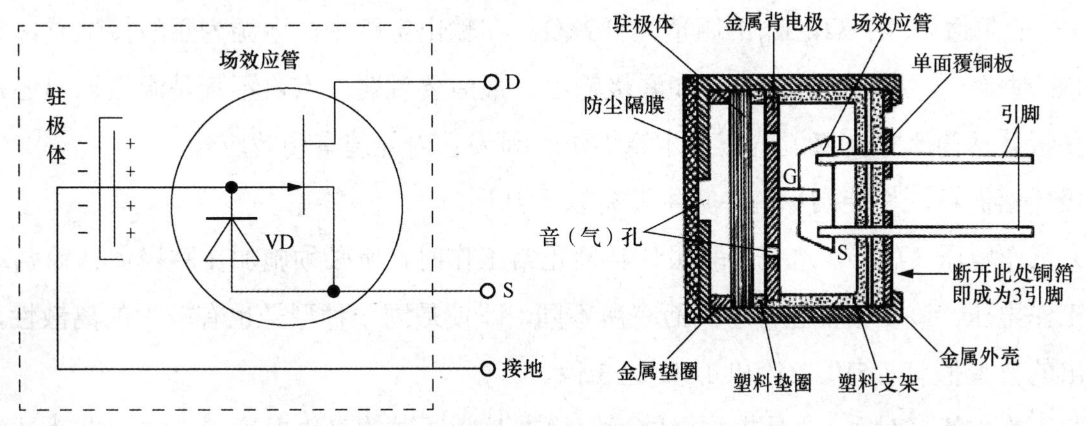

图 2-11　驻极体话筒的内部结构

电容的两个电极接在栅极和源极之间，电容两端电压为栅极和源极偏置电压 U_{GS}，U_{GS} 变化时，引起场效应管的源极和漏极之间的电流 I_{DS} 的变化，实现了阻抗变换。一般驻极体话筒经变换后的输出电阻阻值小于 2kΩ。

驻极体话筒与电路的接法有两种：源极输出与漏极输出，如图 2-12 所示。

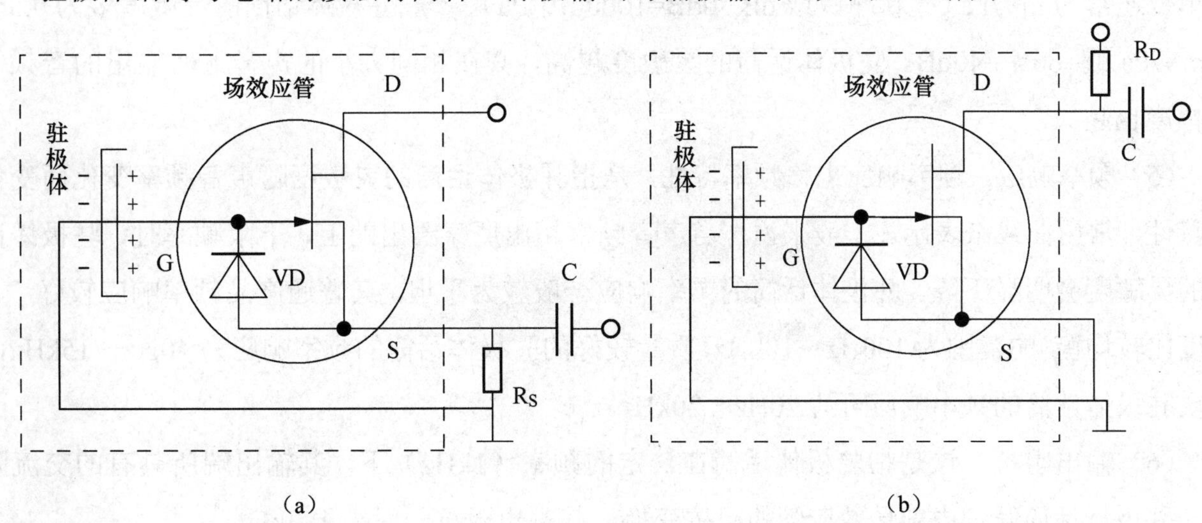

图 2-12　驻极体话筒与电路的两种接法

源极输出类似三极管的射极输出，需要 3 条引出线，如图 2-12（a）所示，漏极（D）接电源正极。源极（S）与地之间接一个电阻 R_S，以提供源极电压，信号由源极经电容 C 输出。编织线接地起屏蔽作用。源极输出的阻抗小于 2kΩ，电路比较稳定，动态范围大，但输出信号比漏极的输出信号小。

漏极输出类似三极管的集电极输出，只需两条引出线，如图 2-12（b）所示。漏极（D）与电源正极间接一个漏极电阻 R_D，信号由漏极（D）经电容 C 输出。源极（S）与编织线一起接地。漏极输出有电压增益，因而驻极体话筒的灵敏度比源极输出时要高，但电路动态范围略小。无论是源极输出还是漏极输出，目的都是保证内置场效应管始终处于放大状态。

R_S 和 R_D 的阻值大小要根据电源电压大小来决定，一般为 2.2～5.1kΩ。例如，电源电压为 6V 时，R_S 的阻值为 4.7kΩ，R_D 的阻值为 2.2kΩ。在输出电路中，电源为正极接地时，只需要将 D 和 S 对换一下，仍可成为源极和漏极输出。最后要说明一点，不管是源极输出还是漏极输出，驻极体话筒必须在直流电压下才能工作，因为它内部装有场效应管。

驻极体话筒各项性能指标的参数主要有以下几项。

（1）工作电压（U_{DS}）。这是指驻极体话筒正常工作时，所必须施加在驻极体话筒两端的最小直流工作电压。该参数视型号不同而有所不同，即使是同一种型号也有较大的离散性，通常厂家给出的典型值有 1.5V、3V 和 4.5V 这 3 种。

（2）工作电流（I_{DS}）。这是指驻极体话筒静态时所通过的直流电流，它实际上就是内部场效应管的静态电流。与工作电压类似，工作电流的离散性也较大，通常为 0.1～1mA。

（3）最大工作电压（U_{MDS}）。这是指驻极体话筒内部场效应管漏极和源极两端所能够承受的最大直流电压。超过该极限电压时，场效应管就会被击穿损坏。

（4）灵敏度。这是指驻极体话筒在一定的外部声压作用下所能产生音频信号电压的大小，其单位通常为 mV/Pa（毫伏/帕）或 dB（0dB=1000mV/Pa）。一般驻极体话筒的灵敏度多为 0.5～10mV/Pa 或−66～−40dB。驻极体话筒的灵敏度越高，其在相同大小的声音下所输出的音频信号幅度也越大。

（5）频率响应。频率响应也称频率特性，是指驻极体话筒的灵敏度随声音频率变化而变化的特性，常用曲线来表示。一般来说，当声音频率超出厂家给出的上、下限频率时，驻极体话筒的灵敏度会明显下降。驻极体话筒的频率响应一般较为平坦，其普通产品频率响应较好（灵敏度比较均衡）的范围为 100Hz～10kHz，质量较好的驻极体话筒的频率响应为 40Hz～15kHz，优质驻极体话筒的频率响应可达 20Hz～20kHz。

（6）输出阻抗。这是指驻极体话筒在一定的频率（1kHz）下，其输出端所具有的交流阻抗。驻极体话筒经过内部场效应管的阻抗变换，其输出阻抗一般小于 3kΩ。

（7）固有噪声。这是指在没有外界声音时，驻极体话筒所输出的噪声信号电压。驻极体话筒的固有噪声越大，工作时输出信号中混有的噪声就越大。一般驻极体话筒的固有噪声都很小，为微伏级电压。

（8）指向性。指向性也称方向性，是指驻极体话筒灵敏度随声波入射方向的变化而变化的特性。驻极体话筒的指向性分单向性、双向性和全向性 3 种。单向性驻极体话筒的正面对声波的灵敏度明显高于其他方向，并且根据指向特性曲线形状，可细分为心形、超心形和超指向形 3 种；双向性驻极体话筒在前、后方向上的灵敏度均高于其他方向；全向性驻极体话筒对来自四面八方的声波都有基本相同的灵敏度。常用的机装型驻极体话筒绝大多数是全向性驻极体话筒。

常用驻极体话筒的外形分机装型（内置型）和外置型两种。机装型驻极体话筒适合于在各种电子设备内部安装使用。常见的机装型驻极体话筒形状多为圆柱形，其直径有 ϕ6mm、ϕ9.7mm、ϕ10mm、ϕ10.5mm、ϕ11.5mm、ϕ12mm、ϕ13mm 等多种规格。焊脚式驻极体话筒底视图和驻极体话筒类型如图 2-13 和图 2-14 所示。引脚电极数分两端式和三端式两种，引脚形式有可直接在电路板上插焊的直插式、带软屏蔽电线的引线式和不带引线的焊脚式 3 种。若按体积大小分类，则有普通型和微型两种，微型驻极体话筒已被广泛应用于各种微型录音机、微型数码摄像机、手机等电子产品中。将机装型驻极体话筒装入各式各样的带有座架或夹子的外壳中，并接上带有 2 芯或 3 芯插头的屏蔽电线，就做成了我们经常见到的形形色色、可方便移动的外置型驻极体话筒。

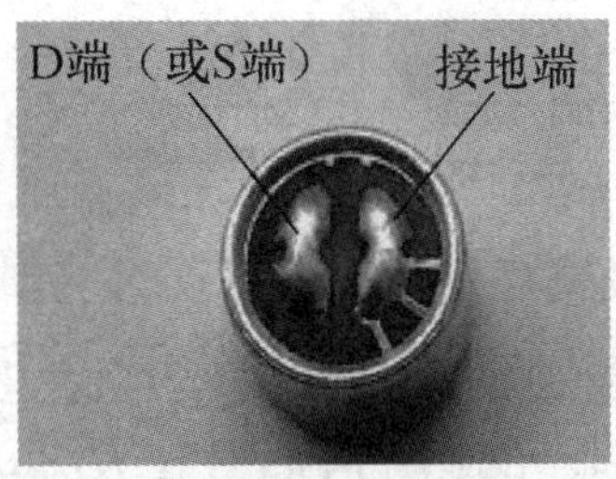

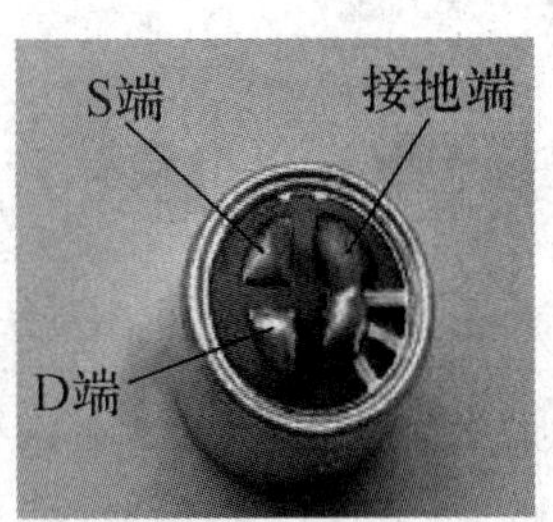

图 2-13　焊脚式驻极体话筒底视图

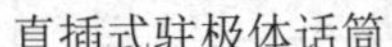
直插式驻极体话筒

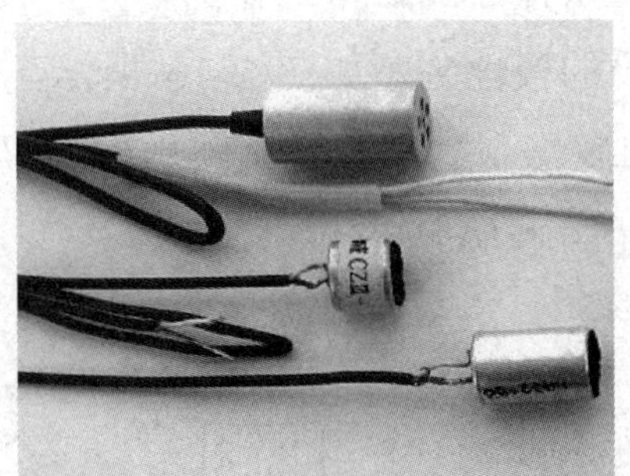

引线式驻极体话筒

图 2-14　驻极体话筒类型

机装型驻极体话筒有 4 种连接方式，如图 2-15 所示，图中的 R 是场效应管的负载电阻，它的取值直接关系到驻极体话筒的直流偏置，对驻极体话筒的灵敏度等工作参数有较大的影响。

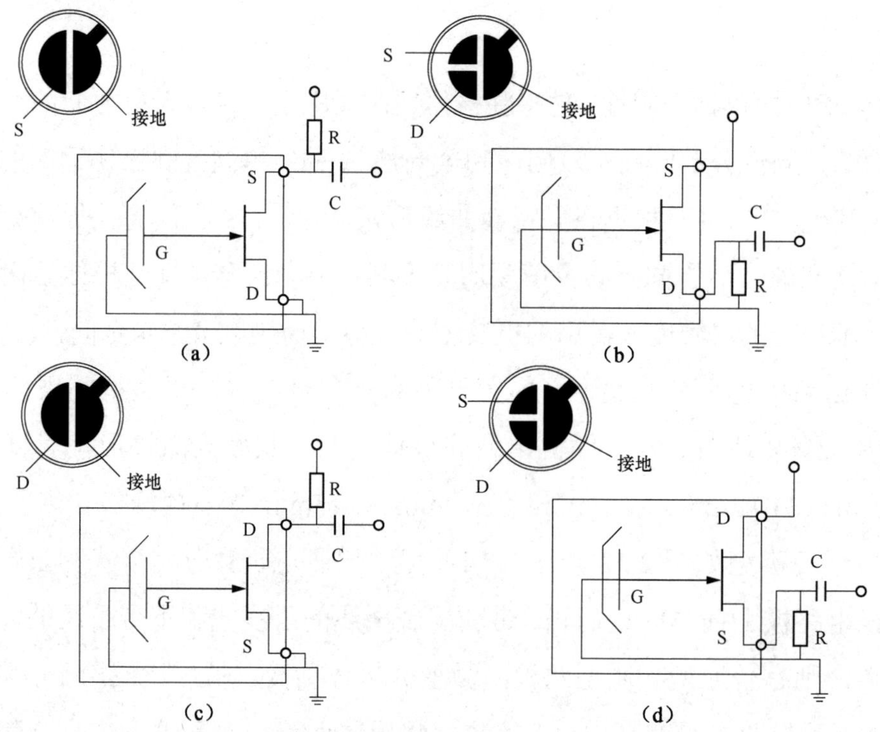

图 2-15　不同类型的驻极体话筒内部原理图

在图 2-15 中标出驻极体话筒的正负极。

两端式驻极体话筒是将场效应管接成漏极输出电路，这种连接方式的驻极体话筒的灵敏度比较高，缺点是动态范围比较小。目前，市场上销售的驻极体话筒大多是这种负极接地、D 极输出的连接方式，三端式驻极体话筒目前在市场上比较少见。无论何种接法，驻极体话筒必须满足一定的偏置条件才能正常工作。

驻极体话筒的极性判断如图 2-16 所示，两端式驻极体话筒的引出电极是其内部场效应管的漏极（D）和源极（S），只要判断出漏极（D）和源极（S），就不难确定出驻极体话筒的电极。测试方法如图 2-16 所示。

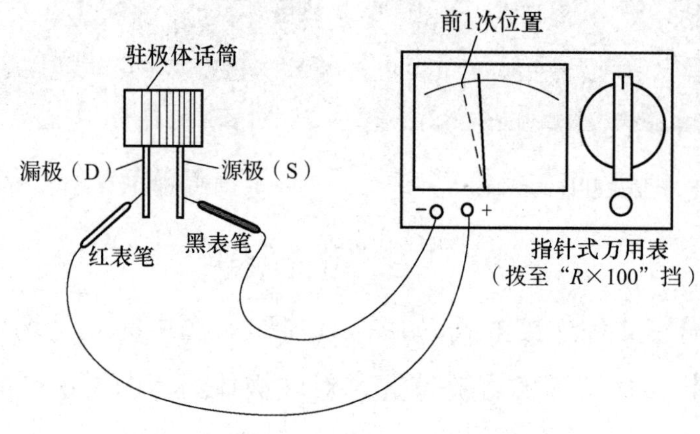

图 2-16　驻极体话筒的极性判断

将万用表拨至“$R\times100$”或“$R\times1\text{k}$”电阻挡，将黑表笔接任意一极，将红表笔接另外一极，读出电阻值。对调两个表笔后，再次读出电阻值，并比较两次测量结果，阻值较小的一次中，黑表笔所接应为源极（S），红表笔所接应为漏极（D）。

对于两端式驻极体话筒，若驻极体话筒的金属外壳与所检测出的源极（S）相连，则被测驻极体话筒应为两端式驻极体话筒，其漏极（D）应为“正电源/信号输出脚”，源极（S）为“接地引脚”。若驻极体话筒的金属外壳与漏极（D）相连，则源极（S）应为“负电源/信号输出脚”，漏极（D）为“接地引脚”。若被测驻极体话筒的金属外壳与源极（S）、漏极（D）均不相通，则驻极体话筒为三端式驻极体话筒，其漏极（D）和源极（S）可分别作为“正电源引脚”和“信号输出脚”（或“信号输出脚”和“负电源引脚”），金属外壳则为“接地引脚”。

驻极体话筒的好坏判断如图 2-17 所示。在上述测量中，驻极体话筒正常测得的电阻值应该是一大一小。若正、反向电阻值均为∞，则说明被测驻极体话筒内部的场效应管已经开路。若正、反向电阻值均接近或等于 0Ω，则说明被测驻极体话筒内部的场效应管已被击穿或发生了短路。若正、反向电阻值相等，则说明被测驻极体话筒内部场效应管栅极（G）与源极（S）之间的二极管已经开路。由于驻极体话筒是一次性压封而成的，因此其内部发生故障时一般不能维修，弃旧换新即可。

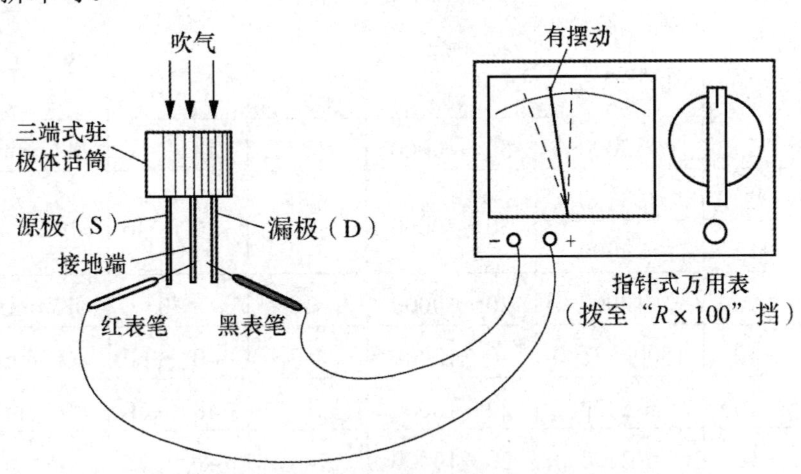

图 2-17　驻极体话筒的好坏判断

驻极体话筒灵敏度检测如图 2-18 所示，将万用表拨至“$R\times100$”或“$R\times1\text{k}$”电阻挡，如图 2-18（a）所示，将黑表笔（万用表内部接电池正极）接被测两端式驻极体话筒的漏极（D），将红表笔接接地端[或将红表笔接源极（S），将黑表笔接接地端]，此时万用表指针指示在某一刻度上，用嘴对着驻极体话筒正面的入声孔吹一口气，万用表指针应有较大摆动。指针摆动范围越大，说明被测驻极体话筒的灵敏度越高。若没有反应或反应不明显，则说明被测驻极体话筒已经损坏或性能下降。对于三端式驻极体话筒，如图 2-18（b）所示，将黑表笔仍接被测驻极体话筒的漏极（D），将红表笔同时接通源极（S）和接地端（金属外壳），按相同方法吹气检测即可。

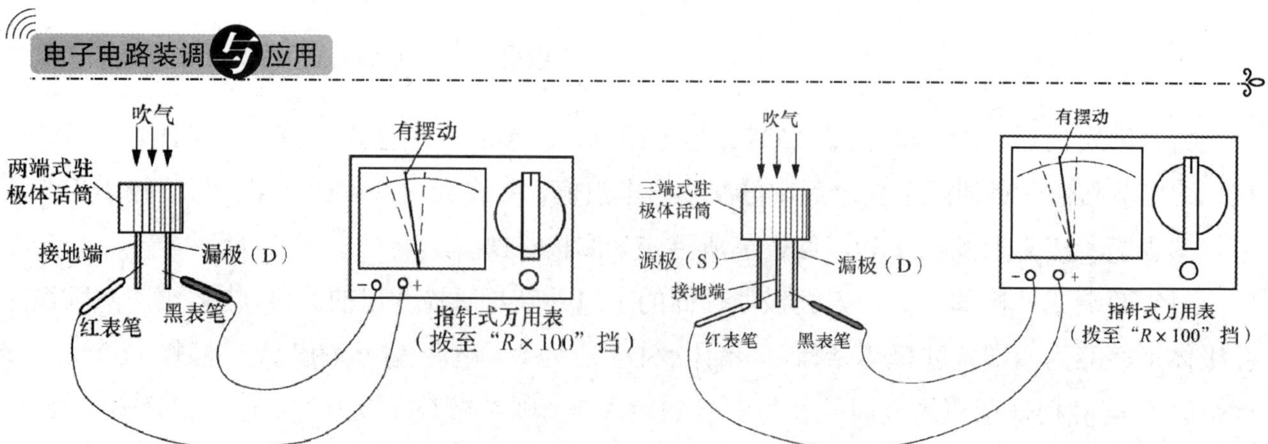

图 2-18　驻极体话筒灵敏度检测

由于驻极体话筒的型号命名各厂家不统一，无规律可循，因此要想知道某一型号产品的性能和有关参数等，一般只能查看厂家说明书或相关的参数手册。驻极体话筒的型号及参数如表 2-4 所示。对于不同型号的驻极体话筒，只要体积和引脚数相同、灵敏度等参数相近，一般均可以直接代换使用。

表 2-4　驻极体话筒的型号及参数

型　号	工作电压范围（V）	输出阻抗（Ω）	频率响应（Hz）	固有噪声（μV）	灵敏度（dB）	尺寸（mm）	方向性
CRZ2-9	3～12	≤2000	50～10000	≤3	−54～−66	ϕ11.5mm×19mm	全向
CRZ2-15	3～12	≤3000	50～10000	≤5	−36～−46	ϕ10.5mm×7.8mm	
CRZ2-15E	1.5～12	≤2000					
ZCH-12	4.5～10	1000	20～10000	≤3	−70	ϕ13mm×23.5mm	
CAII-60	4.5～10	1500～2200	40～12000	≤3	−40～−60	ϕ9.7mm×6.7mm	
DG0976CD	4.5～10	≤2200	20～16000		−48～−66	ϕ9.7mm×6.7mm	
DG060501CD	4.5～10	≤2200	20～16000		−42～−58	ϕ6mm×5mm	
WM-60A	2～10	2200	20～20000		−42～−46	ϕ6mm×5mm	
XCM6050	1～10	680～3000	50～16000		−38～−44	ϕ6mm×5mm	
CM-18W	1.5～10	1000	20～18000		−52～−66	ϕ9.7mm×6.5mm	
CM-27B	2～10	2200	20～18000		−58～−64	ϕ6mm×2.7mm	

知识链接 2　光敏电阻

光敏电阻（Photoresistor or Light-dependent Resistor，LDR）是用硫化镉或硒化镉等半导体材料制成的特殊电阻器，它是利用半导体的光电导效应制成的一种电阻值随入射光的强弱变化而改变的电阻器，又称光电导探测器，光敏电阻如图 2-19 所示。硫化镉光敏电阻结构图如图 2-20 所示。光敏电阻对光线十分敏感，光照越强，阻值就越低，随着光照强度的升高，电阻值迅速降低，亮电阻阻值可低至 1kΩ以下。光敏电阻在无光照时，呈高阻态，暗电阻一般可达 1.5MΩ。

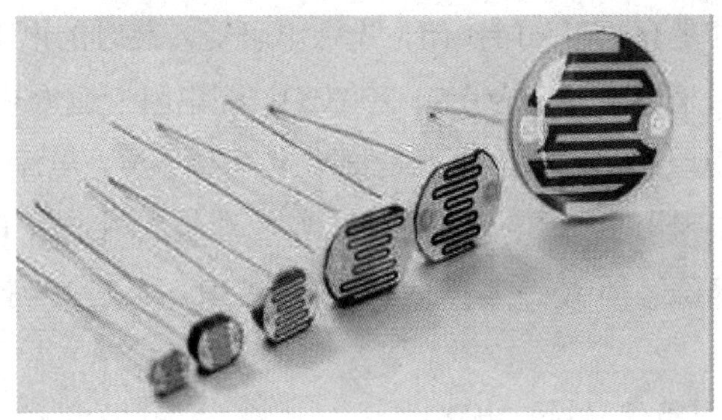

图 2-19　光敏电阻

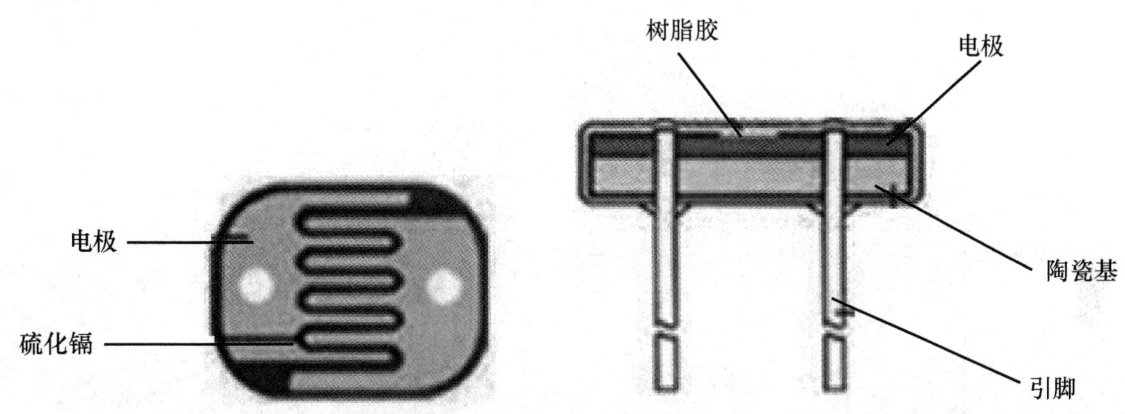

图 2-20　硫化镉光敏电阻结构图

光敏电阻用字母 RG 表示，其符号如图 2-21 所示。

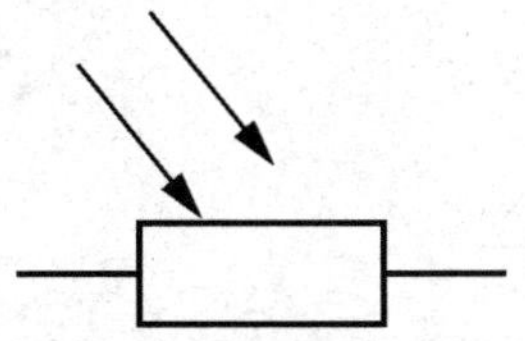

图 2-21　光敏电阻符号

光敏电阻可以根据其制作材料和光谱特性来分类。

1．按光敏电阻的制作材料分类

光敏电阻按其制作材料的不同可分为多晶光敏电阻和单晶光敏电阻，还可分为硫化镉（CdS）光敏电阻、硒化镉（CdSe）光敏电阻、硫化铅（PbS）光敏电阻、硒化铅（PbSe）光敏电阻、锑化铟（InSb）光敏电阻等多种。

2．按光敏电阻的光谱特性分类

光敏电阻按其光谱特性的不同可分为可见光光敏电阻、紫外光光敏电阻和红外光光敏电阻。可见光光敏电阻主要用于各种光电自动控制系统、电子照相机和光报警器等电子产品中。紫外光光敏电阻主要用于紫外线探测仪器。红外光光敏电阻主要用于天文、军事等领域的有关自动控制系统中。

光敏电阻的性能参数非常多，其中主要有最高工作电压、亮电流、暗电流、时间常数、灵敏度等，其中最为重要的是亮电阻与暗电阻，光敏电阻受光照时的电阻值称为亮电阻，没有光照时的电阻称为暗电阻。暗电阻一般为0.5～200MΩ；亮电阻一般为0.5～200kΩ。光敏电阻的暗电阻越大越好，而亮电阻越小越好，也就是说暗电流要小，亮电流要大。

图2-22所示为光敏电阻的应用电路，主要工作原理是利用电阻 RP_1 调节整个电路的灵敏度，通过光敏电阻RG来感知环境光线，进而控制CD4011第2个引脚的输入电平，改变电路输出。

图2-23所示为光敏电阻信号检测电路。

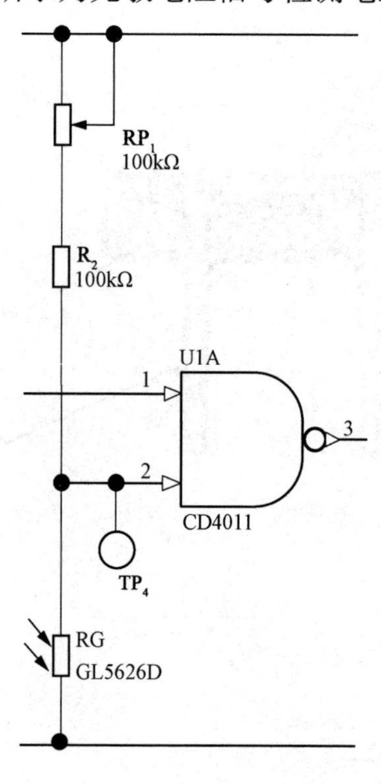

图2-22　光敏电阻的应用电路

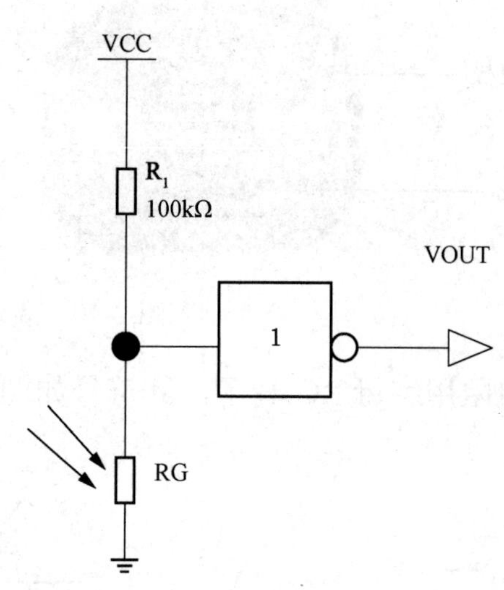

图2-23　光敏电阻信号检测电路

根据图2-23所示，分析以下问题。

（1）当有光照射光敏电阻时，VOUT输出________电平。

（2）当无光照射光敏电阻时，VOUT输出________电平。

3. 光敏电阻的质量检测

（1）用一张黑纸片将光敏电阻的透光窗口遮住，此时万用表的指针基本保持不动，阻值接近无穷大。此值越大说明光敏电阻性能越好；若此值很小或接近零，则说明光敏电阻已烧穿损坏，不能再继续使用。

（2）将一个光源对准光敏电阻的透光窗口，此时万用表的指针应有较大幅度的摆动，阻值明显减小，此值越小说明光敏电阻性能越好；若此值很大甚至接近无穷大，则说明光敏电阻内部开路损坏，不能再继续使用。

（3）将光敏电阻的透光窗口对准入射光线，用小黑纸片在光敏电阻的遮光窗口上方晃动，使其间断受光，此时万用表指针应随小黑纸片的晃动而左右摆动。若万用表指针始终停在某个位置不随纸片的晃动而摆动，则说明光敏电阻的光敏材料已经损坏。

知识链接 3　三极管

三极管的全称为半导体三极管，也称双极型晶体管、晶体三极管，是一种控制电流的半导体器件，其作用是将微弱电信号放大成幅值较大的电信号，也用作无触点开关。三极管是半导体基本元器件之一，具有电流放大作用，是电子电路的核心元器件。三极管的结构原理是在一块半导体基片上制作两个相距很近的 PN 结，这两个 PN 结将整块半导体分成三部分，中间部分是基区，两侧部分是发射区和集电区，三极管的排列方式有 PNP 型和 NPN 型两种。三极管的结构如图 2-24 所示。

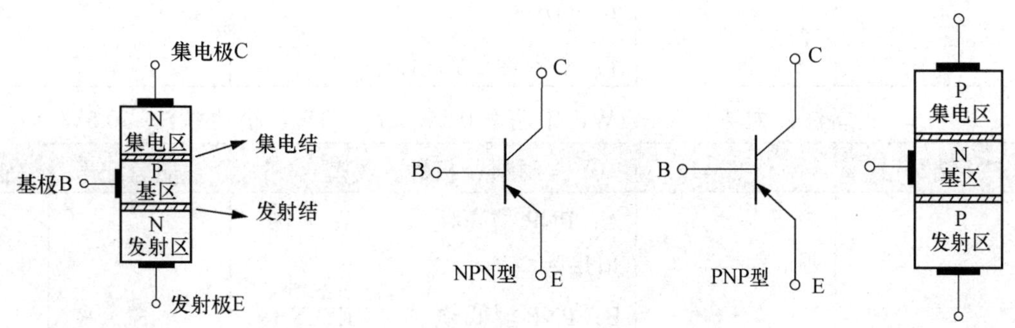

图 2-24　三极管的结构

1．三极管的种类

三极管主要有 NPN 型和 PNP 型两大类，一般我们可以通过三极管上标出的型号来识别。三极管的种类划分如下。

① 按设计结构分可分为点接触型三极管和面接触型三极管。

② 按工作频率分可分为高频管、低频管、开关管。

③ 按功率大小分可分为大功率三极管、中功率三极管、小功率三极管。

④ 按封装形式分可分为金属封装三极管和塑料封装三极管。

2．三极管的命名规则

中国的半导体器件型号有五部分，这五部分的意义如下。

第一部分，用数字表示半导体器件的有效电极数目；第二部分，用汉语拼音字母表示半导体器件的材料和极性；第三部分，用汉语拼音字母表示半导体器件的类型；第四部分，用数字表示序列号；第五部分，用汉语拼音字母表示规格。例如，3DD15A 表示 NPN 型硅材料低频大功率三极管。三极管型号如表 2-5 所示。

表 2-5　三极管型号

<table>
<tr><td rowspan="4">中国</td><th>电极数目
3</th><th>材料、极性
D</th><th colspan="2">类型
D</th><th>序列号
15</th><th>规格
A</th></tr>
<tr><td>2（二极管）</td><td>A：N 型锗管
B：P 型锗管
C：N 型硅管
D：P 型硅管</td><td>P：普通管
W：稳压管
Z：整流管
N：阻尼管</td><td>V：混频/检波管
L：整流堆
S：隧道管
U：光敏管</td><td rowspan="2">数字</td><td rowspan="2">字母</td></tr>
<tr><td>3（三极管）</td><td>A: PNP 型锗管
B: NPN 型锗管
C: PNP 型硅管
D: NPN 型硅管
E：化合物材料</td><td colspan="2">A：高频大功率（f≤3MHz，P_C≥1W）
D：低频大功率（f<3MHz，P_C≥1W）
G：高频中小功率（f≥3MHz，P_C<1W）
X：低频中小功率（f<3MHz，P_C<1W）
T：晶闸管　Y：体效应管</td></tr>
<tr><td colspan="6">备注：大功率 P_C≥1W，中功率 0.5W≤P_C<1W，小功率 P_C<0.5W</td></tr>
<tr><td rowspan="2">日本</td><th>PN 结数目</th><th>S</th><th colspan="2">材料、极性、类型</th><th>注册登记号</th><th>改进序列</th></tr>
<tr><td>0（光敏器件）
1（二极管）
2（三极管）
3（四电极器件）</td><td>S:
日本电子工业协会（JEIA）注册标志</td><td colspan="2">A：PNP 型高频　J：P 沟道场效应管
B：PNP 型低频　K：N 沟道场效应管
C：NPN 型高频　M：双向晶闸管
D：NPN 型低频场效应管
F：P 极控晶闸管
G：N 极控晶闸管
H：N 基极单结晶体管</td><td>日本电子工业协会（JEIA）注册登记号</td><td>A
B
C
D
—
—
原型号的改进产品</td></tr>
<tr><td rowspan="2">美国</td><th>类型</th><th>电极数目</th><th colspan="2">注册标志</th><th>登记号码</th><th>分档</th></tr>
<tr><td>JAN
J（表示军用品）
无（表示非军用品）</td><td>1（一个PN结）
2（两个PN结）
3（三个PN结）
N（n个PN结）</td><td colspan="2">N：美国电子工业协会（EIA）注册标志</td><td>美国电子工业协会（EIA）注册登记号</td><td>A
B
C
D
同一型号划分的不同档次</td></tr>
</table>

续表

	材料	类型/特性			登记号	分档标记
欧洲国家	A：锗（0.6～1.0 电子伏特材料） B：硅（1.0～1.3 电子伏特材料） C：＞1.3 电子伏特材料（如砷化镓） D：＜0.6 电子伏特材料 R：复合材料	A：检波开关混频二极管 B：变容二极管 C：低频小功率三极管 D：低频大功率三极管 E：隧道二极管 F：高频小功率三极管 G：复合器件，其他	H：磁敏二极管 K：开放磁路霍尔元件 L：高频大功率三极管 M：开放磁路霍尔元件 P：光敏器件 Q：发光器件 R：小功率晶闸管	S：小功率开关管 T：大功率晶闸管 U：大功率开关管 X：倍增二极管 Y：整流二极管 Z：稳压二极管	多位数字：表示元器件的注册登记号	A B C D — — 按某个参数进行分档的标志
		备注：小功率 R_{TJ}＞15℃/W，大功率 R_{TJ}＜15℃/W				

注：方框中的文字为三极管的型号命名举例。

3．三极管的主要参数

一般情况下三极管的参数可分为直流参数、交流参数、极限参数三大类。

集电极–基极反向电流 I_{CBO}。此值越小说明三极管温度稳定性越好。一般小功率管的 I_{CBO} 约为 10μA，硅三极管更小。

集电极–发射极反向电流 I_{CEO}，也称穿透电流。此值越小说明三极管稳定性越好，此值过大说明这个三极管不宜使用。

三极管的极限参数有集电极最大允许电流 I_{CM}、集电极最大允许耗散功率 I_{CM}、集电极–发射极反向击穿电压 $U_{(BR)CEO}$。

三极管的电流放大系数：三极管的直流放大系数和交流放大系数近似相等，在实际使用时一般不再区分，都用β表示，也可用 h_{FE} 表示。

为了能直观地表明三极管的放大倍数，常在三极管的外壳上标注不同的色标。锗、硅开关管，高、低频小功率管，硅低频大功率管所用的色环标志如表 2-6 所示。

表 2-6 三极管色环含义

β 值范围	0～15	15～25	25～40	40～55	55～80	80～120	120～180	180～270	270～400	＞400
色标	棕	红	橙	黄	绿	蓝	紫	灰	白	黑

特性频率：三极管的β值随工作频率的升高而下降，三极管的特性频率 f 是当β值下降到 1 时的频率值。也就是说，在这个频率下的三极管已经失去放大能力，因为三极管的工作频率必须小于晶体管特性频率的一半以下。

4．常用三极管的外形电极识别

常用小功率三极管的外形电极识别：对于小功率三极管来说，有金属外壳封装和塑料外壳封装两种，如图 2-25 所示。

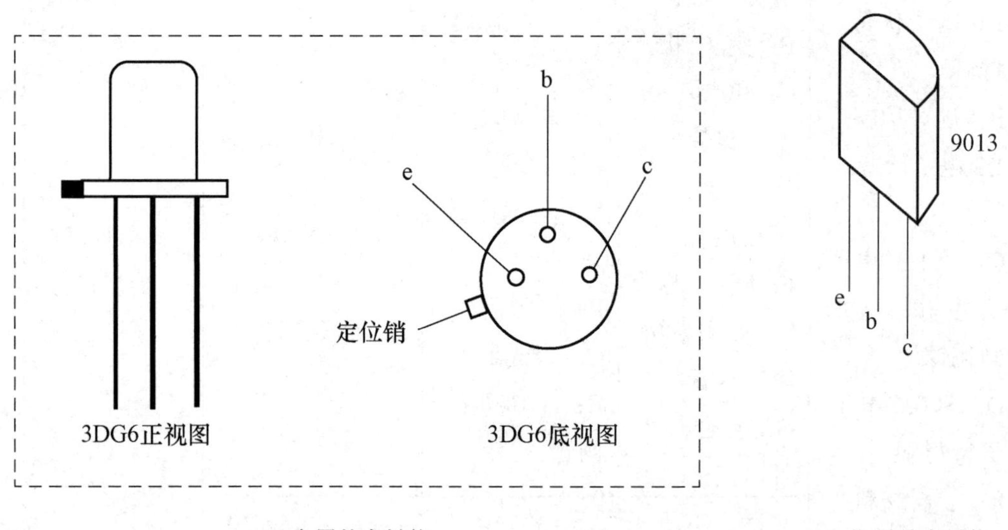

（a）金属外壳封装　　（b）塑料外壳封装

图 2-25　小功率三极管的外形电极识别

大功率三极管的外形电极识别：对于大功率三极管来说，其外形一般分为 F 型和 G 型两种。F 型大功率三极管从外形上只能看到两个电极，如图 2-26（a）所示。将引脚底面朝上，将两个电极引脚置于左侧，上面为 e 极，下面为 b 极，底座为 c 极。G 型大功率三极管的三个电极的分布如图 2-26（b）所示。

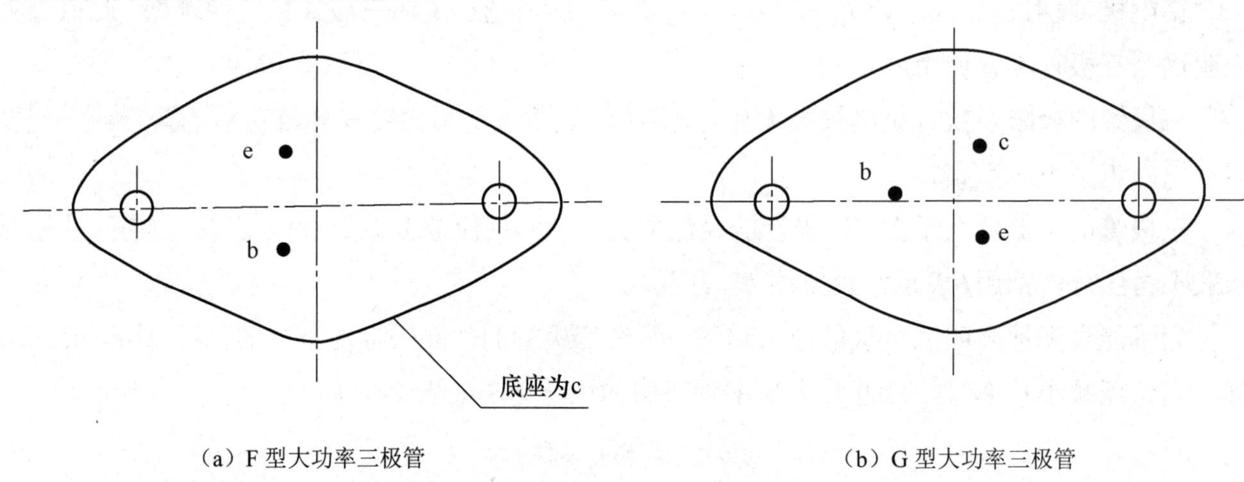

（a）F 型大功率三极管　　（b）G 型大功率三极管

图 2-26　大功率三极管的外形电极识别

5．三极管检测

必须正确辨认三极管的引脚，否则，接入电路的三极管不但不能正常工作，还可能被烧坏。已知三极管类型及电极，用指针式万用表判别三极管的方法如图 2-27 所示。

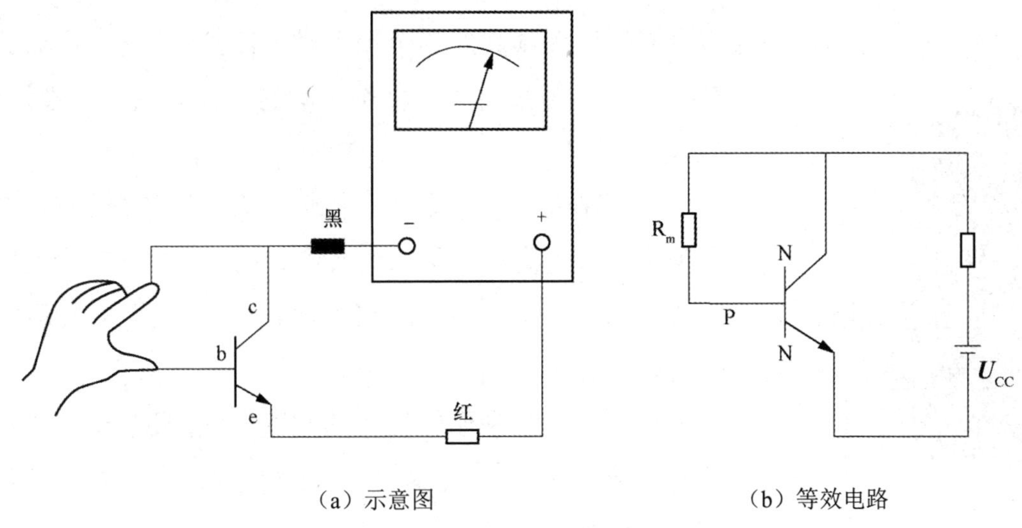

（a）示意图　　　　（b）等效电路

图 2-27　用指针式万用表判别三极管的方法

（1）测 NPN 型三极管：将万用表欧姆挡拨至“R×100”或“R×1k”处，将黑表笔接在基极上，将红表笔先后接在其余两个极上，若两次测得的电阻值都较小，则将红表笔接在基极上，将黑表笔先后接在其余两个极上；若两次测得的电阻值都很大，则说明三极管是好的。

（2）测 PNP 型三极管：将万用表欧姆挡拨至“R×100”或“R×lk”处，将红表笔接在基极上，将黑表笔先后接在其余两个极上，若两次测得的电阻值都较小，则将黑表笔接在基极上，将红表笔先后接在其余两个极上；若两次测得的电阻值都很大，则说明三极管是好的。

当三极管上的标记不清楚时，可以用万用表来初步确定三极管的好坏及类型（NPN 型或 PNP 型），并辨别出 e、b、c 三个电极。测试方法如下。

（1）用指针式万用表判断基极 b 和三极管的类型：将万用表欧姆挡拨至“R×100”或“R×lk”处，假设三极管的某极为基极，并将黑表笔接在假设的基极上，将红表笔先后接在其余两个极上，若两次测得的电阻值都很小（为几百欧至几千欧），则假设的基极是正确的，且被测三极管为 NPN 型管；若两次测得的电阻值都很大（为几千欧至几十千欧），则假设的基极是正确的，且被测三极管为 PNP 型管；若两次测得的电阻值是一大一小，则原来假设的基极是错误的，这时必须重新假设另一个电极为基极，再重复上述测试。

（2）判断集电极 c 和发射极 e：仍将万用表欧姆挡拨至“R×100”或“R×1k”处，以 NPN 型管为例，将黑表笔接在假设的集电极 c 上，将红表笔接在假设的发射极 e 上，并用手捏住 b 极和 c 极（不能使 b 极和 c 极直接接触），电流通过人体，相当于 b 极和 c 极之间接入偏置电阻，如图 2-27（a）所示。读出表头所示的阻值，将两支表笔反接重测。若第一次测得的阻值比第二次小，则说明原假设成立，因为 c 极和 e 极间电阻值小说明通过万用表的电流大，偏置正常，其等效电路如图 2-27（b）所示。图 2-27 中的 U_{CC} 是表内电阻挡提供的电池电压，R 为表内阻，R_m 为人体电阻。

用数字式万用表测二极管的挡位也能检测三极管的 PN 结，可以很方便地确定三极管的好坏及类型，但要注意，与指针式万用表不同，数字式万用表的红表笔为内部电池的正端。当将红表笔接在假设的基极上，而将黑表笔先后接到其余两个极上时，若表显示通（硅管正向压降在 0.6V 左右），则假设的基极是正确的，且被测三极管为 NPN 型管。

图 2-28　用数字式万用表判别三极管

数字式万用表一般都有测三极管放大倍数的挡位（hFE），使用时，先确认三极管类型，然后将被测管的 e、b、c 三个引脚分别插入数字式万用表面板对应的三极管插孔中，表头上会显示出 hFE 的近似值，如图 2-28 所示。

以上介绍的方法是比较简单的测试方法，要想进一步精确测试，可以使用晶体管图示仪，它能十分清楚地显示出三极管的特性曲线及电流放大倍数等。

6. 三极管的选用

选用三极管要依据它在电路中所承担的作用查阅晶体管手册，选择参数合适的三极管型号。

（1）NPN 型和 PNP 型的三极管的直流偏置电路极性是完全相反的，具体连接时必须注意。

（2）电路加在三极管上的恒定或瞬态反向电压值要小于三极管的反向击穿电压，否则三极管容易损坏。

（3）当三极管用于高频电路时，所选三极管的特征频率要高于工作频率，以保证三极管能正常工作。

（4）当三极管用于大功率电路时，三极管内耗散的功率必须小于厂家给出的最大耗散功率，否则三极管容易被热击穿，三极管的耗散功率值与环境温度及散热有关，使用时注意查看说明手册。

任务二　声光控楼道灯控制器的调试

一、声光控楼道灯的功能介绍

声光控楼道灯是一种声光控电子照明装置，由声控音频放大器、光控、延时开启电路、触发控制、恒压源电路和晶闸管主回路等组成。它是一种操作简便、灵活、抗干扰能力强、控制灵敏的声光控灯，人嘴发出约 1s 的控制信号“嘶”声，即可方便及时地打开和关闭声控照明装置。它具有防误触发的自动延时关闭功能，设有手动开关，使其应用更加方便。

二、声光控楼道灯电路的工作原理

声光控楼道灯电路是由音频放大电路、电平比较电路、延时开启电路、触发控制电路、电源电路和晶闸管主回路等组成的。

在图 2-3 中，CD4011 为 4 个输入与非门电路，其功能为“有 0 出 1，全 1 出 0”。在 VT_1 导通前，交流电源 24V 经桥式全波整流和 VD_6、电容 C_1 滤波获得整流电压 1.2×24V=28.8V，经限流电阻 R_1，使稳压二极管 VD 有 U_Z = +6.2V 的稳定电压给电路（灯亮时 U_Z 有所降低），而灯 L 串联于整流电路中。在白天时，光敏电阻 RG 阻值较小，与非门 G_1 的 u_1 输入为低电平 0 态，G_1 门被封，即不管 u_2 为何状态，G_1 输出 1，G_2 输出 0，u_c 为 0，G_3 输出 1，G_4 输出 0，VT_1 不导通。在晚上时，RG 阻值增大，u_1 为高电平 1 态，非门打开，u_2 信号可传送。若无脚步声或掌声，则驻极体话筒 BM 无动态信号。偏置电路（RP_2+R_4）使 VT_1 导通，u_2 为低电平 0 态，则 G_1 输出 1，其余状态与上述相同，晶闸管 VT_1 控制级 g 无触发信号，故不导通，灯 L 不亮。晚上当有脚步声时，驻极体话筒 BM 有动态波动信号输入放大电路中 VT_1 的基极，由于电容 C_2 的隔直通交作用，加在基极的信号相对零电平有正、负波动信号，使 u_2 有高电平动态信号 1，因此使 G_1“有 1 出 0”为负脉冲，而 G_2 输出 1 为正脉冲，二极管 VD_5 导通对 C_3 充电高达 5V，u_c 也为 1，G_3 输出 0，G_4 输出 1 为高电平，经 R_7 限流，在单向晶闸管 VT_2 控制极 g 有触发信号使 VT_1 导通，全波整流电路中串联的灯 L 经晶闸管 VT_2 导通，灯 L 被点亮。由于晶闸管导通后的 u_{ak} 正向压降会降至约 1.8V，因此 VD_6 用来防止 U_Z 电压下降，避免影响控制电路电源。在脚步声消失后，由于电容电压 u_c 经 R_6 放电过程仍为 1 态，因此灯 L 仍被点亮，直到 u_c 小于与非门阈值电压 $U_{TH}=12U_{CC}$ 时，G_3 输出 1，G_4 输出 0，当 u_{ak} 过零电压时，晶闸管 VT_2 截止约 30s 后，灯 L 灭。

知识链接 4　三极管的信号放大作用

1. 三极管的工作状态

截止状态：当加在三极管发射结上的电压小于 PN 结的导通电压时，基极电流为 0，集电极电流和发射极电流都为 0，三极管这时失去了电流放大作用，集电极和发射极之间相当于开关的断开状态，我们称三极管处于截止状态。发射结反向偏置，即 $U_{be} \ll U_{on}$（开启电压），集电结反向偏置，$U_{ce}>U_{be}$。

放大状态：当加在三极管发射结的电压大于 PN 结的导通电压，并处于某一恰当的值时，三极管的发射结正向偏置，集电结反向偏置，这时基极电流对集电极电流起着控制作用，使三极管具有电流放大作用，其电流放大倍数 $\beta=\Delta I_c/\Delta I_b$，这时三极管处于放大状态。发射结正向偏置，即 $U_{be} \gg U_{on}$（开启电压），集电结反向偏置，$U_{ce}>U_{be}$。

饱和导通状态：当加在三极管发射结的电压大于 PN 结的导通电压，并当基极电流增大到一定程度时，集电极电流不再随着基极电流的增大而增大，而是处于某一定值附近不怎么变化，这时三极管失去电流放大作用，集电极与发射极之间的电压很小，三极管的这种状态称为饱和导通状态，也就是说，发射结和集电结均为正向偏置。要使三极管处于饱和状态，基极电流必须足够大，即 $I_B \geqslant I_{BS}$。

2. 三极管的放大作用

三极管的放大作用是指将微弱的变化信号放大成较大的信号。若驻极体话筒 BM 检测到外部声音，则动态波动信号输入放大电路中 VT_1 的基极，VT_1 将信号放大并通过集电极输出。三极管基本放大电路包括共射放大电路、共基放大电路、共集放大电路。本项目中用到的放大电路属于共射放大电路。

在基本共射极放大电路中，u_i 为输入信号，C_1、C_2 的作用是隔直通交，U_{CC} 为集电极提供反向偏置，为放大电路提供能源，如图 2-29 所示。R_C 是集电极偏置电阻，将集电极电流的变化转化为集电极-发射极电压 u_{ce} 的变化，以实现电压放大。R_B 是基极偏置电阻，其作用是使基极偏置电流 I_b 有一个适当的值，以保证三极管工作在放大区。

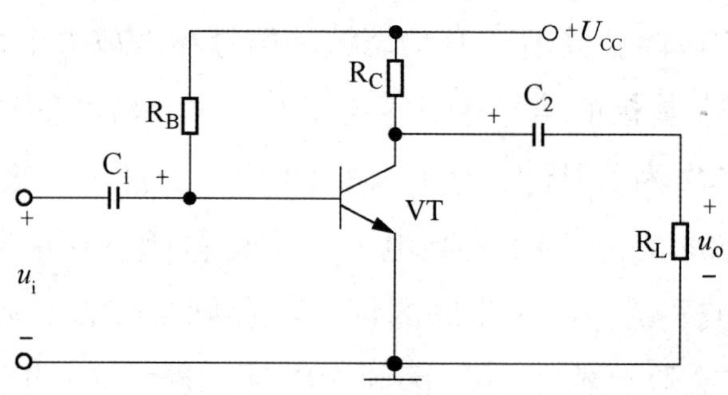

图 2-29　基本共射极放大电路

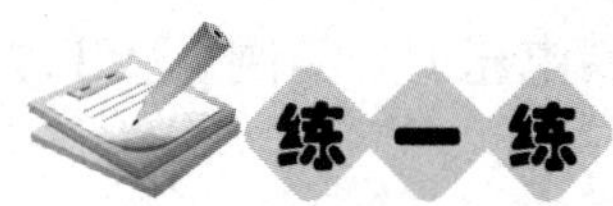

对照基本共射极放大电路，请在图 2-30（a）中挑出和图 2-29 中 C_1、R_C、R_B 功能相同的元器件，并将结果填在图 2-30（b）中。

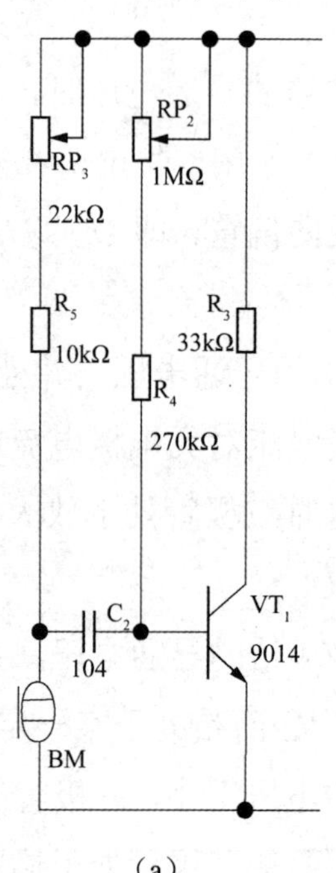

（a）

元器件	功能相同的元器件
C_1	
R_C	
R_B	

（b）

图 2-30　声光控开关信号放大电路 1

三、声光控楼道灯的调试

正确调试声光控楼道灯，使其实现正常的功能。在调试过程中重点调试 RP_1、RP_2 和 RP_3，使声音检测和光线检测的灵敏度符合使用环境的需要，如图 2-31 所示。

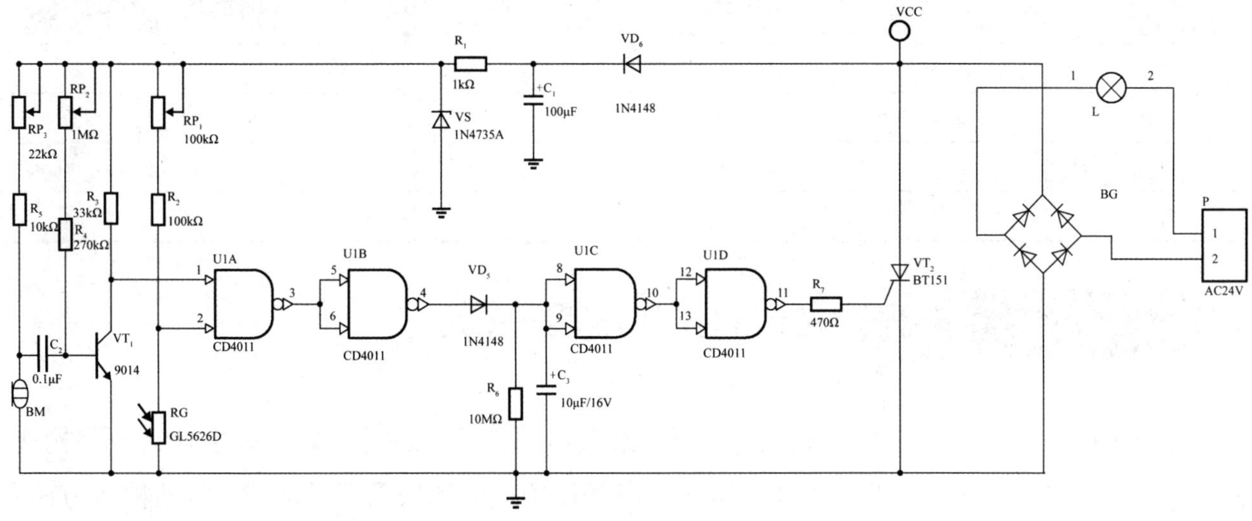

图 2-31　声光控开关信号放大电路

1. 声光控楼道灯电路的结构框图

根据电路图及各部分电路功能，绘制电路的结构框图，通过方框图正确表达各部分电路之间的关系及相互作用，如图 2-32 所示。

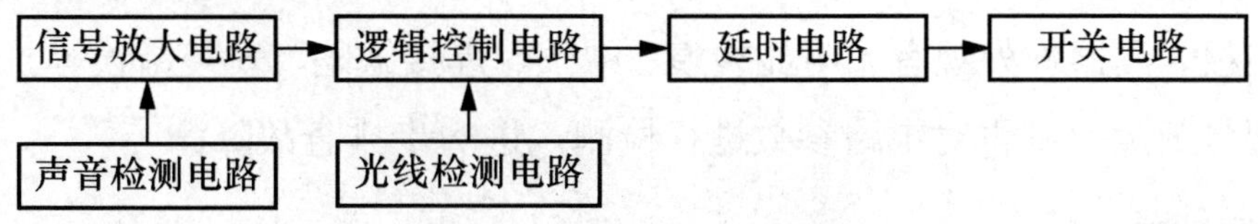

图 2-32　声光控楼道灯电路的结构框图

请根据图 2-31，找到各功能电路及其核心元器件，并将其填入表 2-7 中。

表 2-7　功能电路及其核心元器件

功 能 电 路	核心元器件

2. 参数检测

对图 2-31 所示的电路进行参数检测，并将结果填入表 2-8 中。

表 2-8 参数检测

测 试 点	电 位	参 考 值	测 试 点	电 位	参 考 值
TP_1			TP_5		
TP_2			TP_6		
TP_3			TP_7		
TP_4					

任务三 声光控楼道灯常见故障的检修

对声光控楼道灯电路进行检测，首先要了解其电路的组成部分，每部分由什么电路构成，然后研究单个电路的工作原理。本项目将研究声光控楼道灯比较常见的故障，包括检修方法和典型故障分析。

一、检修方法

声光控楼道灯常见故障的检修主要用到了以下几种方法。

1. 先观察后检测

先观察电路板、元器件外观有无明显裂痕、缺损、焊接缺陷、安装错误等。若发现元器件或电路板没有明显故障，则再对电路参数进行检测，进一步排查故障。

2. 先静态后动态

在设备未通电时，先判断电源端是否存在短路，然后通电试验，测量电源、芯片、三极管、稳压电源等重要元器件供电是否正常。

3. 电压测量法

用万用表直流电压挡检测电源部分输出的各种直流电压、三极管各极对地直流电压、集成电路各引脚对地直流电压、关键点的直流电压等。一般情况下，参考点以地端为标准，但声光控楼道灯电路的电源负端、正端都不接地，参考点应以该局部电路的电源负端为参考点。测量时需要注意电路的并联效应及电表对电路的影响，有时某个元器件电压失常，并不一定是这个元器件损坏，有可能是相邻元器件发生故障引起的。

4. “顺藤摸瓜”故障点定位法

“顺藤摸瓜”故障点定位法是一种电路故障的检测思路，主要用于定位故障点，是各种故障检测手段的综合运用。“顺藤摸瓜”故障点定位法流程图如图 2-33 所示。在电路中可以将元器件看成“瓜”，电路是串起这些元器件的“藤”。根据故障现象判断疑似故障元器件，对疑似故障点进行检测，若不存在故障，则沿着电路对周边元器件逐一进行检测；若电路是信号传输电路，则沿着信号流向逆流而上逐级检测至信号源，检测过程中常用的是电压测量法，通过电压测量法判断元器件供电或信号数值是否正常。在使用“顺藤摸瓜”故障点定位法定位故障点的过程中，可以将电路中的元器件按照故障率进行分类，优先检查故障率高的元器件。例如，电阻的故障率比较低，可以后检查，三极管的故障率相对电阻较高，可以优先检查，这样可以大大提高电路检测效率。

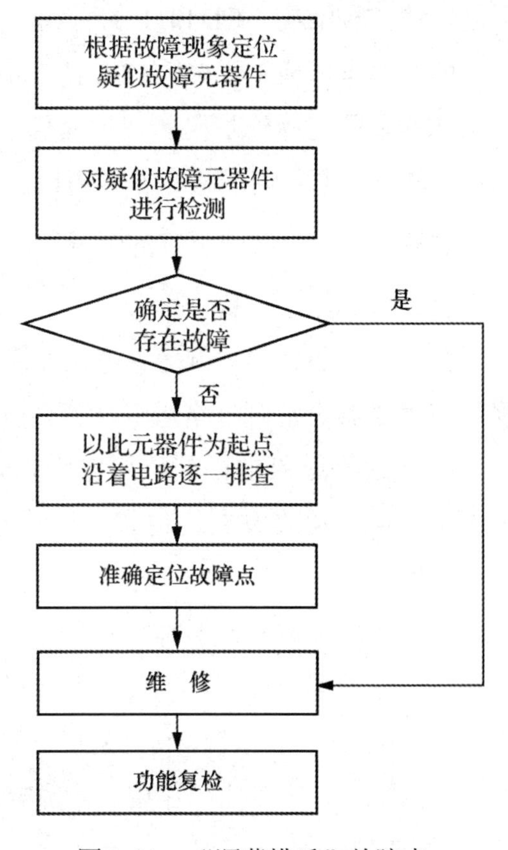

图 2-33　“顺藤摸瓜”故障点定位法流程图

二、典型故障分析

故障 1：在黑暗环境中，声控不起作用

在声光控楼道灯电路中使声控传感器接收到声音信号，但灯没有反应，有灯常亮和常暗两种情况。

（1）故障原因分析。

灯常亮。依据故障现象进行分析可以看出，晶闸管 VT_2（BT151）导通，与非门 CD4011 的引脚 11 的电平为 1，用万用表逐级往前判断 CD4011 的逻辑功能是否正常，最终判断引脚 1 和引脚 2 的输入信号，用手遮住或放开光敏电阻，观察引脚 2 上的电平有无变化，若有变化，则说明光敏电阻是好的。在晚上，引脚 2 的电平应该为 1，故障不在该回路，应重点检查声控电路。用万用表测得 CD4011 的引脚 1 的电平为 1，这说明后面的电路都正常，故障就在声控电路和放大电路之间，应重点检查该部分电路。

灯常暗。依据故障现象进行分析可以看出，晶闸管 VT_2 截止，与非门 CD4011 的引脚 11 的电平为 0，用万用表逐级往前判断 CD4011 的逻辑功能是否正常，最终判断引脚 1 和引脚 2 的输入信号，用手遮住或放开光敏电阻，观察引脚 2 上的电平有无变化，若有变化，则说明光敏电阻是好的。在晚上，引脚 2 的电平应该为 1，故障不在该回路，应重点检查声控电路。用万用表测得 CD4011 的引脚 1 的电平为 0，这说明后面的电路都正常，故障就在声控电路和放大电路之间，应重点检查该部分电路。

（2）故障位置（元器件）的判定。

声控及放大电路的检查：第一种情况，CD4011 的引脚 1 的电平为 1，说明三极管 VT_1 截止。在正常情况下，无声时的基极电压应为 0.6V 左右，使三极管导通，集电极电压为 0V，保证晚上无信号时灯不亮。用示波器观察三极管基极的波形变化，触碰驻极体话筒，若基极电平有跳跃变化，则说明问题出在三极管 VT_1；若基极电平没有跳跃变化，则说明问题出在驻极体话筒。第二种情况，CD4011 的引脚 1 的电平为 0，说明三极管 VT_1 导通。在正常情况下，无声时的基极电压应为 0.6V 左右，使三极管导通，集电极电压为 0V，保证晚上无信号时灯不亮。用示波器观察三极管基极的波形变化，触碰驻极体话筒，若基极电平有跳跃变化，则说明问题出在三极管 VT_1；若基极电平没有跳跃变化，则说明问题出在驻极体话筒。

故障 2：在白天光照好的情况下，声控起作用，灯亮暗变化

（1）故障原因分析。

在白天光照好的情况下，声光控楼道灯电路中的楼道灯会受声音控制。判断元器件损坏部位及使用仪器设备对电路进行检查。

依据故障现象进行分析可以看出，晶闸管 VT_2 导通及截止正常，与非门 CD4011 工作也正常，声控及放大电路也起作用，可以看出故障只在光敏电阻控制回路，此时，应重点检查该电路。

（2）故障位置（元器件）的判定。

由于灯受声音控制，因此此时光敏电阻输出到 CD4011 的引脚 2 的电平应该为 1，可能坏的元器件是光敏电阻开路或上偏置电阻变小，与非门 CD4011 认为输入为高电平 1，从而打开了这个门电路，使声控起作用。当确定故障部位后检查就比较简单了，只要用万用表检测电阻就能找出问题所在。

故障 3：声光控起作用，灯有亮暗变化，无延时几秒的过程

（1）故障原因分析。

依据故障现象进行分析可以看出，晶闸管 VT_2 导通及截止正常，与非门 CD4011 工作也正常，声控及放大电路、光控电路也起作用，此时，应重点检查延时电路。

（2）故障位置（元器件）的判定。

根据电路工作原理可知，延时电路由 R_6、C_3、VD_5 组成，其中 R_6、C_3 决定延时的时间，VD_5 保证延时电路起作用，所以，一般情况下 R_6、C_3 坏的可能性比较小，应重点检查 VD_5。

知识链接 5　示波器的使用

示波器作为一种电子测量仪器，用途非常广泛。示波器的实物图如图 2-34 所示。它能将肉眼无法看到的电信号变换成看得见的图像，便于人们研究各种电现象的变化过程。在本项目的调试阶段会应用到示波器，通过示波器可以直观地观察到直流稳压电源输出的波形，包括形状、幅度、频率（周期）、相位，从而迅速、准确地判断我们制作的直流稳压电源输出的波形的质量。因此，正确、熟练地使用示波器，是完成本任务的关键。

示波器可分为模拟示波器和数字示波器两种类型，模拟示波器和数字示波器都能够胜任大多数的应用，并且在应用上非常相似。示波器的牌号、型号、品种繁多，但其基本组成和功能却大同小异，下面介绍通用模拟示波器的使用方法。

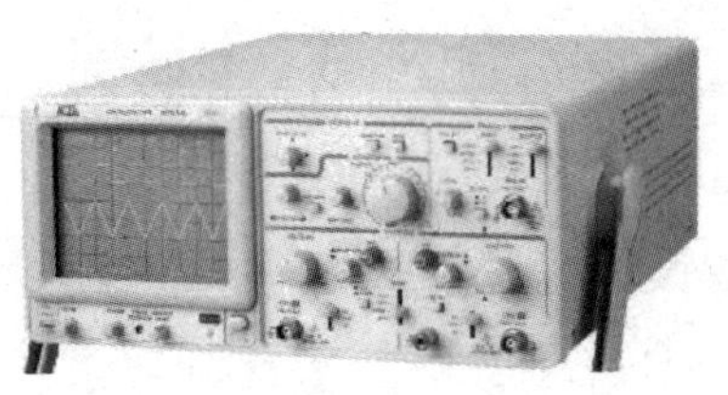

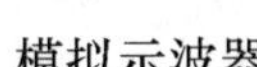

模拟示波器

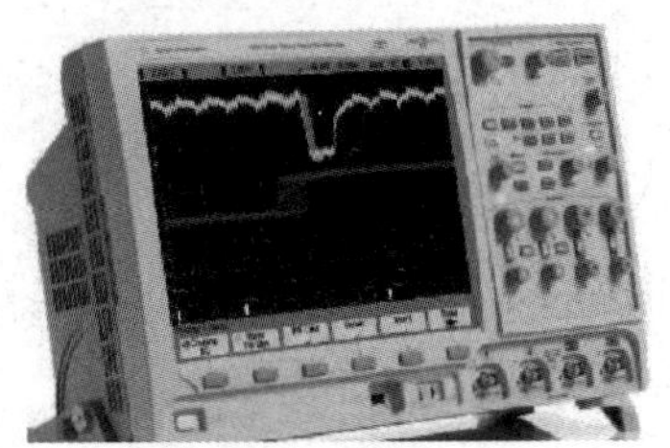

数字示波器

图 2-34　示波器的实物图

1．荧光屏

荧光屏是示波器的显示部分，如图 2-35 所示。在屏幕上的水平方向和垂直方向上各有多条刻度线，指示出信号波形的电压和时间的关系。水平方向指示时间，垂直方向指示电压。水平方向分为 10 格，垂直方向分为 8 格，每格又分为 5 份。

图 2-35　示波器的荧光屏

2．面板介绍

1）亮度和聚焦（Intensity/Focus）调节旋钮

亮度调节旋钮用于调节光迹的亮度（有些示波器称为辉度），使用时应使亮度适当，若亮度过高，则容易损坏示波管。聚焦调节旋钮用于调节光迹的聚焦（粗细）程度，使用时以图形清晰为佳。

2）标尺亮度（Illuminance）调节旋钮

该调节旋钮用于调节荧光屏后面的照明灯亮度。在正常室内光线下，照明灯暗一些较好。在室内光线不足的环境中，可适当调亮照明灯。

3）信号输入通道选择键

常用示波器多为双踪示波器，有两个输入通道，分别为通道 1（CH1）和通道 2（CH2），这两个输入通道可分别接上示波器探头，同时测量两个波形，此外，还可以将两通道波形进行“叠加”（ADD）显示。

4）通道选择（垂直方式选择）键

常用的示波器有 5 个通道选择键。

CH1：通道 1 单独显示。

CH2：通道 2 单独显示。

ALT：两通道交替显示。

CHOP：两通道断续显示，用于扫描速度较慢时双踪显示。

ADD：两通道的信号叠加。

5）垂直偏转因数选择（VOLTS/DIV）调节旋钮

该调节旋钮用于调节垂直偏转灵敏度，应根据输入信号的幅度调节调节旋钮的位置，将该调节旋钮指示的数值（如 0.5V/div，表示垂直方向每格幅度为 0.5V）乘以被测信号在屏幕垂直方向上的所占格数，即可得出该被测信号的幅度。

6）垂直移动（POSITION）调节旋钮

该调节旋钮用于调节被测信号光迹在屏幕垂直方向上的位置。

7）时基选择（TIMES/DIV）调节旋钮

该调节旋转用于调节水平速度，应根据输入信号的频率调节调节旋钮的位置，将该调节旋钮指示数值（如 0.5ms/div，表示水平方向每格时间为 0.5ms）乘以被测信号一个周期占有的格数，即得出该信号的周期，也可以换算成频率。

8）水平位置（⬅POSITION➡）调节旋钮

该调节旋钮用于调节被测信号光迹在屏幕水平方向上的位置。

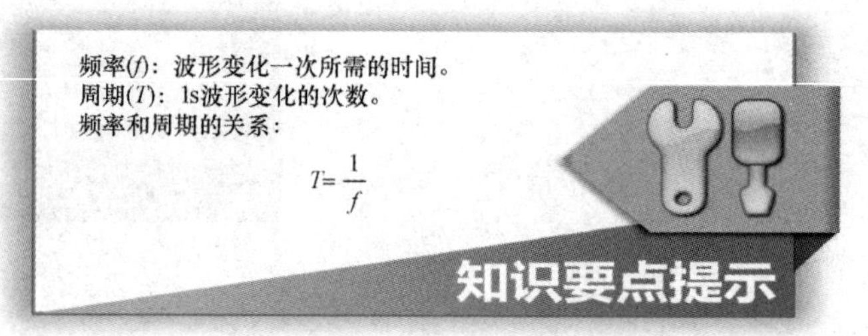

9）输入耦合方式选择键

输入耦合方式有 3 种选择：交流（AC）、地（GND）、直流（DC）。当选择“地”时，扫描线显示出“示波器地”在荧光屏上的位置。直流耦合用于测定信号直流绝对值和观测极低频信号。交流耦合用于观测交流和含有直流成分的交流信号。在数字电路实验中，一般选择直流方式，以便观测信号的绝对电压值。

10）扫描方式选择键

示波器通常有以下 4 种扫描方式。

（1）常态（NORM）：无信号时，屏幕上无显示；有信号时，与电平控制配合显示稳定的波形。

（2）自动（AUTO）：无信号时，屏幕上显示光迹；有信号时，与电平控制配合显示稳定的波形。

（3）电视场（TV）：用于显示电视场信号。

（4）峰值自动（P-P AUTO）：无信号时，屏幕上显示光迹；有信号时，无须调节电平即可获得稳定波形显示。该方式只有部分示波器采用。例如，CALTEK（卡尔泰克）CA8000 系列示波器。

在测量本项目直流稳压电源的输出时，最好选择“自动”（AUTO）扫描方式。

11）触发源（Source）选择键

若要使屏幕上显示稳定的波形，则须将被测信号本身或与被测信号有一定时间关系的触发信号加到触发电路上。作为触发条件的比较对象，这个比较的对象就是触发源。通常有3种触发源：内触发（INT）、电源触发（LINE）、外触发（EXT）。

正确选择触发信号与波形显示稳定、清晰有很大关系。例如，在数字电路的测量中，对一个简单的周期信号而言，选择内触发可能好一些；而对于一个具有复杂周期的信号，且存在一个与它有周期关系的信号时，选用外触发可能更好。在测量直流稳压电源的输出信号时，应该选择内触发（INT）。

内触发使用被测信号作为触发信号，这是经常使用的一种触发方式，这是因为触发信号本身是被测信号的一部分，在屏幕上可以显示出非常稳定的波形。双踪示波器中通道1或通道2都可以被选作触发信号。

电源触发使用交流电源频率信号作为触发信号。这种方法在测量与交流电源频率有关的信号时是有效的，特别是在测量音频电路、闸流管的低电平交流噪声时更为有效。

外触发使用外加信号作为触发信号，外加信号从外触发输入端输入。外触发信号与被测信号间应具有周期性的关系。由于被测信号没有用作触发信号，因此何时开始扫描与被测信号无关。

12）触发电平（Level）和触发极性（Slope）调节旋钮

触发电平调节又称同步调节，它使得扫描与被测信号同步。触发电平调节旋钮调节触发信号的触发电平。一旦触发信号超过由旋钮设定的触发电平，扫描即被触发。顺时针旋转调节旋钮触发电平上升；逆时针旋转调节旋钮触发电平下降。当将触发电平调节旋钮调到电平锁定位置时，触发电平自动保持在触发信号的幅度之内，不需要电平调节就能产生一个稳定的触发。当信号波形复杂、用电平旋钮不能稳定触发时，用释抑（Hold Off）旋钮调节波形的释抑时间（扫描暂停时间），能使扫描与波形稳定同步。

3. 测量方法

在长时间不用或首次应用示波器时，为了保证测量精度，一定要校准后使用。示波器的面板上有一个“1kHz，0.5V”的信号输出，接下来以示波器的校准为例，介绍示波器的基本应用。

1）幅度和频率的测量方法（以测试示波器的校准信号为例）

（1）将示波器探头插入通道1插孔，并将探头上的衰减置于“1”挡。

（2）将通道选择置于CH1，将耦合方式置于DC挡。

（3）将探头探针插入校准信号源小孔内，此时示波器屏幕出现光迹。

（4）调节垂直旋钮和水平旋钮，使屏幕显示的波形图稳定，并将垂直微调旋钮和水平微调旋钮置于校准位置。

（5）读出波形图在垂直方向上的所占格数，将所占格数乘以垂直衰减旋钮的指示数值，得到校准信号的幅度。

（6）读出波形每个周期在水平方向上的所占格数，将所占格数乘以水平扫描旋钮的指示数值，得到校准信号的周期（周期的倒数为频率）。

（7）一般校准信号的频率为 1kHz，幅度为 0.5V，用以校准示波器内部扫描振荡器频率，若不正常，则应调节示波器（内部）的相应电位器，直至相符为止。

2）直流稳压电源输出信号的测量

在测量直流稳压电源的信号输出时，如果 VOLTS/DIV 和 TIMES/DIV 的挡位选择合适，那么每屏垂直显示波形应占到整个屏幕高度的 2/3，每屏横向应显示波形的 2～3 个周期，这样既保证了测量的精度，又可以观察到波形是否失真。测量时一定要注意，扫描方式放在“自动”（AUTO）挡位，触发源选择“INT”挡位，通道选择“CH1”或“CH2”，耦合方式选择“AC”。

4．示波器应用中的常见问题

1）没有光点或波形

示波器刚刚完成预热或测试探针接好后，示波器屏幕无任何图像。引起此种现象的原因如下。

（1）电源未接通。

（2）辉度旋钮未调节好。

（3）X、Y 轴移位旋钮位置调偏。

（4）Y 轴平衡电位器调整不当，造成直流放大电路严重失衡。

2）水平方向展不开

水平方向无法调节波形显示周期，引起此种现象的原因如下。

（1）若触发源选择开关置于外挡，且无外触发信号输入，则无锯齿波产生。

（2）电平旋钮调节不当。

（3）稳定度电位器没有调整在使扫描电路处于待触发的临界状态。

（4）X 轴选择误置于 X 外接位置，且外接插座上又无信号输入。

（5）若双踪示波器只使用 A 通道（B 通道无输入信号），而内触发开关置于拉 YB 位置，则无锯齿波产生。

3）垂直方向无展示

调节相关旋钮，波形的垂直方向无任何变化，引起此种现象的原因如下。

（1）输入耦合方式 DC－接地－AC 开关误置于接地位置。

（2）输入端的高、低电位端与被测电路的高、低电位端接反。

（3）输入信号较小，而偏转灵敏度（V/div）误置于低灵敏度挡。

4）波形不稳定

引起此种现象的原因如下。

（1）稳定度电位器顺时针旋转过度，致使扫描电路处于自激扫描状态（未处于待触发的临界状态）。

（2）触发耦合方式 AC、AC（H）、DC 开关未能按照不同触发信号频率正确选择相应挡级。

（3）选择高频触发状态时，触发源选择开关误置于外挡（应置于内挡）。

（4）部分示波器扫描处于自动挡（连续扫描）时，波形不稳定。

5）垂直线条密集或呈现一个矩形

引起此种现象的原因可能是 TIME/DIV 开关选择不当，致使$f_{扫描} \ll f_{信号}$。

6）水平线条密集或呈一条倾斜直线

引起此种现象的原因可能是 VOLTS/DIV 开关选择不当，致使扫描电压≫信号电压。

7）垂直方向的电压读数不准

引起此种现象的原因如下。

（1）未进行垂直方向的 V/div 校准。

（2）进行 V/div 校准时，V/div 微调旋钮未置于校正位置（顺时针方向未旋足）。

（3）进行测试时，V/div 微调旋钮调离了校正位置（调离了顺时针方向旋足的位置）。

（4）使用 10∶1 衰减探头，计算电压时未乘以 10 倍。

（5）被测信号频率超过示波器的最高使用频率，示波器读数比实际值偏小。

（6）测得的是峰-峰值，正弦有效值需要换算求得。

8）水平方向的读数不准

（1）未进行水平方向的 t/div 校准。

（2）进行 t/div 校准时，t/div 微调旋钮未置于校准位置（顺时针方向未旋足）。

（3）进行测试时，t/div 微调旋钮调离了校正位置（调离了顺时针方向旋足的位置）。

（4）将扫速扩展开关置于拉（×10）位置时，测试未按 t/div 开关指示值提高灵敏度 10 倍计算。

9）波形调不到要求的起始时间和部位

（1）稳定度电位器未调整到待触发的临界触发点上。

（2）触发极性（+、−）与触发电平（+、−）配合不当。

（3）将触发方式开关误置于自动挡（应置于常态挡）。

一、装配评价

请按照表 2-9 中的评价内容，对自己的装配进行评价。

表 2-9　装配评价表

评价项目	评价细则
电路焊接	元器件极性是否正确
	元器件的装配位置是否正确
	元器件的装配工艺是否正确
	是否存在虚焊、桥接、漏焊、毛刺
	是否存在焊盘翘起、脱落
	是否损坏元器件
	是否烫伤塑料件、外壳
	引脚剪脚高度是否符合要求
成品的装配	光控元器件安装高度是否符合要求
	外壳装配位置是否符合标准
	螺钉装配是否紧固
成品的测试	功能一切正常
	通电后灯一直亮，不灭
	通电后有光时，有声音灯也亮
	灯亮后不延时
安全	是否存在违反操作流程或规范的操作

二、调试与检修评价

填写调试与检修评价表（见表 2-10）。

表 2-10　调试与检修评价表

产品名称			
调试与检修日期		故障电路板号	
故障现象			
故障原因			
检修内容			
材料应用	材料名称	型　　号	数　　量

续表

检修员签字		复检员签字	
检修结果		评　分	

三、6S 工作规范评价

请在表 2-11 中对完成本任务的 6S 工作规范进行评价。

表 2-11　6S 工作规范评价表

评 价 项 目	整理	整顿	清扫	清洁	素养	安全
评　分						

电气化、自动化、智能化是智能照明控制前进的足迹。伴随着互联网技术、物联网技术的迅速发展，智能照明控制也在迅速向着智慧化的方向普及。利用智能控制技术及物联网技术，已经实现了照明设备的智能化、网络化，并且凸显出以下特点。

（1）全自动调光。智能照明控制系统可采用全自动状态工作。系统有若干个基本状态，这些状态会按预先设定的时间相互自动切换，并将照度自动调整到最适宜的水平。

（2）自然光源的充分利用。可通过调节有控光功能的建筑设备（如百页窗帘）来调节控制自然光，还可以和灯光系统联动。当天气发生变化时，系统能够自动调节，无论在什么场所或天气如何变化，系统均能保证室内的照度维持在预先设定的水平上。

（3）照度的一致性。一般照明设计师对新建的建筑物进行照明设计时，均会考虑到随时间推移，灯具效率和房间墙面反射率的衰减，因此，其初始照度均设置得较高。这种设计不仅造成建筑物在同使用期（或两次装饰的间隔期）的照度不一致，而且会由于开始时照度偏高，因此会造成不必要的能源浪费。采用智能照明控制后，虽然照度还是偏高设计，但由于可以智能调光，因此系统将会按照预先设置的标准亮度使照明区域保持恒定的照度，而不受灯具效率降低和墙面反射率衰减的影响。

（4）光环境场景智能转换。智能照明控制系统可预先设置不同的场景模块，需要时只要在相应的控制面板上或手机、网络界面，甚至是通过语音进行操作即可调入所需的场景。用户可以通过可编程控制面板对场景进行实时调节以适应不同要求。另外，用户也可以通过接口用便携式编程器进行不同场景的变换设置。

（5）运行中节能。智能照明控制系统能对大多数灯具（包括白炽灯、日光灯、配以特殊镇流器的钠灯、水银灯、霓虹灯等）进行智能调光，给需要的地方、在需要的时间以充分的照明。及时关掉不需要的灯具，充分利用自然光，实现节能效果。实现智能照明控制一般可以节约20%～40%的电能，不但降低了用户电费支出，而且减轻了供电压力。

（6）延长光源寿命。众所周知，光源损坏的主要原因是电源过压，只要适当降低工作电压，就可以延长光源的寿命。智能照明控制系统采用软启动的方式，能控制电网冲击电压和浪涌电压，使灯丝免受热冲击，从而使光源寿命延长 2～4 倍，对于大量使用光源和安装困难的区域更具有特殊的意义。总之，智能化与照明技术的结合，构筑了技术平台，将节能、低耗、长寿命、运行节约、以人为本等绿色和可持续照明的理念充分演绎。

（7）公共设施领域——绿色安全环保。智能化照明在公共设施中的应用也是非常重要的。随着科技的发展，可以在一些路桥隧道内，用智能路灯代替传统路灯，这种“精明”的路灯不仅可以全天候亮灯，而且可以根据太阳光线的强弱自动调节灯光的强弱，既人性化又节能。

1. 光敏电阻对光线十分敏感，光照越______，阻值就越______，随着光照强度的________，电阻值迅速_______。

2．三极管有两种类型：_______、________。三极管的三个极分别是_____、____、____。三极管的两个结分别是________、_________。

3．在共射极放大电路中，三极管两个结的电压偏置分别为_________________。

4．“顺藤摸瓜”故障点定位法的步骤为_____、_____、_____、_____、_____、_____。

5．输入耦合方式有 3 种选择：_______、________、_________。

6．简述贴片电阻的焊点标准。

7．简述通过外观分辨驻极体话筒的方法。

8．简述光敏电阻的作用。

9．绘制三极管共射极放大电路。

10．绘制声光控楼道灯电路的功能框图，并简述电路的工作过程。

项目三

抢答器的装调与应用

在没有抢答器之前，我们经常看到一些电视节目有一些抢答环节，举办方通过采用让选手举答题板的方法判断选手的答题权，这在某种程度上会因为主持人的主观误判造成比赛的不公平。于是人们开始寻求一种能不依赖人的主观意识来判断的设备从而规范比赛。进入 21 世纪以来，越来越多的电子产品出现在人们的日常生活中，抢答器的出现改善了这种现象。从最初简单的按键控制、单一的功能，到后来的可以显示选手号码，其功能也在逐渐趋于完善。抢答器的实物图如图 3-1 所示。

图 3-1　抢答器的实物图

项目介绍

在各种竞赛场合，抢答器是必不可少的用具。本项目采用基于数字电路实现的八路声光实用型竞赛抢答器。抢答器上被设置了一个控制开关，由主持人来控制系统的清零和抢答的开始。抢答开始后，若有选手按动抢答按键，则在数码管上显示出选手的编号，并发出声音。此外，要封锁输入电路，禁止其他选手抢答，优先抢答的选手的编号一直保持显示到主持人将系统清零为止。电路主要由集成编码器、集成译码器、集成触发器和提供发声功能的 555 时基电路等组成。项目流程及主要知识技能如图 3-2 所示。

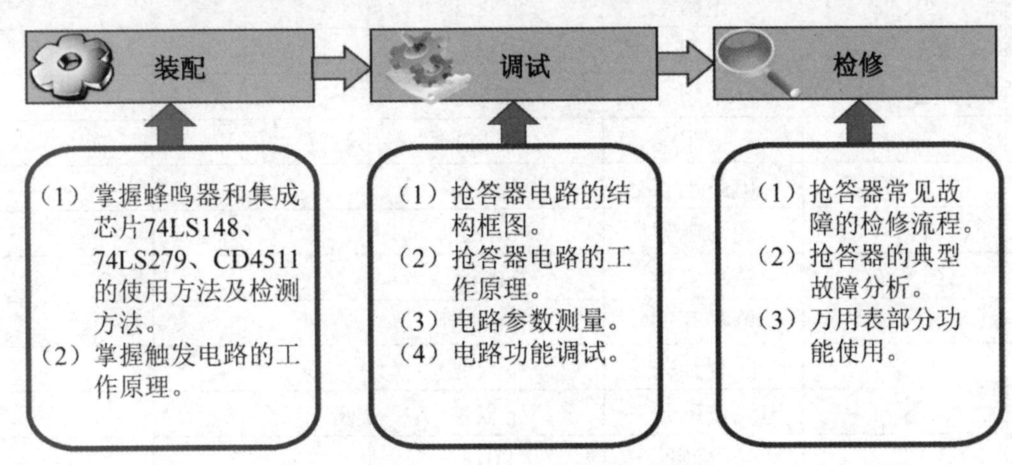

图 3-2　项目流程及主要知识技能

项目实施

任务一 抢答器的装配

一、来料检查

根据图 3-3 及表 3-1 认真清点元器件，并对主要元器件进行检测，将检测结果记录到表 3-1 的“检测结果”一栏中，“√”代表合格，“×”代表不合格。如果不合格，请在“备注”栏写出判断依据。

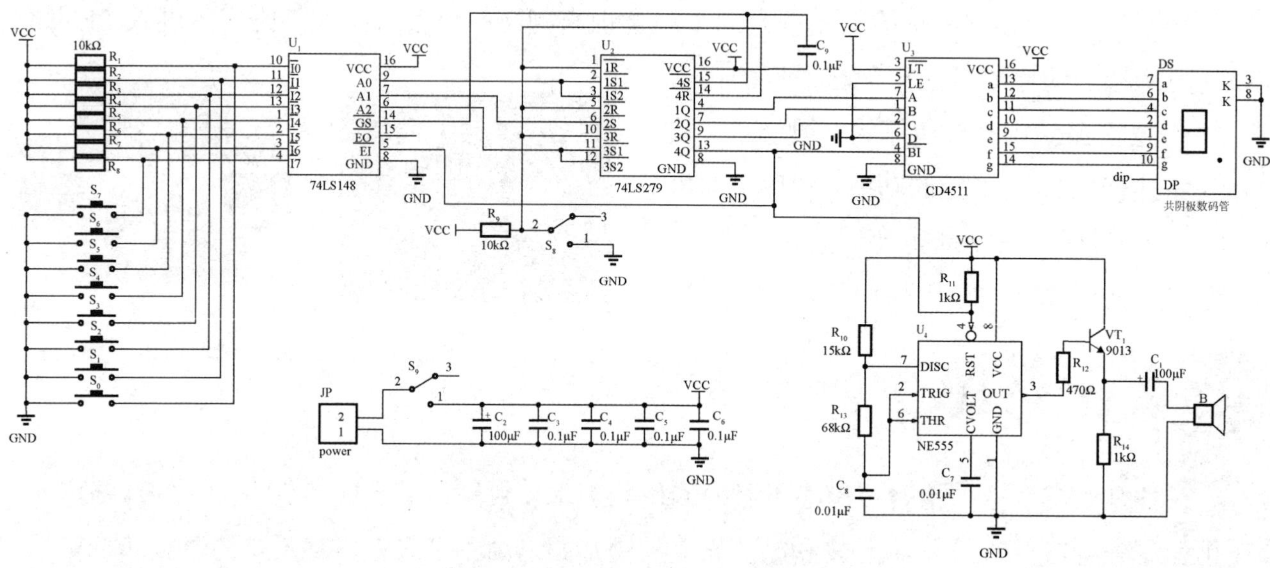

图 3-3 抢答器的电路原理图

表 3-1 抢答器电路元器件清单

序号	标称	名称	规格	检测结果	备注
1	R_1～R_9	电阻	10kΩ		
2	R_{10}	电阻	15kΩ		
3	R_{11}、R_{14}	电阻	1kΩ		
4	R_{12}	电阻	470Ω		
5	R_{13}	电阻	68kΩ		
6	C_1～C_2	电解电容	100μF		
7	C_3～C_6、C_9	瓷片电容	0.1μF		
8	C_7～C_8	瓷片电容	0.01μF		
9	S_0～S_7	抢答开关	轻触按钮		
10	S_8	控制开关	带自锁		
11	S_9	电源按键开关	带自锁		
12	VT_1	三极管	9013		

续表

序　号	标　称	名　称	规　格	检测结果	备　注
13	U_1	集成电路	74LS148		
14	U_2	集成电路	74LS279		
15	U_3	集成电路	CD4511		
16	U_4	集成电路	NE555		
17	DS	数码管	0.56 英寸，共阴极		
18	B	无源蜂鸣器	5V		
19	JP	电源插座	2P		
20		IC 插座	16P		
21		IC 插座	8P		
22		短接线	多股铜丝		

二、电路装配

根据元器件的外观，按照先小后大、先低后高、先内后外的原则将元器件正确焊接在电路板上，注意元器件的极性、参数正确，集成电路引脚的编号不能装错，抢答器的装配要求如表 3-2 所示。合格焊点示例及不合格焊点产生的原因如表 3-3 所示。

表 3-2　抢答器的装配要求

评价内容	评价标准
时间	30min 之内，延时不能超过 10min
工艺	元器件极性正确，引脚成形合理，同一类型的元器件保持同一高度
焊接	焊点可靠、圆润，无连焊、漏焊现象
操作规范	按照电子产品装配相关规范进行操作，注意人身安全及防止元器件损坏

表 3-3　合格焊点示例及不合格焊点产生的原因

名　称	图　例	原　因
合格焊点		（1）焊接温度适中。 （2）焊接时间合适。 （3）焊接方法得当
冷焊		（1）焊点凝固时，受到不当振动。 （2）焊接物（引脚、焊盘）氧化。 （3）润焊时间不足
针孔		（1）PCB 受潮。 （2）零件引脚受污染（如油污）。 （3）导通孔中空气受零件阻塞，不易逸出

续表

名　称	图　例	原　因
短路	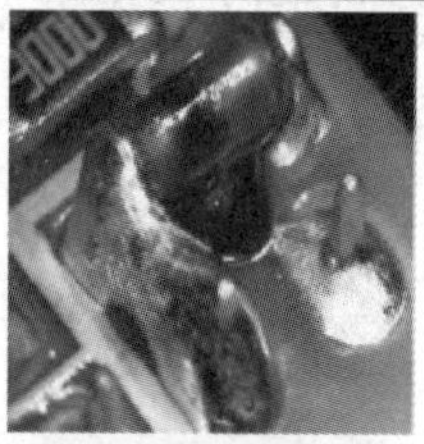	（1）板面预热温度不足。 （2）助焊剂活化不足。 （3）零件间距过小
漏焊		（1）PCB 变形。 （2）元器件引脚受污染。 （3）PCB 氧化、受污染或防焊漆黏附
引脚长		（1）插件时零件歪斜，造成一长一短。 （2）剪切引脚时预留长度过多
锡少		（1）焊盘（过大）与线径的搭配不当。 （2）焊盘太近，产生拉锡
锡多	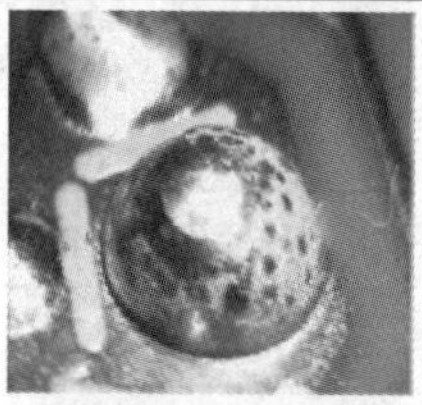	（1）焊接温度过低或焊接时间过短。 （2）预热温度不足，助焊剂未完全达到活化及清洁的作用。 （3）助焊剂少。 （4）焊盘太小
锡尖	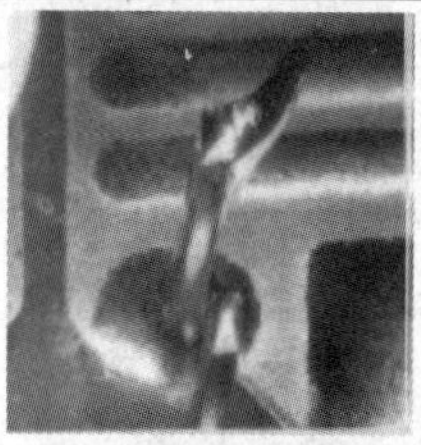	（1）较大的金属零件吸热，造成零件局部吸热不均。 （2）零件引脚过长。 （3）锡温不足或过炉时间太短、预热不够。 （4）手焊电烙铁温度传导不均
锡珠	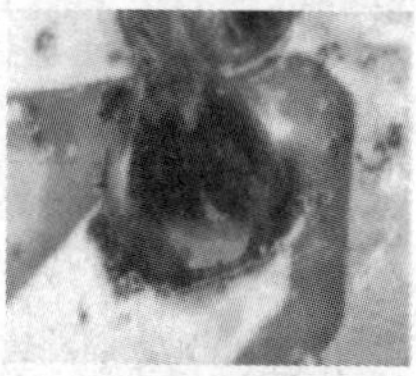	（1）助焊剂含水量过高。 （2）PCB 受潮。 （3）助焊剂未完全活化
锡渣	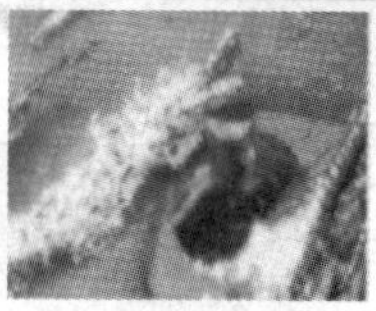	（1）焊接时间太短。 （2）焊锡受热不均匀。 （3）电路板面不清洁

续表

名　称	图　例	原　因
锡裂		（1）焊接时产生不当的焊接机械应力。 （2）剪切引脚动作错误。 （3）引脚过长。 （4）锡少

在手工插装元器件时应遵循一定的标准，使元器件摆放整齐、有序，不能使元器件歪斜，保证插装质量（见表 3-4）。

表 3-4　手工插装元器件规范

项目内容	合　格	不 合 格
连接器插针	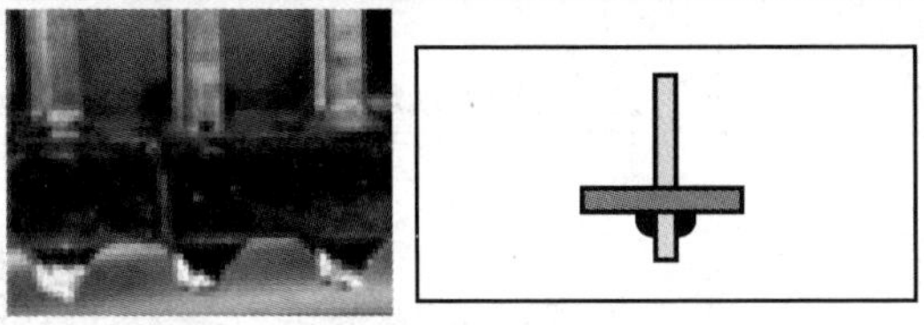 插针笔直不扭曲，正确固定； 无可辨的损伤； 插针稍许偏离其中心线，偏离距离达插针厚度的 50%或更小	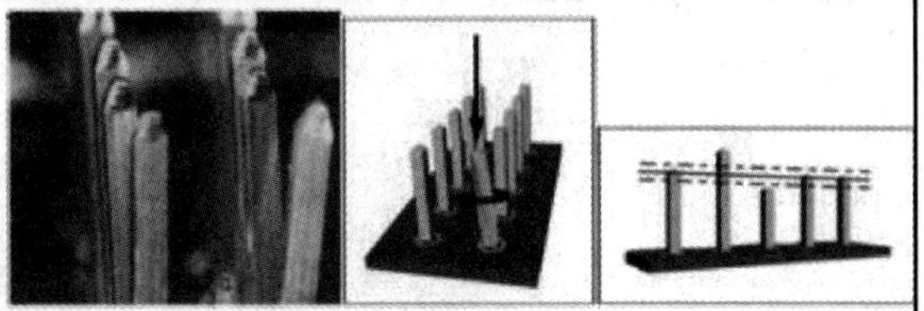 插针弯曲出队列（插针弯曲，插针偏离中心线，偏离距离超出插针厚度的 50%）； 插针扭曲可见； 安装不当引起的插针损伤； 弯曲
通孔插装元器件	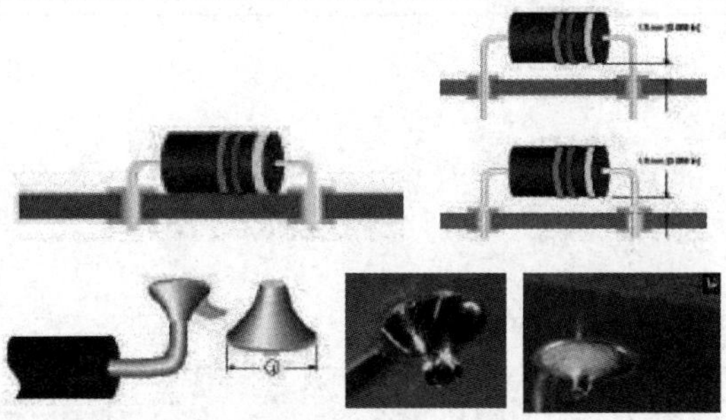 元器件放置平稳恰当； 焊锡内引脚形状可辨别	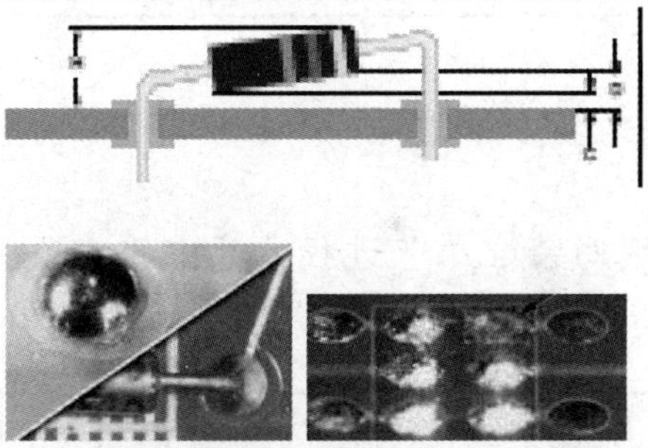 元器件摆放倾斜； 引脚弯曲导致引脚形状不可辨别
集成芯片及其他	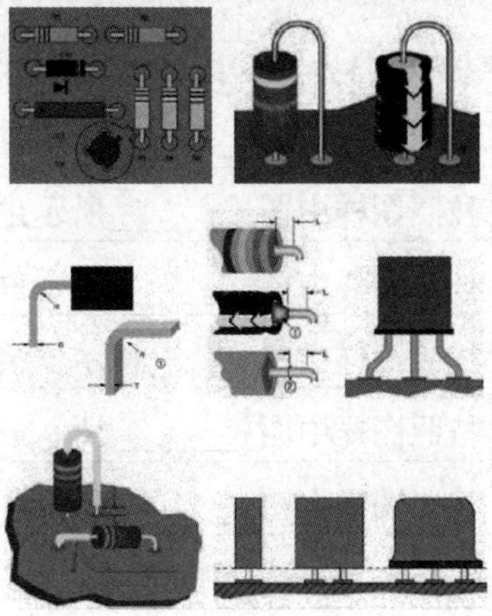	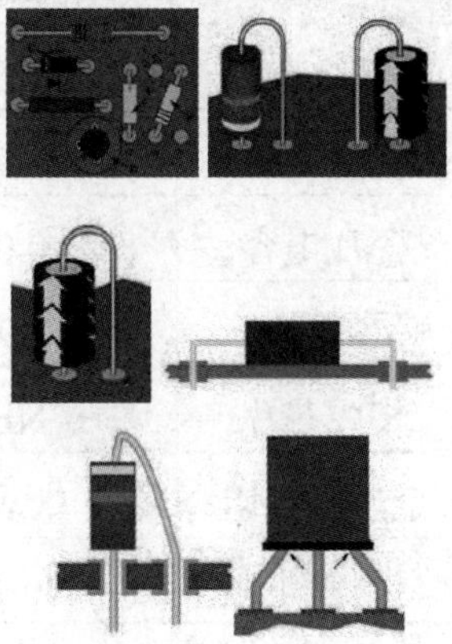 没有按照最小弯曲半径进行折弯

续表

项目内容	合　格	不　合　格
集成芯片及其他	所有引脚的台肩紧靠焊盘； 引脚伸出长度符合要求； 元器件的位置不倾斜； 元器件倾斜但仍满足最小电气间隙要求	元器件的倾斜距离超出元器件高度的最大限制； 元器件的倾斜使引脚插接不牢，不符合要求
	元器件本体与板面平行且充分接触； 元器件至少有一条边或一个面与 PCB 接触； 不匀称的元器件（如小型的电容）的一部分要与板面完全接触	不固定的元器件本体没有与安装表面接触； 在需要固定的情况下没有使用粘接材料

填写装配工艺过程卡片中的空项（见表 3-5）。

表 3-5　装配工艺过程卡片

<table>
<tr><td rowspan="2">项目</td><td colspan="2" rowspan="2">装配工艺过程卡片</td><td colspan="2">工序名称</td><td>产品图号</td></tr>
<tr><td colspan="2">插件</td><td>PCB-20170625</td></tr>
<tr><td rowspan="2">标称（位号）</td><td colspan="3">装入件及辅助材料</td><td rowspan="2">工艺要求</td><td rowspan="2">工　具</td></tr>
<tr><td>名　称</td><td>规　格</td><td>数　量</td></tr>
<tr><td>C_7</td><td>瓷片电容</td><td>0.01μF</td><td>1</td><td>按照图样中图________所示进行安装</td><td rowspan="7">镊子、剪刀、电烙铁等常用装接工具</td></tr>
<tr><td>C_8</td><td>瓷片电容</td><td>0.01μF</td><td>1</td><td>按照图样中图________所示进行安装</td></tr>
<tr><td>Q_1</td><td>三极管</td><td>S9013</td><td>1</td><td>按照图样中图________所示进行安装</td></tr>
<tr><td>U_4</td><td>集成芯片</td><td>NE555</td><td>1</td><td>按照图样中图______所示安装芯片座</td></tr>
<tr><td>R_{11}</td><td>金属膜电阻</td><td>1kΩ±1%</td><td>1</td><td>按照图样中图________所示进行安装</td></tr>
<tr><td>R_{12}</td><td>金属膜电阻</td><td>470Ω±1%</td><td>1</td><td>按照图样中图________所示进行安装</td></tr>
<tr><td>D_S</td><td>数码管</td><td>共阴极数码管</td><td>1</td><td>贴底板安装</td></tr>
</table>

续表

以上各元器件的插装顺序是：

____

____

____

图样：

图1（a） 　　图2（a） 　　图3

图1（b） 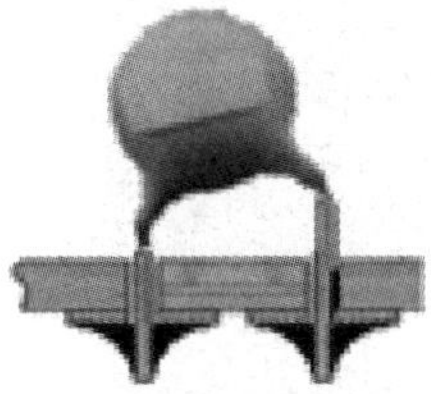　　图2（b） 　　图4

旧底图总号	底图总号	更改标记	数　量	更改单号	签　名	日　期	签　名		日　期	第　页
							拟　制			共　页
							审　核			第　册
							标准化			第　页

三、焊接后续工作

（1）手工焊接完成后，先检查一遍所焊元器件有无错误，有无焊接质量缺陷，确保焊接质量。

（2）将未用完的材料或元器件分类放回原位，将桌面上残余的锡渣或杂物扫入指定的周转盒中；将工具归位放好；保持台面整洁。

（3）关掉电源，按照电烙铁使用要求放好电烙铁，并做好防氧化保护工作。

（4）焊接人员应洗净双手后才能喝水或吃饭，以防锡残留对人体造成危害。

知识链接 1　蜂鸣器

蜂鸣器是一种一体化结构的电子讯响器，广泛应用于计算机、打印机、复印机、报警器、电子玩具、汽车电子设备、电话机、定时器等电子产品中作为发声器件，蜂鸣器的实物图如图 3-4 所示。蜂鸣器主要分为压电式蜂鸣器和电磁式蜂鸣器两种类型。蜂鸣器在电路中用字母“H”或“HA”表示，图形符号为“ ”。

（a）压电式蜂鸣器　（b）电磁式蜂鸣器

图 3-4　蜂鸣器的实物图

1. 压电式蜂鸣器

压电式蜂鸣器主要由多谐振荡器、压电蜂鸣片、阻抗匹配器及共鸣箱、外壳等组成。多谐振荡器由晶体管或集成电路构成。当接通电源（1.5～15V 直流工作电压）后，多谐振荡器起振，输出 1.5～2.5kHz 的音频信号，阻抗匹配器推动压电蜂鸣片发声。

压电式蜂鸣器的发声元器件实际是一种压电陶瓷片，压电陶瓷片由锆钛酸铅或铌镁酸铅压电陶瓷材料制成。在陶瓷片的两面镀上银电极，经极化和老化处理后，将陶瓷片与黄铜片或不锈钢片粘在一起。压电陶瓷片具有压电效应，能够将电能转化为机械形变从而产生振动，通过振动产生声音。

2. 电磁式蜂鸣器

电磁式蜂鸣器由振荡器、电磁线圈、磁铁、振动膜片及外壳等组成。接通电源后，振荡器产生的音频信号电流通过电磁线圈，使电磁线圈产生磁场。振动膜片在电磁线圈和磁铁的相互作用下周期性地振动发声。

电磁式蜂鸣器的发声由振动装置和谐振装置实现，而电磁式蜂鸣器又分为有源蜂鸣器和无源蜂鸣器。

有源蜂鸣器的发声原理：直流电源输入，使振动装置产生频率稳定的振动信号，谐振装置将振动信号放大后，输出声音信号。

有源蜂鸣器的工作原理如图 3-5 所示。

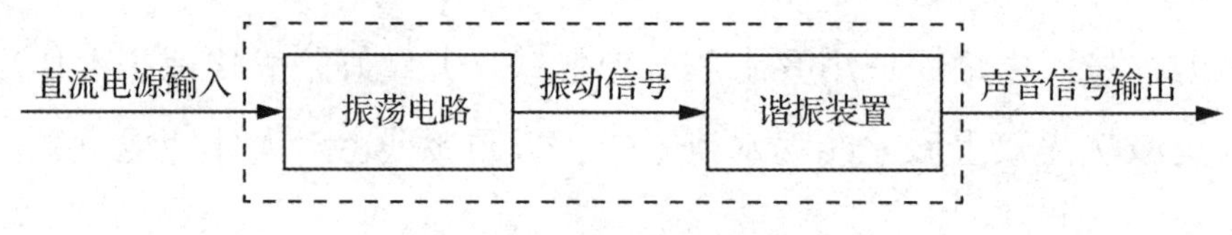

图 3-5　有源蜂鸣器的工作原理

无源蜂鸣器的发声原理：方波信号输入振动装置，被转换为声音信号输出。

无源蜂鸣器的工作原理如图 3-6 所示。

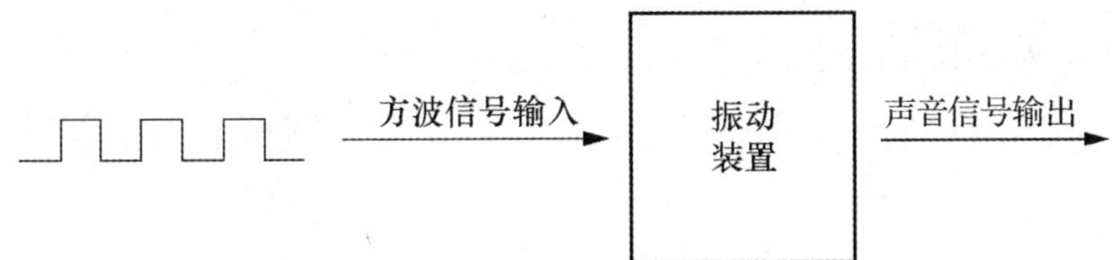

图 3-6　无源蜂鸣器的工作原理

3．区别有源蜂鸣器与无源蜂鸣器

从外观上看，有源蜂鸣器和无源蜂鸣器好像一样，但仔细查看，两者在高度上是有区别的。

（1）有源蜂鸣器的高度为 9mm，无源蜂鸣器的高度为 8mm。

（2）有源蜂鸣器背面用黑胶封闭，看不到电路板；无源蜂鸣器背面可以看到绿色的电路板。

（3）有源蜂鸣器直接接上额定电源就能连续发声；而无源蜂鸣器则和电磁扬声器一样，需要接在音频输出电路中才能发声。

知识链接 2　集成芯片 74LS148

集成芯片 74LS148（简称 74LS148）为 8-3 线优先编码器，它允许同时输入两个以上编码信号，但是在设计优先编码器时已经将所有的输入信号按优先级顺序进行了依次排序，当几个输入信号同时出现时，只对其中优先权最高的一个进行编码。

74LS148 为 16 引脚集成芯片，如图 3-7 所示，电源为 VCC（引脚 16），接地为 GND（引脚 8），$\overline{I0}$～$\overline{I7}$ 为输入信号（$\overline{I7}$ 优先级最高），A2、A1、A0 为三位二进制编码输出端，$\overline{EI}$ 为使能输入端，$\overline{EO}$ 为使能输出端，$\overline{GS}$ 为优先编码输出端。74LS148 的引脚与真值表如图 3-8 所示。

图 3-7　74LS148 的实物图

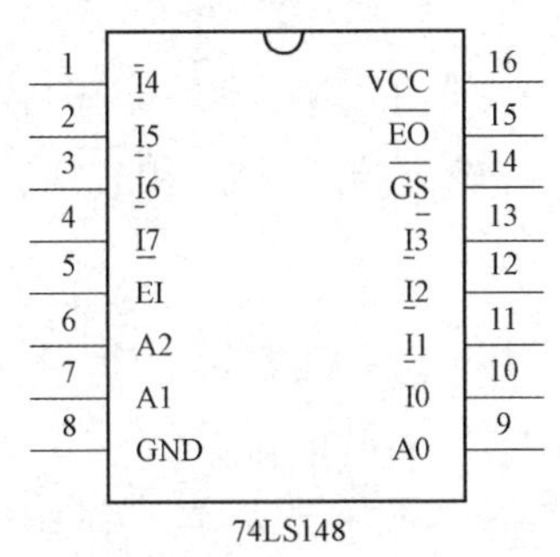

Inputs									Outputs				
EI	0	1	2	3	4	5	6	7	A2	A1	A0	GS	EO
H	X	X	X	X	X	X	X	X	H	H	H	H	H
L	H	H	H	H	H	H	H	H	H	H	H	H	L
L	X	X	X	X	X	X	X	L	L	L	L	L	H
L	X	X	X	X	X	X	L	H	L	L	H	L	H
L	X	X	X	X	X	L	H	H	L	H	L	L	H
L	X	X	X	X	L	H	H	H	L	H	H	L	H
L	X	X	X	L	H	H	H	H	H	L	L	L	H
L	X	X	L	H	H	H	H	H	H	L	H	L	H
L	X	L	H	H	H	H	H	H	H	H	L	L	H
L	L	H	H	H	H	H	H	H	H	H	H	L	H

图 3-8　74LS148 的引脚与真值表

在图 3-8 中，H 表示高电平，L 表示低电平，X 表示任意状态。

该编码器有 8 个信号输入端和 3 个二进制码输出端。此外，电路中还设置了输入使能端 $\overline{EI}$、输出使能端 $\overline{EO}$ 和优先编码输出端 $\overline{GS}$。根据真值表，当 $\overline{EI}$ 为低电平（逻辑 0）时，编码器工作；而当 $\overline{EI}$ 为高电平（逻辑 1）时，不论 8 个输入端为何种状态，3 个输出端均为高电平，且优先编码输出端和使能输出端均为高电平，编码器处于非工作状态。当 $\overline{EI}$ 为低电平，且至少有一个输入端有编码请求信号（逻辑 0）时，$\overline{GS}$ 为 0，表明编码器处于工作状态。

$\overline{EI}$ 端为输入使能端，其作用是控制 74LS148 工作，低电平有效，即若该端输入高电平，则 74LS148 不工作；若该端输入低电平，则 74LS148 正常工作。

$\overline{GS}$ 用来判断 74LS148 输入端是否有输入，若有输入，则输出为低电平；若没有输入，则输出为高电平。

$\overline{EO}$ 用来对 74LS148 进行扩展，也就是同时使用多个 74LS148 将编码器拓展为 16 位或更高位的编码器。若高优先位芯片没有输入，则 $\overline{EO}$ 输出低电平，接低优先位的芯片 $\overline{EI}$ 端，就控制了低优先位芯片正常工作；若高优先位有输入，则 $\overline{EO}$ 端输出高电平，使下一个 74LS148 的 $\overline{EI}$ 为高电平，不能工作。

【编码举例】

当 $\overline{EI}$ 为低电平时，只要 $\bar{I}7$ 为低电平，无论其他输入端 $\bar{I}0$ ~ $\bar{I}6$ 为高电平还是低电平，编码输出端 A2、A1、A0 都为低电平（A2 = 0、A1 = 0、A0 = 0），$\overline{GS}$ 为低电平（GS = 0），$\overline{EO}$ 为高电平（EO = 1）。

当 $\overline{EI}$ = 0，$\bar{I}7$ 无编码请求（$\bar{I}7$ = 1）时，若 $\bar{I}6$ = 0（$\bar{I}6$ 有编码请求），则输出端 A2、A1、A0 的值分别为 0、0、1（A2 = 0、A1 = 0、A0 = 1），$\overline{GS}$ 为低电平（$\overline{GS}$ = 0），EO 为高电平（$\overline{EO}$ = 1）。

当 $\overline{EI}$ = 0，输入端 $\bar{I}0$ ~ $\bar{I}7$ 都无编码信号（$\bar{I}0$ = 1、$\bar{I}1$ = 1、$\bar{I}2$ = 1、$\bar{I}3$ = 1、$\bar{I}4$ = 1、$\bar{I}5$ = 1、$\bar{I}6$ = 1、$\bar{I}7$ = 1）时，根据真值表，输出端 A2、A1、A0 的值分别为 1、1、1（A2 = 1、A1 = 1、A0 = 1），$\overline{GS}$ 为高电平（$\overline{GS}$ = 1）表示无输入信号，$\overline{EO}$（使能输出端）为低电平（$\overline{EO}$ = 0），方便 74LS148 进行级联。

知识链接 3　集成芯片 74LS279

集成芯片 74LS279（简称 74LS279）由 4 个 RS 触发器组成，这 4 个 RS 触发器均为与非门构成的 RS 触发器，其中 $\overline{1S}$ 和 $\overline{3S}$ 有两个输入端，$\overline{1S1}$ 和 $\overline{1S2}$、$\overline{3S1}$ 和 $\overline{3S2}$ 均为相与的关系。74LS279 的实物图如图 3-9 所示。

74LS279 为 16 引脚集成芯片，包含四路 RS 触发器，每路 RS 触发器有 R 和 S 两个输入端和一个输出端 Q。74LS279 的引脚图如图 3-10 所示。

图 3-9　74LS279 的实物图

引脚	名称	名称	引脚
1	$\overline{1R}$	VCC	16
2	$\overline{1S1}$	$\overline{4S}$	15
3	$\overline{1S2}$	$\overline{4R}$	14
4	1Q	4Q	13
5	$\overline{2R}$	$\overline{3S2}$	12
6	$\overline{2S}$	$\overline{3S1}$	11
7	2Q	$\overline{3R}$	10
8	GND	3Q	9

74LS279

图 3-10　74LS279 的引脚图

把两个与非门 G1、G2 的输入端和输出端交叉连接，即可构成 RS 触发器，其逻辑电路及符号如图 3-11 所示。RS 触发器有两个输入端（$\bar{R}$、$\bar{S}$）和两个输出端（Q、$\bar{Q}$）。

在图 3-11 中，小圆圈表示低电平有效。$\bar{R}$ 端为置“0”端或复位端；$\bar{S}$ 端为置“1”端或置位端。Q 和$\overline{Q}$为两个互补输出端。规定 Q 的状态为触发器状态，即$Q=0$，$\overline{Q}=1$，触发器为 0 态；$Q=1$，$\overline{Q}=0$，触发器为 1 态。

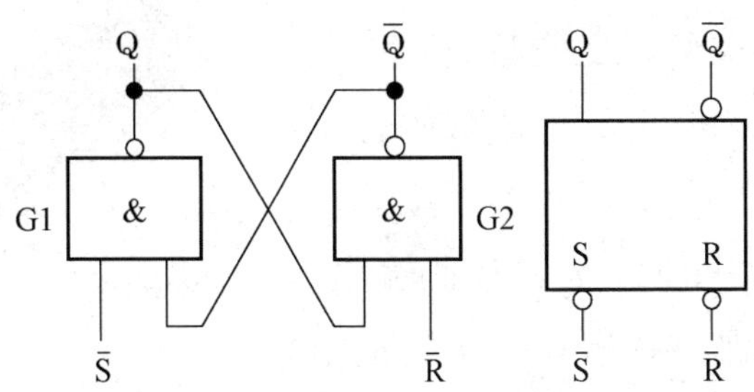

图 3-11　RS 触发器的逻辑电路及符号

RS 触发器的工作状态如下。

（1）$\overline{R}=0$、$\overline{S}=1$，置 0。

$\overline{R}=0$，G2 的输出$\overline{Q}=1$，此时 G1 的两个输入端全为 1，因此 Q=0，触发器被置为 0 态，即$Q=0$。

（2）$\overline{R}=1$、$\overline{S}=0$，置 1。

$\overline{S}=0$，G1 的输出$Q=1$，此时 G2 的两个输入端全为 1，因此$\overline{Q}=0$，触发器被置为 1 态，即$Q=1$。

（3）$\overline{R}=0$、$\overline{S}=0$，禁止状态。

由于$\overline{R}=\overline{S}=0$，使$Q=1$，$\overline{Q}=1$，这是一种不可能的状态，因此不允许$\overline{R}$、$\overline{S}$信号同时为 0，即应满足约束条件$\overline{R}+\overline{S}=1$。

（4）$\overline{R}=1$、$\overline{S}=1$，状态不变。

由于两个输入同时为 1，这是一种无效输入状态，因此触发器状态不变。

用真值表来表示 RS 触发器的逻辑功能，如表 3-6 所示。

表 3-6　RS 触发器的真值表

RS 触发器的真值表		
R	S	Q
0	0	禁止
0	1	0
1	0	1
1	1	状态不变

知识链接 4　集成芯片 CD4511

集成芯片 CD4511（简称 CD4511）是一个共阴极七段数码管驱动器，用于驱动共阴极数码管，具有 BCD 转换、消隐、锁存控制、七段译码及驱动功能。CMOS 电路能提供较大的电流，可直接驱动共阴极数码管。CD4511 的实物图及引脚功能如图 3-12 所示。

$\overline{BI}$：消隐输入控制端。当$\overline{BI}=0$时，不管其他输入端状态如何，七段数码管均处于熄灭（消隐）状态，不显示数字。当七段数码管正常显示时，$\overline{BI}$端应加高电平。另外，CD4511 有拒绝伪码的特点，当输入数据超过十进制数 9（1001）时，显示字形也自行消隐。

$\overline{LT}$：测试输入端。当$\overline{BI}=1$，$\overline{LT}=0$时，译码输出全为 1，不管输入状态如何，七段数码管均发亮，显示“8”。当$\overline{BI}=1$，$\overline{LT}=1$时，七段数码管正常显示。该输入端主要用来检测数码管是否损坏。

LE：锁定控制端。当$LE=0$时，允许译码输出；当$LE=1$时，译码器是锁定保持状态，译码器输出被保持在$LE=0$时的数值。

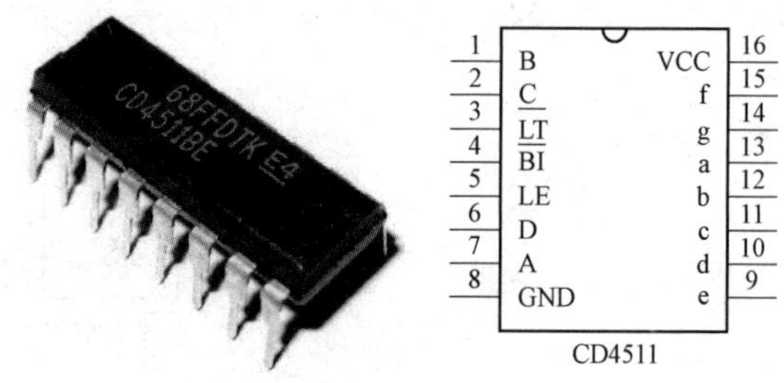

图 3-12　CD4511 的实物图及引脚功能

D、C、B、A：8421BCD 码输入端。A 为最低位，D 为最高位。

a、b、c、d、e、f、g：译码输出端，可驱动共阴极数码管显示，输出为高电平有效。

CD4511 的真值表如表 3-7 所示。

表 3-7　CD4511 的真值表

Inputs							Outputs							
LE	$\overline{BI}$	$\overline{LT}$	D	C	B	A	a	b	c	d	e	f	g	Display
X	X	0	X	X	X	X	1	1	1	1	1	1	1	B
X	0	1	X	X	X	X	0	0	0	0	0	0	0	
0	1	1	0	0	0	0	1	1	1	1	1	1	0	0
0	1	1	0	0	0	1	0	1	1	0	0	0	0	1
0	1	1	0	0	1	0	1	1	0	1	1	0	1	2
0	1	1	0	0	1	1	1	1	1	1	0	0	1	3
0	1	1	0	1	0	0	0	1	1	0	0	1	1	4
0	1	1	0	1	0	1	1	1	1	1	0	1	1	5
0	1	1	0	1	1	0	0	0	1	1	1	1	1	6
0	1	1	0	1	1	1	1	1	1	0	0	0	0	7
0	1	1	1	0	0	0	1	1	1	1	1	1	1	8
0	1	1	1	0	0	1	1	1	1	0	0	1	1	9
0	1	1	1	0	1	0	0	0	0	0	0	0	0	
0	1	1	1	0	1	1	0	0	0	0	0	0	0	
0	1	1	1	1	0	0	0	0	0	0	0	0	0	
0	1	1	1	1	0	1	0	0	0	0	0	0	0	
0	1	1	1	1	1	0	0	0	0	0	0	0	0	
0	1	1	1	1	1	1	0	0	0	0	0	0	0	
1	1	1	X	X	X	X				*				*

任务二　抢答器的调试

一、抢答器电路的结构框图

抢答器电路的结构框图如图 3-13 所示。

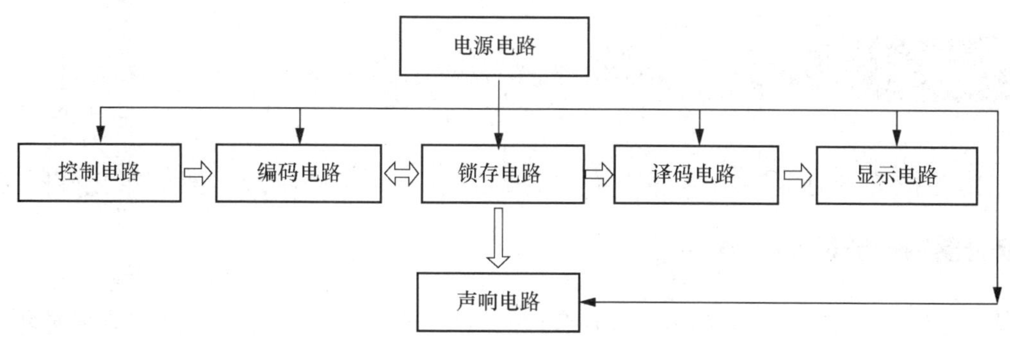

图 3-13　抢答器电路的结构框图

二、抢答器电路的工作原理

当主持人控制开关 S8 处于“接地”位置时，RS 触发器的 R 端为低电平，输出端 Q 全部为低电平。于是 CD4511 的引脚 4（BI 消隐端）为 0，数码管熄灭；74LS148 的选通输入端 EI=0，74LS148 处于工作状态，此时锁存电路不工作。当主持人将控制开关 S8 拨到“悬空”位置时，优先编码电路和锁存电路同时处于工作状态，即抢答器处于等待工作状态，等待输入端 I0～I7 输入信号，当有选手按下抢答键时（如按下 S5），74LS148 的输出 A2、A1、A0 为 010，经 74LS279 内部 RS 触发器处理后，74LS279 的 4Q、3Q、2Q 的输出状态为 101，经 CD4511 译码后，数码管显示数字“5”。此外，74LS279 中 RS 触发器 1Q＝1，使 74LS148 的 EI 端为高电平，74LS148 处于禁止工作状态，封锁了其他按键的输入。当被按下的抢答键弹开后，由于 74LS148 的 EI 端维持高电平不变，因此 74LS148 仍处于禁止工作状态，其他按键的输入信号不会被接收。这就保证了抢答者的优先性及抢答电路的准确性。

三、抢答器的调试步骤

（1）检查线路连接是否与电路原理图完全一致。三极管引脚是否装对；电解电容正负极性是否正确。检查各焊点是否焊牢，元器件是否相互碰触。

（2）用万用表电阻挡对电源输入端进行检测，检查是否存在短路、断路现象。检测各关键元器件供电端是否与电源正负极接通。

（3）给抢答器外接 5V 直流电源并按下 S8 看能否对抢答器进行清零，数码管能否实现消隐，扬声器能否静音。再次按下 S8 后，此时按下 S0～S7 中的任何一个控制开关看数码管能否正确显示编号，扬声器能否发出提示音，放手后能否保持显示编号。重复上述操作，按下其他按键，若能实现上述功能，则抢答器电路组装正确。

（4）若抢答器被按下 S0～S7 中任何一个按键后，数码管显示编号不正确，则应检查编码器、锁存器、译码器及数码管之间的连线是否正确，检查 CD4511 译码器二进制高位 D 端是否连接电源负极。

（5）若抢答器被按下 S0～S7 中任何一个按键后，数码管正确显示编号，放手后不能锁存编号，则应检查复位电路是否正常，以及 74LS279 锁存器是否正常。

任务三 抢答器常见故障的检修

装配完毕的抢答器可能会出现各种不同的故障，需要我们对抢答器的常见故障进行检修。

一、抢答器的一般检修流程

（1）从 IC 插座上拆下 74LS148、74LS279、CD4511 及 NE555，注意操作时不要用力过猛，以免损伤芯片引脚，有条件的话可借助专业的起拔器。

（2）用万用表检测 74LS148、74LS279、CD4511 的引脚 8 是否与电源负极相连，引脚 16 是否与电源正极相连；NE555 的引脚 1 是否与电源负极相连，引脚 8 是否与电源正极相连。若有断开处，则应立即修复。

（3）对照原理图用万用表检测 74LS148 的 A2、A1、A0 端是否与 74LS279 的相应引脚相连，GS 端是否与 74LS279 的相应引脚相连，74LS279 的 3Q、2Q、1Q 端是否与 CD4511 的 C、B、A 端相连。检测 CD4511 的 D 端是否与电源负极相连，CD4511 的 LT 端是否与电源正极相连，CD4511 的 LE 端是否与电源负极相连，CD4511 的 BI 端是否与 74LS279 的 Q4 端相连，74LS148 的 EI 端是否与 74LS279 的 Q4 端相连。若有断开处，则应立即修复。

（4）用万用表检测共阴极数码管是否完好，若某一段不亮，则证明数码管已损坏，须更换。

（5）给故障板通入 5V 电源，用万用表直流电压挡检测 74LS148 插座中 I0～I7 端及 74LS279 清零端按键被按下后的电平是否跳变。若正常跳变，则此处正常；若某处不能正常跳变，则应检查此处上拉电阻及按键，发现问题应立即修复。

（6）用万用表检测 NE555 的各引脚与外围元器件的连接是否正常，发现问题应立即修复。

（7）装上 74LS148、74LS279、CD4511、NE555 后通入 5V 电源试机。若复位后按下 S0～S7 按键不能正常显示编号，则应检查 CD4511 的 C、B、A 端输入电平；若输入电平正常，则 CD4511 损坏。若不能锁存编号，则 74LS279 损坏；若无反应，则检查 74LS148 的 A2、A1、A0 端输出电平，若输出电平不正常，则 74LS148 可能损坏。若能正常编码、锁存显示，而无提示音，则应检查 S9013 三极管及扬声器是否正常，若 S9013 三极管及扬声器正常，则 NE555 损坏。

二、用数字式万用表测量线路是否连通的方法

（1）将黑表笔插入 COM 插孔，将红表笔插入 V/Ω插孔。

（2）将挡位置于二极管蜂鸣挡“▶|•))”，先将红黑表笔接触，此时应能发出声响（检测万用表二极管蜂鸣挡能否正常工作）；随后将红表笔连接到待测线路一端，将黑表笔连接到待测线路的另一端，若蜂鸣器发出声响，则表明线路连通；若蜂鸣器无声响，则表明线路属于断路（见图 3-14）。

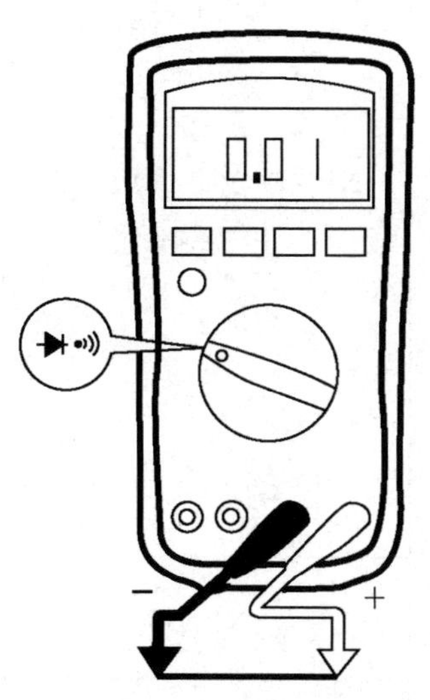

图 3-14　用数字式万用表测量线路是否连通

为了更加准确地判断抢答器的故障范围，找到故障点，还可以借助表 3-8 进行判断。

表 3-8　抢答器的典型故障分析

故障编号	故障现象	故障范围	检修步骤
A1	开机无显示、无声音、按键失效	电池盒、JP1、74LS148	（1）检查自锁开关的引脚 2 和引脚 1 的焊接质量。 （2）检查 JP1 两端的电压。 （3）检查电池盒和电源线是否存在断路和接触不良。 （4）检查 74LS148 的引脚 16 连接是否正常
A2	打开电源一切正常，复位后无显示、无声音，复位、抢答按键失灵	74LS148、74LS279	（1）检查 74LS148 的引脚 5 连接是否正常。 （2）检查 74LS279 的引脚 15 连接是否正常
A3	蜂鸣器长鸣，数码管显示 7，复位按键失灵，抢答按键失灵	74LS148、74LS279	（1）检查 74LS148 的引脚 16 电源是否正常。 （2）检查 74LS279 的引脚 8 接地是否良好
A4	蜂鸣器长鸣，数码管显示 0，复位和抢答按键失效	74LS279	检查 74LS279 的引脚 13 和引脚 14 连接是否正常

续表

故障编号	故障现象	故障范围	检修步骤
B1	蜂鸣器不响，其他一切正常	NE555及其周边元器件、蜂鸣器	（1）检查R_{10}、R_{12}、R_{13}、R_{14}、C_1、Q_1、蜂鸣器的焊接质量。 （2）分别检查NE555的引脚2、引脚3、引脚4、引脚6、引脚7连接是否正常。 （3）检查NE555芯片的引脚8供电是否正常。 （4）检查NE555芯片的引脚1接地是否正常。 （5）测量NE555的引脚3的输出波形。 （6）若以上都正常，则须更换蜂鸣器
B2	蜂鸣器长鸣，其他一切正常	NE555	检查NE555芯片的引脚4与74LS279的引脚13连接是否正常
C1	显示亮度不够，其他一切正常	CD4511	（1）检查CD4511的引脚16电源是否正常。 （2）检查电源电压是否正常
C2	无显示，其他一切正常	数码管	检查数码管接地是否正常
C3	每次复位后显示0，其他一切正常	CD4511	检查CD4511的引脚4连接是否正常
C4	数码管显示残缺不全	CD4511、数码管	（1）检查数码管各段是否有损坏。 （2）检查CD4511的引脚6是否可靠接地。 （3）检查CD4511与数码管连接是否正常
C5	数码管显示数字与按键号不符	74LS148、74LS279、CD4511	（1）检查74LS148的引脚8是否良好接地。 （2）检查R_1～R_8是否存在连焊，74LS148的引脚1、引脚3、引脚4、引脚10、引脚11、引脚12、引脚13是否存在连焊。 （3）检查74LS148与74LS279的连接是否正常。 （4）检查74LS279的引脚1、引脚5、引脚10是否可靠连接。 （5）若以上一切正常，则按顺序更换芯片检查：74LS148→74LS279→CD4511

注：字母A为复合故障现象、字母B为声响故障现象、字母C为显示故障现象。

一、装配评价

请按照表 3-9 中的评价内容，对自己的装配进行评价。

表 3-9　装配评价表

评价项目	评价细则
电路焊接	元器件极性是否正确
	元器件的装配位置是否正确
	元器件的装配工艺是否正确
	是否存在虚焊、桥接、漏焊、毛刺
	是否存在焊盘翘起、脱落
	是否损坏元器件
	是否烫伤塑料件、外壳
	引脚剪脚高度是否符合要求
成品的装配	光控元器件安装高度是否符合要求
	外壳装配位置是否符合标准
	螺钉装配是否紧固
成品的测试	功能一切正常
	通电后灯一直亮，不灭
	通电后有光时，有声音，灯也亮
	灯亮后不延时
安　全	是否存在违反操作流程或规范的操作

二、调试与检修评价

填写调试与检修评价表（见表 3-10）。

表 3-10　调试与检修评价表

产品名称			
调试与检修日期		故障电路板号	
故障现象			
故障原因			
检修内容			

续表

<table>
<tr><td rowspan="6">材料应用</td><td>材料名称</td><td>型　　号</td><td>数　　量</td></tr>
<tr><td></td><td></td><td></td></tr>
<tr><td></td><td></td><td></td></tr>
<tr><td></td><td></td><td></td></tr>
<tr><td></td><td></td><td></td></tr>
<tr><td></td><td></td><td></td></tr>
<tr><td>检修员签字</td><td></td><td>复检员签字</td><td></td></tr>
<tr><td>检修结果</td><td></td><td>评　分</td><td></td></tr>
</table>

三、6S 工作规范评价

请在表 3-11 中对完成本任务的 6S 工作规范进行评价。

表 3-11　6S 工作规范评价表

评 价 项 目	整理	整顿	清扫	清洁	素养	安全
评　　分						

电气化、自动化、智能化是智能照明控制前进的足迹。伴随着互联网技术、物联网技术的迅速发展，智能照明控制也在迅速向着智慧化的方向发展。目前利用智能控制技术及物联网技术，已经实现了照明设备的智能化、网络化，并且已经凸显出一定优势。

1．压电式蜂鸣器的发声元器件实际是一种__________。

2．电磁式蜂鸣器主要分为__________和__________两种。

3．74LS148 为__________。

4．74LS148 的__________优先级最高。

5．74LS279 实际是一个__________触发器。

6．CD4511 是一个 CMOS BCD 锁存七段译码、驱动器，用于驱动共__________数码管。

7．简述无源蜂鸣器与有源蜂鸣器的区分方法。

8．描述 74LS279 各引脚的功能。

9．简述利用万用表测量线路是否连通的方法。

10．简述 RS 触发器与同步 RS 触发器的区别。

项目四

多功能控制器的装调与应用

在现代社会，我们需要更加安全、舒适的生活环境。声光控制器如图 4-1 所示，触摸控制器如图 4-2 所示，磁控制器如图 4-3 所示，声光报警器如图 4-4 所示。这些多功能控制器将为我们营造安全舒适的生活环境。综合声光、触摸、磁等控制器于一体的多功能控制器在智能家居、智能楼宇、智能社区中具有广泛的应用。

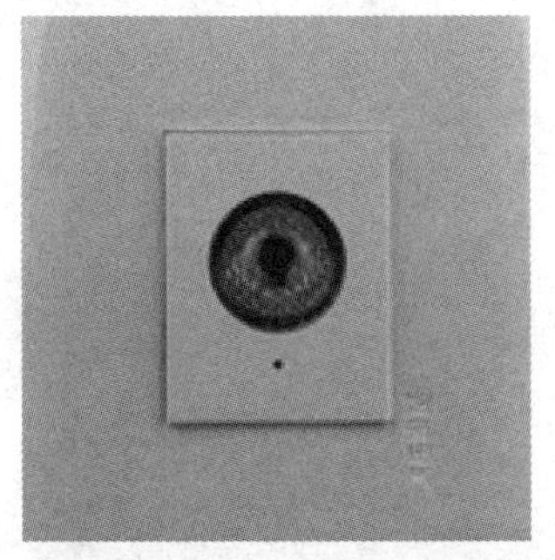

图 4-1　声光控制器

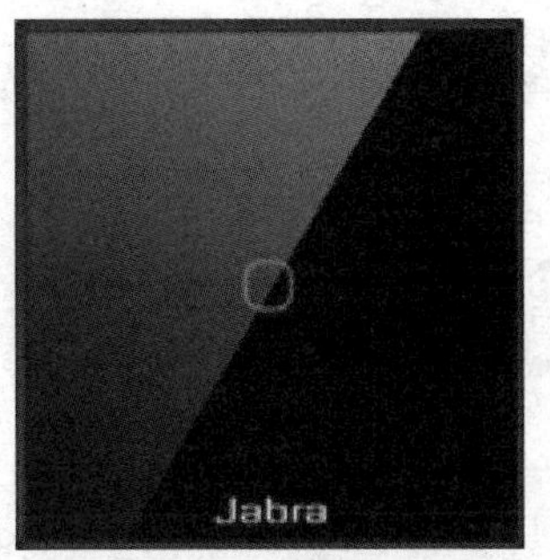

图 4-2　触摸控制器

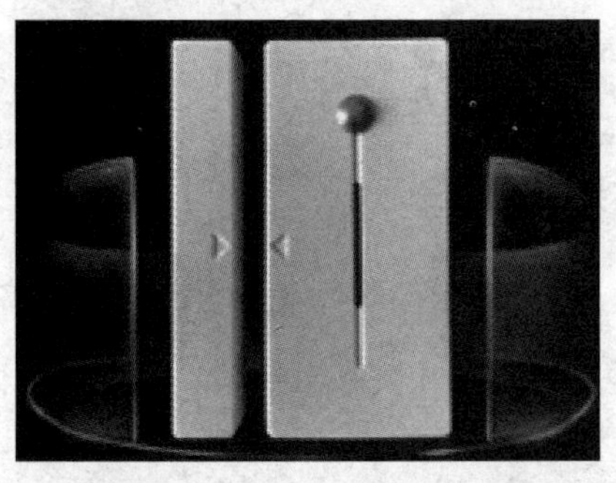

图 4-3　磁控制器

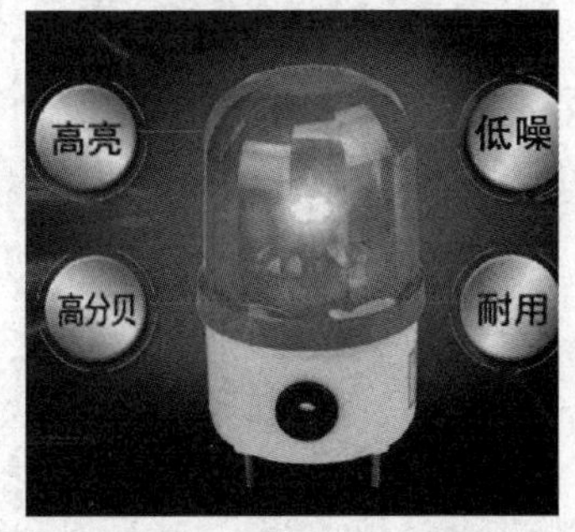

图 4-4　声光报警器

项目介绍

多功能控制器主要将声、光、触摸、磁作为控制源，实现声光报警的功能。电路中的拾音器、光敏电阻、干簧管、触摸焊盘作为传感器检测输入信号，将输入信号转换为电信号，通过逻辑电路的分析计算来实现声光报警，同时具备延时和停止的功能。项目流程及主要知识技能如图 4-5 所示。

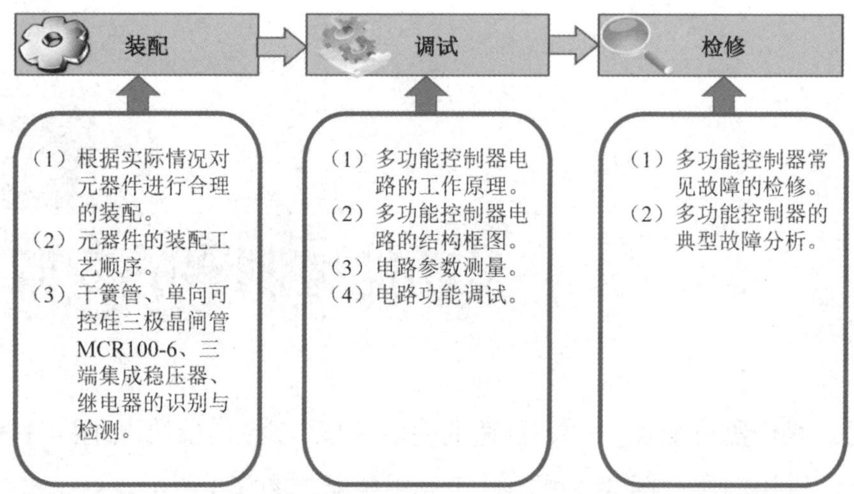

图 4-5　项目流程及主要知识技能

任务一　多功能控制器的装配

多功能控制器的电路板如图 4-6 所示。

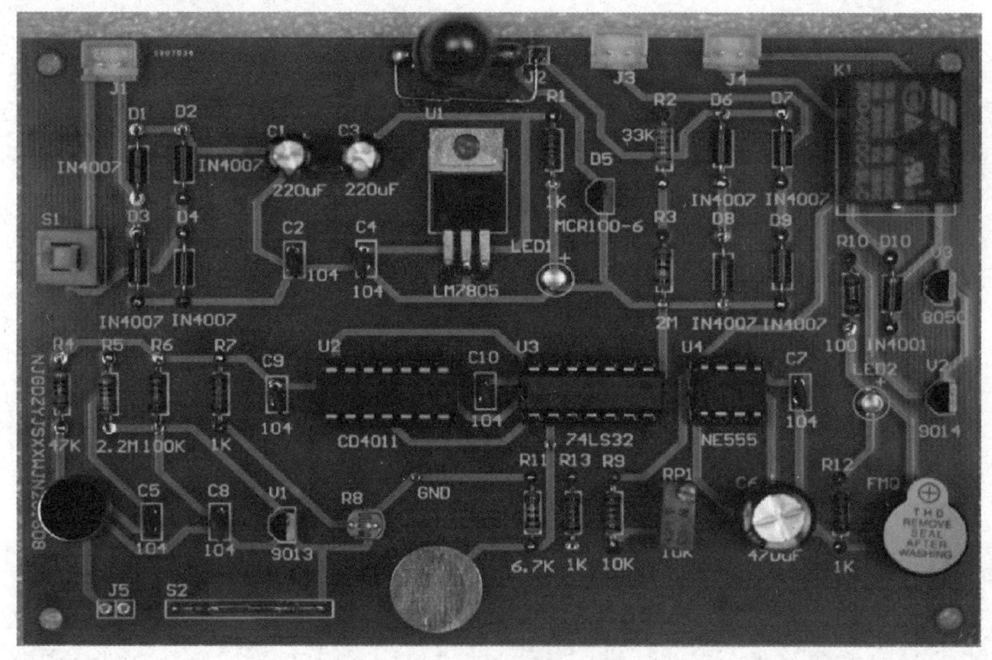

图 4-6　多功能控制器的电路板

一、来料检查

根据图 4-7 及表 4-1，清点并检测元器件和功能部件，将检测结果记录到表 4-1 的“检测结果”一栏中，“ √ ”代表合格，“ × ”代表不合格。如果不合格，请在“备注”栏写出判断依据。检测完成后在 PCB 上进行焊接和装配。

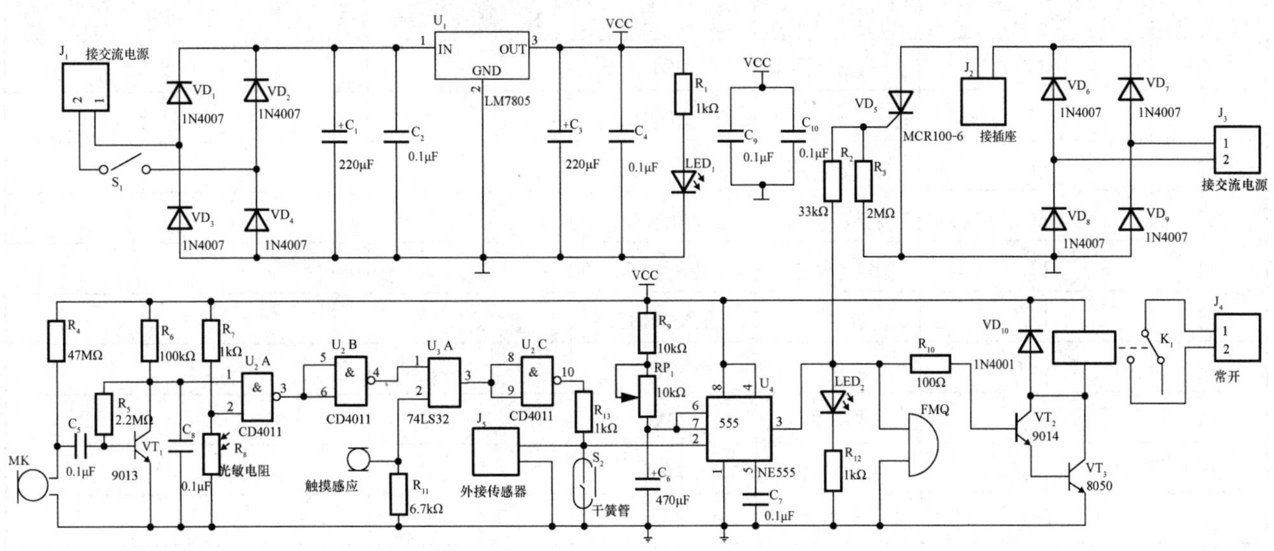

图 4-7　多功能控制器电路原理图

表 4-1　多功能控制器电路元器件清单

序　号	标　称	名　称	规　格	检 测 结 果	备　注
1	R_{10}	电阻	100Ω		
2	R_1、R_7、R_{12}、R_{13}	电阻	1kΩ		
3	R_{11}	电阻	6.7kΩ		
4	R_9	电阻	10kΩ		
5	R_8	光敏电阻	—		
6	R_2	电阻	33kΩ		
7	R_4	电阻	47MΩ		
8	R_6	电阻	100kΩ		
9	R_3	电阻	2MΩ		
10	R_5	电阻	2.2MΩ		
11	RP_1	可变电阻	10kΩ		
12	C_2、C_4、C_5、C_7、C_8、C_9、C_{10}	瓷片电容	0.1μF		
13	C_1、C_3	电解电容	220μF		
14	C_6	电解电容	470μF		
15	VD_1~VD_4、VD_6~VD_9	二极管	1N4007		
16	VD_{10}	二极管	1N4001		
17	LED_1、LED_2	发光二极管	$\phi 3$		
18	VD_5	单向可控硅三极晶闸管	MCR100-6		
19	VT_1	三极管	9013		

续表

序号	标称	名称	规格	检测结果	备注
20	VT_2	三极管	9014		
21	VT_3	三极管	8050		
22	U_2	集成电路	CD4011		
23	U_3	集成电路	74LS32		
24	U_4	集成电路	NE555		
25	U_1	三端稳压	LM7805		
26	J_1~J_4	插座	2P		
27	K_1	继电器	5V		
28	FMQ	蜂鸣器	有源		
29	MK	麦克	—		
30	S_1	自锁按钮	—		
31	S_2	干簧管	—		

二、电路装配

将元器件和电路附件正确地装配在 PCB 上。

1. 非贴片元器件的焊接工艺评价标准

非贴片元器件的焊接工艺评价标准如表 4-2 所示。

表 4-2　非贴片元器件的焊接工艺评价标准

评价等级	评价标准
A 级	所焊接元器件的焊点适中，无漏焊、假焊、虚焊、连焊，焊点光滑、圆润、干净，无毛刺，焊点基本一致，引脚加工尺寸及成形符合工艺要求；导线长度、剥线头长度符合工艺要求，芯线完好，捻线头镀锡
B 级	所焊接元器件的焊点适中，无漏焊、假焊、虚焊、连焊，但 1～2 个元器件有以下现象：有毛刺、不光亮，或导线长度、剥线头长度不符合工艺要求，或捻线头无镀锡
C 级	3～6 个元器件有漏焊、假焊、虚焊、连焊，或有毛刺、不光亮，或导线长度、剥线头长度不符合工艺要求，或捻线头无镀锡
D 级	超过 7 个元器件有漏焊、假焊、虚焊、连焊，或有毛刺、不光亮，或导线长度、剥线头长度不符合工艺要求，或捻线头无镀锡
E 级	超过五分之一（15 个以上）的元器件没有焊接在电路板上

2. 电子产品的整机装配评价标准

电子产品的整机装配评价标准如表 4-3 所示。

表 4-3　电子产品的整机装配评价标准

评价等级	评价标准
A 级	焊接安装无错漏，电路板插件位置正确，元器件极性正确，接插件、紧固件安装可靠牢固，电路板安装对位；整机清洁无污物
B 级	元器件已焊接在电路板上，但 1～2 个元器件焊接安装错误；缺少 1～2 个元器件或插件；1～2 个插件位置不正确或元器件极性不正确；元器件、导线安装及标记方向不符合工艺要求；1～2 处出现烫伤、划伤或有污物
C 级	缺少 3～5 个元器件或插件；3～5 个插件位置不正确或元器件极性不正确；元器件、导线安装及标记方向不符合工艺要求；出现 3～5 处烫伤或划伤，有污物
D 级	缺少 6 个以上元器件或插件；6 个以上插件位置不正确或元器件极性不正确；元器件、导线安装及标记方向不符合工艺要求；出现 6 处以上烫伤或划伤，有污物

填写装配工艺过程卡片中的空项（见表 4-4）。

表 4-4　装配工艺过程卡片

<table>
<tr><td rowspan="2">项目</td><td colspan="2" rowspan="2">装配工艺过程卡片</td><td colspan="2">工序名称</td><td>产品图号</td></tr>
<tr><td colspan="2">插件</td><td>PCB-20210625</td></tr>
<tr><td rowspan="2">标称
（位号）</td><td colspan="3">装入件及辅助材料</td><td rowspan="2">工艺要求</td><td rowspan="2">工　具</td></tr>
<tr><td>名　称</td><td>规　格</td><td>数　量</td></tr>
<tr><td>R_{10}</td><td>金属膜电阻</td><td>100Ω±5%</td><td>1</td><td>按照图样中图________进行安装</td><td rowspan="4">镊子、剪刀、电烙铁等常用装接工具</td></tr>
<tr><td>R_6</td><td>金属膜电阻</td><td>100kΩ±1%</td><td>1</td><td>按照图样中图________进行安装</td></tr>
<tr><td>C_2</td><td>瓷片电容</td><td>0.1μF</td><td>7</td><td>按照图样中图________进行安装</td></tr>
<tr><td>C_6</td><td>电解电容</td><td>470μF</td><td>1</td><td>按照图样中图________进行安装</td></tr>
<tr><td>R_8</td><td>光敏电阻</td><td></td><td>1</td><td>距离电路板__________cm 安装</td><td rowspan="4"></td></tr>
<tr><td>U_2</td><td>集成芯片</td><td>CD4011</td><td>1</td><td>贴底板安装</td></tr>
<tr><td>S_1</td><td>自锁按钮</td><td>SDTA-620</td><td>1</td><td>按照图样中图________进行安装</td></tr>
<tr><td>U_1</td><td>三端集成稳压器</td><td>LM7805</td><td>1</td><td>距离电路板_______cm 安装后，向后折到相应位置</td></tr>
<tr><td colspan="6">以上各元器件的插装顺序是：
____
____
____________________</td></tr>
</table>

续表

图样：

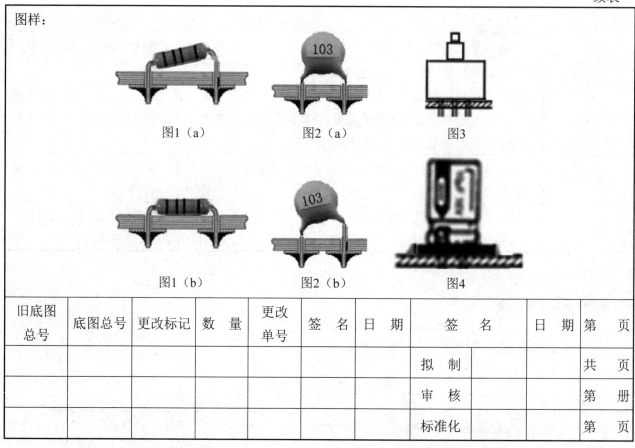

图1（a） 　图2（a） 　图3

图1（b） 　图2（b） 　图4

旧底图总号	底图总号	更改标记	数 量	更改单号	签 名	日 期	签 名		日 期	第 页
							拟 制			共 页
							审 核			第 册
							标准化			第 页

知识链接 1　干簧管

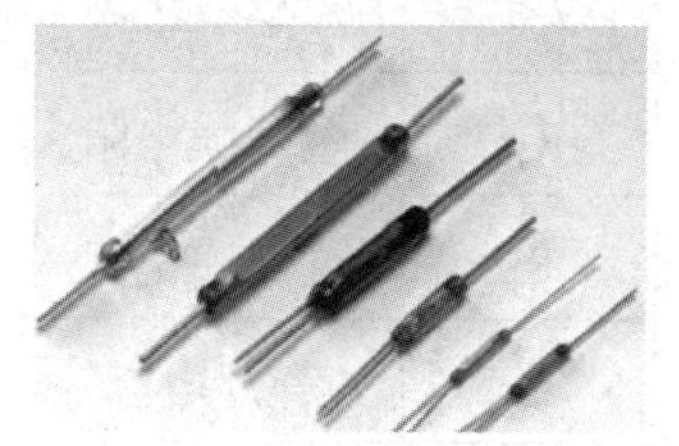

图 4-8　干簧管的实物图

干簧管（Reed Switch）也称舌簧管或磁簧开关，是一种磁敏的特殊开关，是干簧继电器和接近开关的主要部件。干簧管于 1936 年由贝尔电话实验室的沃尔特·埃尔伍德（Walter B．Ellwood）发明，他本人于 1940 年 6 月 27 日在美国申请专利，专利号为 2264746。干簧管的实物图如图 4-8 所示。

干簧管通常有两个由软磁性材料做成的、无磁时断开的金属簧片触点，有的还有第三个作为常闭触点的簧片触点。这些簧片触点被封装在充有惰性气体（如氮、氦等）或真空的玻璃管中，玻璃管内平行封装的簧片端部重叠，并留有一定间隙或相互接触以构成开关的常开或常闭触点。干簧管比一般的机械开关结构简单、体积小、速度快、工作寿命长；而与电子开关相比，它又有抗负载冲击能力强等特点，工作可靠性很高。

干簧管的工作原理图如图 4-9 所示。干簧管的工作原理非常简单，两个端点处重叠的可磁化的簧片密封于玻璃管中，两个簧片分隔的距离仅有几微米，玻璃管中装填有高纯度的惰性气体，在尚未操作时，两个簧片并未接触，外加的磁场使两个簧片端点位置附近产生不同的极性，结果两个不同极性的簧片将互相吸引并闭合。依此技术可做成体积非常小的切换组件，切换组件的切换速度非常快，具有非常优异的可靠性。

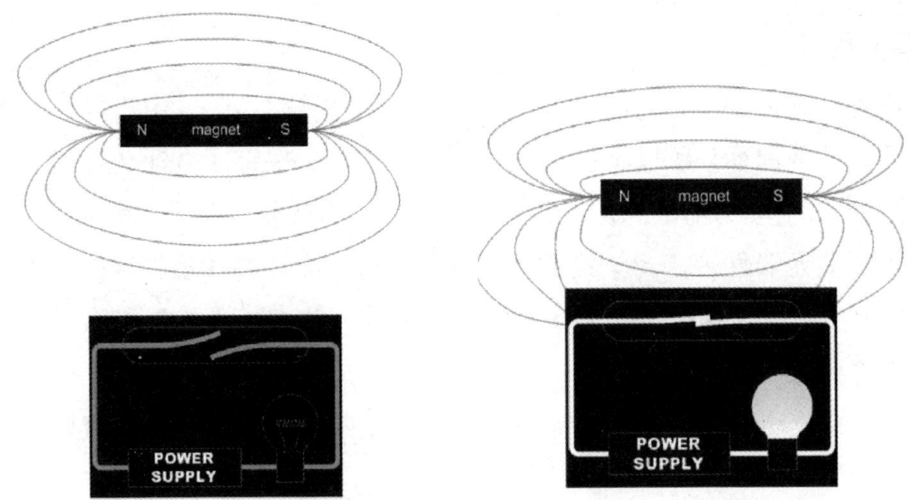

图 4-9　干簧管的工作原理图

如此形成一个转换开关：当永久磁铁靠近干簧管或绕在干簧管上的线圈通电形成磁场使簧片磁化时，簧片的触点部分就会被磁力吸引，当磁力大于簧片的弹力时，常开触点就会吸合；当磁力减小到一定程度时，触点被簧片的弹力打开。

1．干簧管与一般继电器的区别

干簧管与一般继电器的最大区别在于：

（1）干簧管的电气电路与磁场回路使用同一媒介（簧片）。

（2）由于干簧管的开关与线圈互相分离，因此可以利用永久磁场加以驱动。

2．干簧管按照不同的特性分类

（1）按触点构造分类。

A 型：属于常开型簧片开关。在施加外部磁场时接点才闭合，而在平常，保持分开状态。

B 型：属于常闭型簧片开关。在施加外部磁场时接点才分开，而在平常，保持闭合状态。

C 型：转接型开关。

（2）按机能分类。

非自行保持型：具有可依外部磁场的有无而起作用的特征（单稳定型）。

自行保持型：一旦起作用以后，即使除掉外部磁场，仍可保持原来的状态（双稳定型）。

（3）按形状分类。

大型：玻璃管的长度为 30～60mm，玻璃管的直径为 3.5～6mm。

中型：玻璃管的长度为 20～30mm，玻璃管的直径为 2.5～3.5mm。

小型：玻璃管的长度为 5～20mm，玻璃管的直径为 1.5～2.5mm。

另外，对于簧片形状、接点构造等，常有不同的设计，但只要使用簧片的开关，均属于磁簧开关。

3．干簧管的优点

干簧管的优点是其体积小、质量小，这使得它易于安装且不显眼。由于操作开关体积很小，因此无须复杂的凸轮或曲柄，所以不会出现金属疲劳现象，保证了几乎无限的使用寿命，并且能够安装在有限的空间里，适用于微型设备。磁簧开关价格便宜且容易获取。

磁簧开关的开关元器件被密封于惰性气体中，不与外界环境接触，这样就大大减少了接点在开、闭过程中由于接点火花而引起的接点氧化和碳化，并可防止外界蒸汽和灰尘等杂质对接点的侵蚀，工作寿命长。

簧片细而短，有较高的固有频率，提高了接点的通断速度，其开关速度要比一般的电磁继电器快 5～10 倍。

4．干簧管的缺点

触点和簧片是相当小而精致的，所以它们难以承受高压或大电流。电流过大时，簧片会因过热而失去弹性，即开关容量小，接点易产生抖动，以及接点接触电阻大。

干簧管有电压和电流额定值。 虽然功率=电压×电流，同样的功率可能由不同的电压和电流组合得到，但是切记不要超过额定电流。例如，10V×1A=10W，同时 1V×10A=10W，在第 2 种情况下，电流太大。如果要使用大电流，那么由继电器线圈与磁簧开关组成的继电器电路是更合适的选择。

干簧管的故障排查工序多。故障干簧管需要用专用仪器（如 AT 值测试器、绝缘耐压测试器、内阻测试器等）检测。

干簧管不适合误差范围小的产品设计：AT 值范围大，从成本角度考虑不能保证批量产品的 AT 值都相同，并且配套磁石也不尽相同。

磁簧开关是相当脆弱的，如果将引出线焊接到较厚的元器件上，那么很容易造成玻璃和密封件的破损。如果需要弯曲引出线，那么需要恰当选择引出线的弯曲点。

5．干簧管的应用

干簧管可以作为传感器使用，用于计数、限位等。例如，有一种自行车公里计，就是在轮胎上粘上磁铁、在一旁固定上干簧管构成的。将干簧管装在门上，可用于开门时的报警，也可作为开关使用。

干簧管在家电、汽车、通信、工业、医疗、安防等领域得到了广泛的应用。此外，干簧管还可应用于其他传感器及电子器件，如液位计、门磁、干簧继电器等。

干簧管可用于干簧继电器、油位传感器、接近传感器（磁性传感器），也可用于高危环境。

知识链接 2　单向可控硅三极晶闸管 MCR100-6

1．主要用途

单向可控硅三极晶闸管 MCR100-6 用于继电器与灯的控制、小型马达控制、较大晶闸管的门极驱动、传感与检测电路等，其引脚排列如图 4-10 所示。

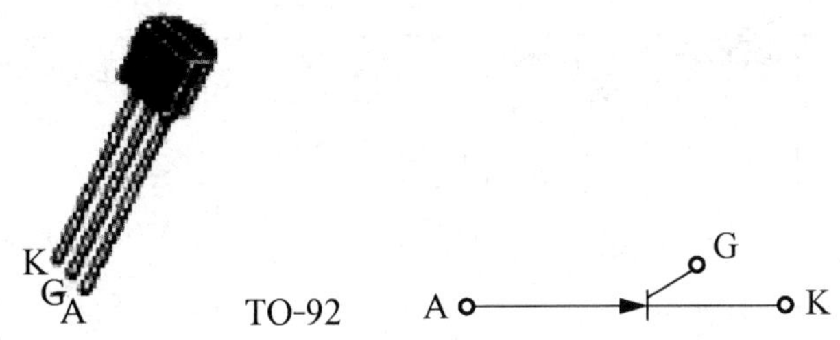

图 4-10　单向可控硅三极晶闸管的引脚排列

2. 判断其好坏

用万用表的“R×1k”挡测量普通晶体管阳极 A 与阴极 K 之间的正、反向电阻，正常时均应为无穷大（∞），若测得阳极 A 与阴极 K 之间的正、反向电阻值为零或阻值较小，则说明二极管内部击穿短路或漏电。

测量门极 G 与阴极 K 之间的正、反向电阻值，正常时应有类似二极管的正、反向电阻值（实际测量结果比普通二极管的正、反向电阻值小一些），即正向电阻值较小（小于 2 kΩ），反向电阻值较大（大于 80kΩ）。若两次测量的电阻值均很大或均很小，则说明该晶闸管的 G、K 极之间开路或短路。若正、反电阻值均相等或接近，则说明该晶闸管已失效，其 G、K 极间的 PN 结已失去单向导电作用。

测量阳极 A 与门极 G 之间的正、反向电阻，正常时两个阻值均应为几百千欧或无穷大，若出现正、反向电阻值不一样（类似二极管的单向导电）的情况，则 G、A 极之间反向串联的两个 PN 结中的一个已击穿短路。

3. 触发能力检测

对于小功率（工作电流为 5A 以下）的普通晶闸管，可用万用表的“R×1”挡测量。测量时将黑表笔接阳极 A，将红表笔接阴极 K，此时表针不动，显示阻值为无穷大（∞）。用镊子或导线将晶闸管的阳极 A 与门极短路，相当于给 G 极加上正向触发电压，此时若电阻值为几欧至几十欧（具体阻值根据晶闸管的型号不同会有所差异），则表明晶闸管因正向触发而导通。断开 A 极与 G 极的连接（A、K 极上的表笔不动，只将 G 极的触发电压断掉），若表针数值仍保持在几欧至几十欧的位置不动，则说明此晶闸管的触发性能良好。MCR100-6 的电参数如表 4-5 所示。

表 4-5　MCR100-6 的电参数　（T_a=25℃）

参数符号	符号说明	最小值	典型值	最大值	单位	测试条件
I_{DRM}	重复峰值断态电流	—	—	10（T_a=25℃） 200（T_a=125℃）	μA	$U_{AK}=U_{DRM}$ 或 U_{RRM} T_a=25℃ T_a=125℃
U_{TM}	峰值通态电压	—	1.2	1.7	V	I_{TM}=1.0A
I_{GT}	门极触发电流	—	—	200	μA	U_{AK}=7V，R_L=100Ω

续表

参数符号	符号说明	最小值	典型值	最大值	单位	测试条件
U_{GT}	门极触发电压	—	—	0.8（T_a=25℃） 1.2（T_a=−40℃）	V	U_{AK}=7V，R_L=100Ω T_a=25℃ T_a= −40℃
U_{GD}	门极不触发电压	0.2	—	—	V	U_{AK}=12V，R_L=100Ω T_a=125℃
I_H	维持电流	—	2	5（T_a=25℃） 10（T_a=−40℃）	mA	U_{AK}=12V，初始电流=50mA T_a=25℃ T_a=−40℃
$R_{th(j\text{-}c)}$	热阻	—	—	60	℃/W	接到外壳
$R_{th(j\text{-}a)}$	热阻	—	—	150	℃/W	接到环境

知识链接 3　三端集成稳压器

三端集成稳压器是一种串联调整式稳压器，内部设有过热、过流和过压保护电路。它只有三个引出端（输入端、输出端和公共地端），将整流滤波后的不稳定直流电压接到三端集成稳压器的输入端，经三端集成稳压器后在输出端得到稳定的直流电压。三端集成稳压器的实物图如图 4-11 所示。

图 4-11　三端集成稳压器的实物图

1．三端集成稳压器的分类

三端集成稳压器因其输出电压的形式、电流的不同而有不同的分类。

（1）根据输出电压能否调整分类。

三端集成稳压器的输出电压有固定和可调之分。固定输出电压是由制造厂预先调整好的，输出为固定值。例如，7805 型三端集成稳压器的输出电压固定为+5V。

可调输出电压式稳压器的输出电压可通过少数外接元器件在较大范围内调整，当调节外接元器件值时，可获得所需的输出电压。例如，CW317 型三端集成稳压器的输出电压在 12～37V 范围内连续可调。

（2）根据输出电压的正、负分类。

输出正电压系列（78××）的集成稳压器的电压共分为 5V、6V、9V、12V、15V、18V、24V 7 挡，如 7805、7806、7809 等，其中字头 78 表示输出电压为正值，后面的数字表示输出电压的稳压值。输出电流为 15A（带散热器）。

输出负电压系列（79××）的集成稳压器的电压共分为-5V、-6V、-9V、-12V、-15V、-18V、-24V 7 挡。如 7905、7906、7912 等，其中字头 79 表示输出电压为负值，后面的数字表示输出电压的稳压值。输出电流为 15A（带散热器）。

（3）根据输出电流分类。

三端集成稳压器的输出电流有大、中、小之分，并分别用不同的符号表示。

输出为小电流时，代号为“L”。例如，78L××，最大输出电流为 0.1A。

输出为中电流时，代号为“M”。例如，78M××，最大输出电流为 0.5A。

输出为大电流时，代号为“S”。例如，78S××，最大输出电流为 2A。

2．固定三端集成稳压器的外形图及主要参数

固定三端集成稳压器的封装形式有金属外壳封装（F–2）和塑料封装（S–7）。固定三端集成稳压器的塑料封装（S-7）外形图如图 4-12 所示。

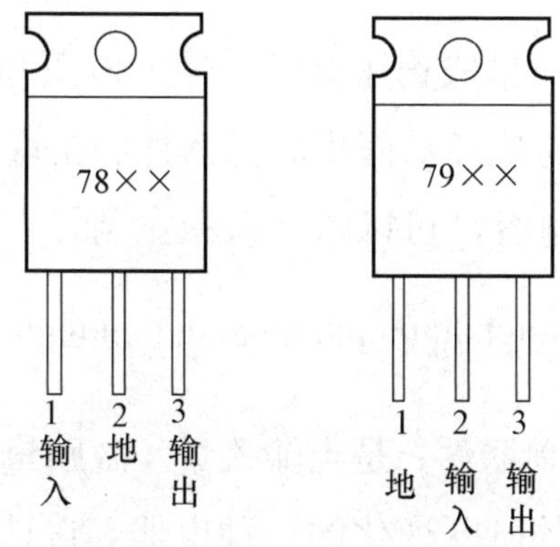

图 4-12　固定三端集成稳压器的塑料封装（S-7）外形图

表 4-6 所示为固定三端集成稳压器的参数。

表 4-6　固定三端集成稳压器的参数

固定三端集成稳压器型号	7805	7806	7815
输出电压范围/V	4.8～5.2	5.75～6.25	14.4～15.6
最大输入电压/V	35	35	35
最大输出电流/A	1.5	1.5	1.5
ΔU_o(I_o变化引起)/mV	100（I_o=5mA～1.5A）	100（I_o=5mA～1.5A）	150（I_o=5mA～1.5A）
ΔU_o(U_i变化引起)/mV	50（U_i=7～25V）	60（U_i=8～25V）	150（U_i=17～30V）
ΔU_o(温度变化引起)/(mV/℃)	±0.6（I_o=500mA）	±0.7（I_o=500mA）	±1.8（I_o=500mA）
元器件压降(U_i−U_o)/V	2～2.5（I_o=1A）	2～2.5（I_o=1A）	2～2.5（I_o=1A）
偏置电流/mA	6	6	6
输出电阻/mΩ	17	17	19
输出噪声电压(10~100kHz)/μV	40	40	40

3．固定三端集成稳压器的常见应用电路

固定三端集成稳压器的常见应用电路如图 4-13 所示。

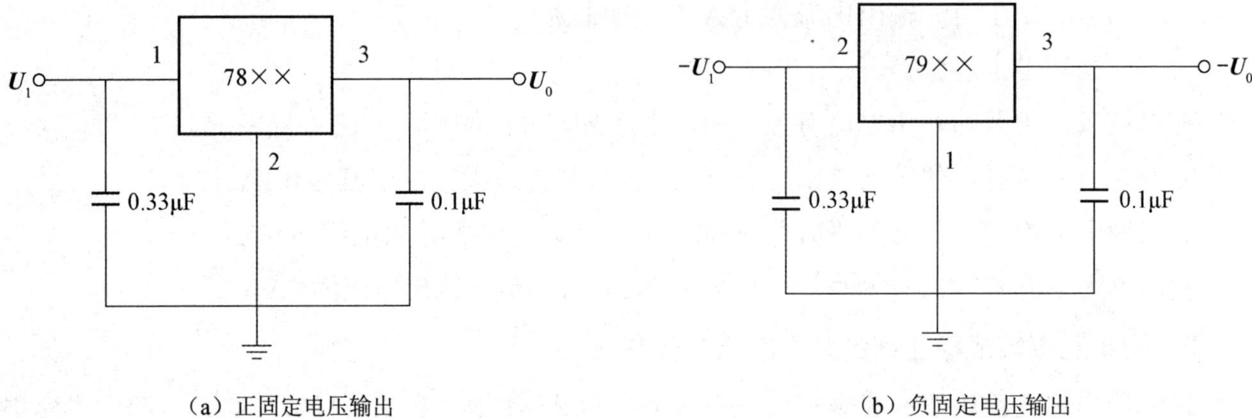

（a）正固定电压输出　　（b）负固定电压输出

图 4-13　固定三端集成稳压器的常见应用电路

为了保证稳压性能，使用三端集成稳压器时，输入电压与输出电压相差至少 2V，但也不能太大，太大会增大元器件本身的功耗从而损坏元器件。在输入端与公共端之间、输出端与公共端之间分别接了 0.1μF 左右的电容，可以防止自激振荡。

知识链接 4　继电器

继电器（Relay）是一种电控制器件，是当输入量（激励量）的变化达到规定要求时，在电气输出电路中使被控量发生预定的阶跃变化的一种电器。它具有控制系统（又称输入回路）和被控制系统（又称输出回路）之间的互动关系。它通常应用于自动化的控制电路中，实际上是用小电流控制大电流运作的一种“自动开关”，故在电路中起着自动调节、安全保护、转换电路等作用。继电器的实物图如图 4-14 所示。

图 4-14　继电器的实物图

因为继电器是由线圈和触点组两部分组成的，所以继电器在电路图中的图形符号也包括两部分：一个长方形框表示线圈，一组触点符号表示触点组。当触点不多、电路比较简单时，往往将触点组直接画在线圈框的一侧，这种画法叫作集中表示法。

继电器线圈在电路中用一个长方形框符号表示，如果继电器有两个线圈，就画两个并列的长方形框。同时在长方形框内或长方形框旁标上继电器的文字符号“J”。继电器的触点有两种表示方法：一种是将它们直接画在长方框一侧，这种表示方法较为直观。另一种是按照电路连接的需要，将各个触点分别画到各自的控制电路中，通常在同一继电器的触点与线圈旁分别标注上相同的文字符号，并将触点组编上号码，以示区别。

1．继电器触点的形式

继电器的触点有以下 3 种基本形式。

（1）动合型（常开）（H 型）：线圈不通电时两个触点是断开的，通电后两个触点闭合，用“合”字的拼音首字母“H”表示。

（2）动断型（常闭）（D 型）：线圈不通电时两个触点是闭合的，通电后两个触点断开，用“断”字的拼音首字母“D”表示。

（3）转换型（Z 型）：这是触点组型。这种触点组共有 3 个触点，即中间是动触点，上下各一个静触点。线圈不通电时，动触点和其中一个静触点断开，另一个静触点闭合；线圈通电后，动触点移动，使原来断开的触点闭合、原来闭合的触点断开，达到转换的目的。这样的触点组称为转换触点，用“转”字的拼音首字母“Z”表示。

2．继电器的作用

继电器是具有隔离功能的自动开关元件，广泛应用于遥控、遥测、通信、自动控制、机电一体化及电力电子设备中，是最重要的控制元件之一。

继电器一般都有能反映一定输入变量（如电流、电压、功率、阻抗、频率、温度、压力、速度、光等）的感应机构（输入部分）；有能对被控电路实现“通”“断”控制的执行机构（输出部分）；在继电器的输入部分和输出部分之间，还有对输入量进行耦合隔离，以及对输出部分进行驱动的中间机构（驱动部分）。

作为控制元件，概括起来，继电器有以下几个作用。

（1）扩大控制范围。例如，多触点继电器控制信号达到某个定值时，可以按触点组的不同形式，同时换接、断开、接通多路电路。

（2）放大。例如，灵敏型继电器、中间继电器等，用一个很微小的控制量，可以控制很大功率的电路。

（3）综合信号。例如，当多个控制信号按规定的形式输入多绕组继电器时，经过比较、综合，达到预定的控制效果。

（4）自动、遥控、监测。例如，自动装置上的继电器与其他电器一起，可以组成程序控制线路，从而实现自动化运行。

继电器一般由铁芯、线圈、衔铁、触点、弹簧等组成，其工作原理如图 4-15 所示，只要在线圈两端加上一定的电压，线圈中就会流过一定的电流，从而产生电磁效应，衔铁就会在电磁力吸引的作用下克服弹簧的拉力吸向铁芯，从而带动衔铁的动触点与静触点（常开触点）吸合。当线圈断电后，电磁的吸力也随之消失，衔铁就会在弹簧的反作用力下返回原来的位置，使动触点与原来的静触点（常闭触点）释放，这样就达到了导通、切断的目的。对于继电器的“常开”“常闭”触点，可以这样区分：继电器线圈未通电时，处于断开状态的静触点称为“常开触点”，处于接通状态的静触点称为“常闭触点”。继电器一般有两条电路，即低压控制电路和高压工作电路。

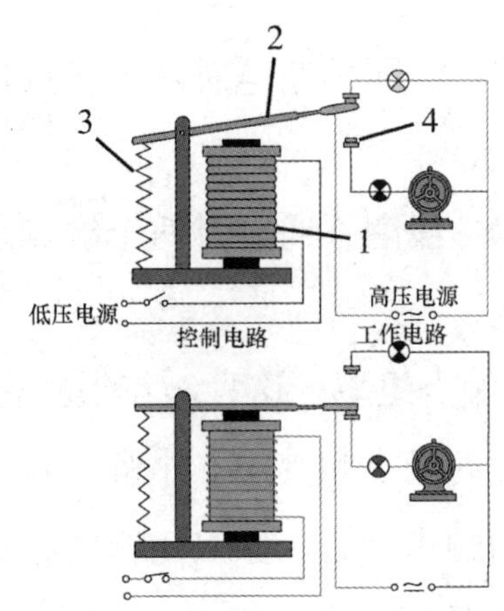

1—电磁铁；2—衔铁；3—弹簧；4—触点。

图 4-15　继电器的工作原理

3．继电器的检测

继电器的检测方法如下。

（1）测线圈电阻：可用万用表的“$R\times10$”挡测量继电器线圈的阻值，从而判断该线圈是否存在开路现象。继电器线圈的阻值和它的工作电压及工作电流有非常密切的关系，通过线圈的阻值可以计算出它的使用电压及工作电流。

（2）测触点电阻：用万用表的电阻挡测量常闭触点与动点电阻，其阻值应为 0，若电阻大或不稳定，则说明触点接触不良；而常开触点与动点的阻值应为无穷大，若有电阻值，则为触点粘连。由此可以区别出哪个是常闭触点，哪个是常开触点，以及继电器是否良好（尤其是用过的继电器）。

（3）测量吸合电压和吸合电流：用可调稳压电源和电流表给继电器输入一组电压，且在供电回路中串入电流表进行监测。慢慢调高电源电压，听到继电器吸合声时，记下该吸合电压和吸合电流。

（4）测量释放电压和释放电流：像上述那样连接测试，当继电器发生吸合后，逐渐降低供电电压，当听到继电器再次发出释放声音时，记下此时的电压和电流。一般情况下，继电器的释放电压为吸合电压的 10%～50%，若释放电压太低（小于 1/10 的吸合电压），则不能正常使用，因为这会对电路的稳定性造成威胁，使工作不可靠。

任务二　多功能控制器的调试

一、多功能控制器的功能介绍

多功能控制器是一种通过声光、触摸、磁控制灯亮灭，并有声音报警的装置，由直流供电电路、声光传感控制电路、门电路、放大电路、555 单稳态触发电路、可控硅相关电路等构成。多功能控制器的功能：当光线弱且驻极体话筒有声音信号输入时，实现声光报警；当有磁体靠

近干簧管时，实现声光报警；当触摸焊盘时，实现声光报警；具有延时功能，报警延时一段时间后，自动停止。

二、多功能控制器电路的工作原理

多功能控制器由电源电路、声光传感控制电路、与非门电路 CD4011、或门电路 74LS32、单稳态触发器电路、可控硅电路等组成。

交流电压 9V 经过 VD_1～VD_4 桥式整流、C_1 和 C_2 滤波后得到直流 11V 电压，经过 U_1（LM7805）稳压后输出直流 5V 给后面的电路供电。

声光传感控制功能：白天光线强时，光敏电阻 R_8 的阻值较小，压降低，即与非门 U_2 A 的输入端 2 为低电平，此时另一个输入端 1 不管输入何种电平，输出端 3 始终为高电平，那么 U_2 B 的输出端 4 为低电平，对后面的或门电路 U_3 A 不起作用。当晚上光线暗时，光敏电阻 R_8 的阻值很大，压降也高，即 U_2 A 的输入端 2 为高电平，当驻极体话筒 MK_1 没有感应到声音时，VT_1 饱和导通，集电极输出低电平，即 U_2 A 的输入端 1 为低电平，那么根据与非门的功能，U_2 A 的输出端 3 输出的还是高电平，与上述功能一致。当环境中有声音发出时，MK_1 感应后导致 V_1 瞬间截止，集电极输出高电平，即 U_2 A 的输入端 1 为高电平，此时与非门 U_2 A 的两个输入端均为高电平，输出端 3 输出低电平，U_2 B 的输出端 4 输出高电平，或门电路 U_3 A 的输入端 1 为高电平，于是或门输出端 3 也为高电平，与非门 U_2 C 输出端 10 为低电平，该电平加到由 NE555 组成的单稳态触发电路的输入端（引脚 2），使得输出端 Q（引脚 3）输出高电平，发光二极管 LED_2 被点亮，蜂鸣器 FMQ 发声，三极管 VT_2、VT_3 导通，继电器 K_1 动作，可控硅 VD_5 控制极获得了触发电平后导通，使得接在 J_2 处的灯被点亮，经过一小段时间后，单稳态电路恢复稳定状态，输出端 Q 变为低电平，LED_2 熄灭，FMQ 停止发声，继电器 K_1 复位，VD_5 截止，灯熄灭。

触摸功能：当用手触摸电路板上的裸露焊盘时，由于人体的静电效应，因此电阻 R_{11} 的电压上升为高电平，即或门电路 U_3 A 的输入端 2 为高电平，输出端 3 也为高电平，此时后面电路的功能与前面描述的晚上光线暗发出声音的功能一致。

磁控功能：当有磁铁物质靠近 S_2 处的干簧管时，其内部的舌簧片变形短路，使得 NE555 单稳态电路输入端（第 2 脚）直接接地为低电平，输出端 Q 跳变为高电平，于是 LED_2、FMQ 声光报警，继电器 K_1 动作，可控硅 VD_5 导通，灯发光，与触摸功能一致，直到磁铁离开干簧管一段时间，电路才复位。

知识链接 5　集成芯片 NE555

集成芯片 NE555（简称 NE555）（Timer IC）为 8 引脚时基集成电路，在 1971 年由 Signetics Corporation 发布，在当时是唯一非常快速且商业化的 Timer IC（时基集成电路），在以后的 40 年中使用得非常普遍，且延伸出许多应用电路。NE555 的实物图如图 4-16 所示。

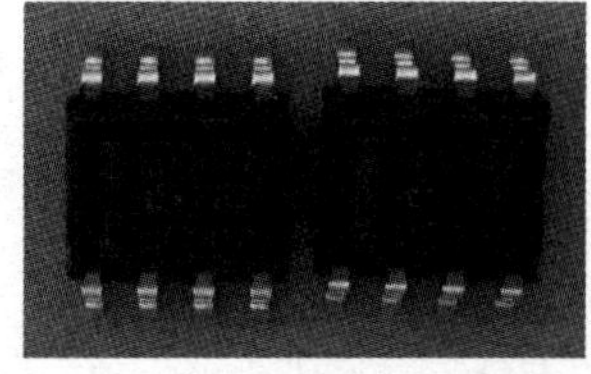

图 4-16　NE555 的实物图

NE555 属于 555 系列的计时 IC 中的一种型号，555 系列 IC 的引脚功能及运用都是兼容的，只是型号不同、价格不同，其稳定度、省电性能、可产生的振荡频率也不相同。而 555 是一个用途广泛且相当普遍的计时 IC，只需少数的电阻和电容，便可产生电路所需的各种不同频率的脉冲信号。

1. NE555 的特点

（1）只需简单的电阻和电容，即可实现特定的振荡延时功能。其延时范围极广，可由几微秒至几小时。

（2）操作电源范围极大，可与 TTL、CMOS 等逻辑电路配合，即它的输出电平及输入触发电平均能与这些系列逻辑电路的高、低电平匹配。

（3）输出端的供给电流大，可直接推动多种自动控制的负载。

（4）计时精确度高、温度稳定度好，且价格便宜。

2. NE555 的结构

NE555 的内部结构图如图 4-17 所示。

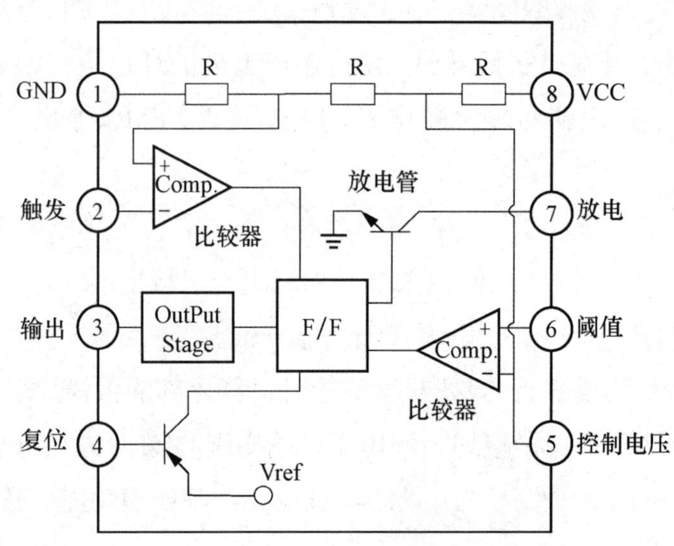

图 4-17　NE555 的内部结构图

引脚 1（接地端）：地线（或公共接地）通常被连接到电路的共同接地端。

引脚 2（触发端）：可触发 NE555 启动时间周期，触发信号上限电压须大于 $2/3U_{CC}$，下限电压须小于 $1/3U_{CC}$。

引脚 3（输出端）：当时间周期启动后，此引脚输出比电源电压低 1.7V 的高电位，时间周期结束后输出 0V 左右的低电位。在高电位时，最大输出电流约为 200mA。

引脚 4（复位端）：当一个逻辑低电位送至此引脚时，NE555 复位，引脚 3 的输出为低电平。它通常接正电源或忽略不用。

引脚 5（控制电压端）：此引脚若外接电压，则可改变内部两个比较器的基准电压。当定时器在稳定或振荡方式下，此引脚可用于改变或调整输出频率。

引脚 6（阈值端）：重置锁定并使输出呈低态。当此引脚电压从 $1/3U_{CC}$ 以下升至 $2/3U_{CC}$ 以上时触发 NE555，引脚 3 输出低电平。

引脚 7（放电端）：此引脚和输出引脚 3 有相同的电流输出能力。

引脚 8（VCC，正电源电压端）：供电电压的范围是 4.5～16V。

NE555 的作用范围很广，但一般应用于单稳态多谐振荡器（Monostable Multivibrator）及无稳态多谐振荡器（Astable Multivibrator）。

知识链接 6　集成芯片 74LS32

74LS32 由 4 个 2 输入端或门电路构成，其实物和内部结构图如图 4-18 所示。以集成芯片有缺口的一侧为左端，左下为引脚 1，以此类推，左上为引脚 14。

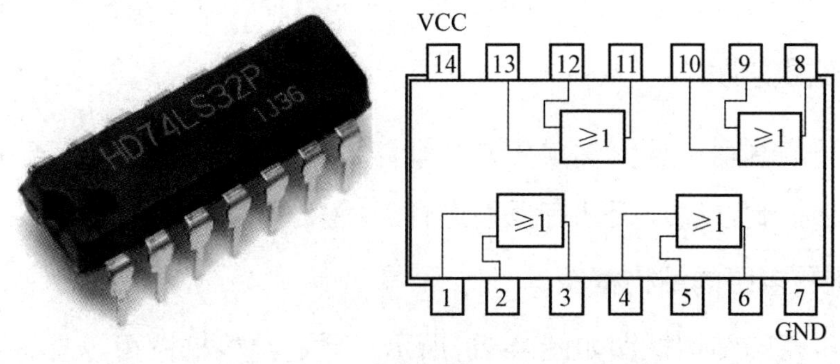

图 4-18　74LS32 的实物和内部结构图

74LS32 为 14 引脚集成芯片，引脚 14 为电源 VCC、引脚 7 为接地 GND，引脚 1、引脚 2，引脚 4、引脚 5，引脚 9、引脚 10 和引脚 12、引脚 13 分别为 4 个或门电路的输入端，引脚 3、引脚 6、引脚 8、引脚 11 分别为 4 个或门电路的输出端。每个或门电路相互独立，互不干扰。当有 1 个输入端输入高电平时，其对应的输出端输出高电平。当有 2 个输入端同时输入低电平时，其对应的输出端输出低电平。

知识链接 7　集成芯片 CD4011

集成芯片 CD4011（简称 CD4011）是应用非常广泛的数字集成芯片之一，其实物和内部结构图如图 4-19 所示。它内部含有 4 个独立的 2 输入端与非门，其逻辑功能是输入端全部为“1”时，输出为“0”；输入端只要有“0”，输出就为“1”；当 2 个输入端都为“0”时，输出为“1”。

图 4-19　CD4011 的实物和内部结构图

CD4011 内部由 4 组与非门构成，引脚 14 为电源端，引脚 7 为接地端。引脚 1、引脚 2、引脚 3 是 1 组与非门，只有引脚 1、引脚 2 同时输入高电平，引脚 3 才输出低电平；当引脚 1、引脚 2 的输入为其余状态时，引脚 3 都输出高电平。另外 3 组与非门在电路中为反相器，即引脚 11 和引脚 3 的输出是相反的，引脚 3 为高电平时，引脚 11 为低电平；引脚 3 为低电平时，引脚 11 为高电平。在声光控电路中，引脚 1 外接光控，引脚 2 用于触发延时。

CD4011 属于数字电路，当将它的 1 组与非门的 2 个输入端相连时，这 1 组与非门就变成了 1 个非门。其特点是输入为高电平时，输出为低电平；输入为低电平时，输出为高电平。

【新技术】先进开关控制技术——智能开关、智能网络开关（见本书配套的电子资料包）。

三、多功能控制器的调试

正确调试多功能控制器，使其实现正常的功能，在调试过程中重点调试当有声光、触摸、磁信号输入时，能够控制灯亮、灭并有报警声音。

1. 多功能控制器电路的结构框图

多功能控制器电路的结构框图如图 4-20 所示，通过结构框图可以理解各部分电路之间的关系及相互作用。

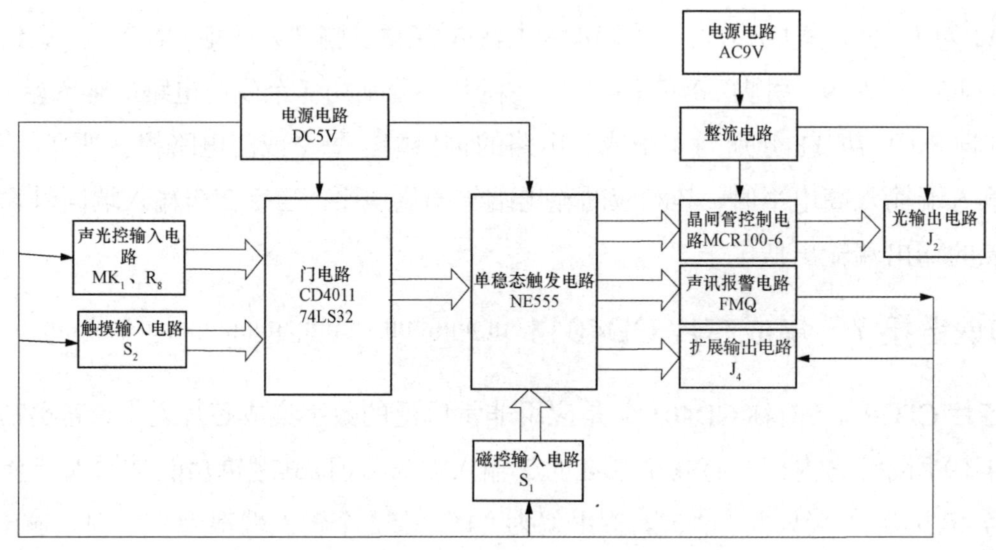

图 4-20　多功能控制器电路的结构框图

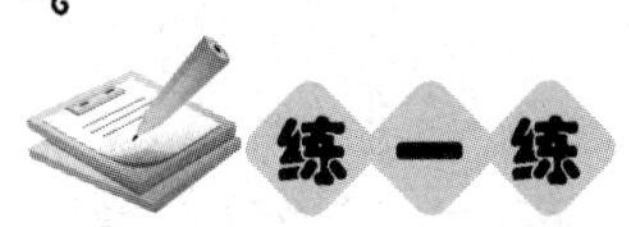

请找到各功能电路的核心元器件，并将其填入表 4-7 中。

表 4-7 核心元器件

功 能 电 路	核心元器件
声光控输入电路	
触摸输入电路	
门电路	
单稳态触发电路	
磁控输入电路	
光输出电路	

2．参数检测

请将测量后的参数填到表 4-8 中。

表 4-8 参数检测表

测 试 点	电 位	参 考 值	测 试 点	电 位	参 考 值
LM7805 引脚 1		11V	CD4011 引脚 14		5V
LM7805 引脚 3		5V	74LS32 引脚 7		0V
NE555 引脚 2（无信号输入时）		5V	NE555 引脚 3（声光报警时）		3.5V

任务三 多功能控制器常见故障的检修

对多功能控制器电路进行检测，首先要熟悉其电路的组成部分，每部分由什么电路构成，然后研究单个电路的工作原理。本任务将研究多功能控制器比较常见的故障现象、检修方法和典型故障分析。

一、检修方法

多功能控制器常见故障的检修主要采用以下几种方法。

1．先观察后检测

先观察电路板、元器件外观有无明显裂痕、缺损、焊接缺陷、安装错误等。如果发现元器件或电路板没有明显故障，那么再对电路参数进行测量，进一步排查故障。

2．先静态后动态

在设备未通电时，判断电源端是否存在短路。通电试验，测量电源、芯片、三极管、稳压电源等重要元器件供电是否正常。

3．电压测量法

用万用表直流电压挡检测电源部分输出的各种直流电压、晶体管各极对地直流电压、集成电路各引脚对地直流电压、关键点的直流电压等。一般情况下，参考点以接地端为标准。测量时需要注意电路的并联效应及电表对电路的影响，有时某个元器件电压失常，并不一定是这个元器件损坏，有可能是相邻元器件发生故障引起的。

4．“顺藤摸瓜”故障点定位法

“顺藤摸瓜”故障点定位法是一种电路故障的检测思路，主要用于定位故障点，是各种故障检测手段的综合运用。在电路中可以将元器件看成“瓜”，电路是串起这些元器件的“藤”。根据故障现象判断疑似故障元器件，对疑似故障点进行检测，若不存在故障，则沿着电路对周边元器件逐一进行检测；若电路是信号传输电路，则沿着信号流向逆流而上逐级检测至信号源，检测过程中常用的是电压测量法，通过电压测量法判断元器件供电或信号数值是否正常。在使用“顺藤摸瓜”故障点定位法定位故障点的过程中，可以将电路中的元器件按照故障率进行分类，优先检查故障率高的元器件。例如，电阻的故障率比较低，可以后检查，三极管的故障率相对电阻较高，可以优先检查，也可以根据电路功能进行检查。例如，在通电状态下，无论输入何种信号，都没有声光报警，可以优先检查输出及显示电路和电源电路，这样可以大大提高电路检测效率。

5．替换法

对于非常可疑的故障点，若条件允许，则用一个正常的元器件直接进行替换。若替换后功能正常，则说明故障点判断正确；若替换后功能不正常，则说明故障点判断失误。这种方法对于处理简单的故障方便快捷，经常使用。例如，若判断出电路中某个集成芯片可能存在故障，致使电路板不能正常工作，则可以采用替换法，换上新的同型号集成芯片，若电路板正常工作，则说明此集成芯片损坏。

二、典型故障分析

故障 1：无论输入何种控制信号，均无声光报警

在多功能控制器通电后，电路板上的电源指示灯被点亮，无论输入何种控制信号，均无声光报警。

（1）故障原因分析。

根据故障现象可以判断该电路板的门电路或单稳态触发电路出现故障。因为电路板通电后，电源指示灯被点亮，证明该电路板的电源电路没有问题。声光、触摸、磁控制信号都是单独输

入的，声光报警都是单独输出的，不同输入端、输出端一起出现故障的可能性比较小，因此可以判定是门电路或单稳态触发电路故障。具体故障位置的确定还需要用电压测量法来判断。

（2）故障位置（元器件）的判定。

此时利用电压测量法来判断故障位置。利用万用表测量有控制信号输入时和无控制信号输入时 NE555 的引脚 2 的电压变化，若没有控制信号输入时，NE555 的引脚 2 的电压为高电平，有控制信号输入时，NE555 的引脚 2 的电压为低电平，则证明门电路没有问题。若测量结果相反，则证明 73LS32 发生故障，对其进行更换即可。利用万用表测量有控制信号输入时和无控制信号输入时 NE555 的引脚 3 的电压变化，若没有控制信号输入，NE555 的引脚 3 的电压为低电平，有控制信号输入时，NE555 的引脚 3 的电压为高电平，则证明 NE555 没有问题，需要对输出及显示电路进行检测。若测量结果相反，则证明 NE555 损坏，需要对其进行更换。

故障 2：无论输入何种控制信号均有声音报警，但灯都不亮

（1）故障原因分析。

依据故障现象进行分析可以看出，电路板的电源电路、信号输入电路、门电路、单稳态触发电路均没有问题，蜂鸣器也能正常报警，证明声光电路没有问题，因此应重点检测电路与小灯泡是否正常。

（2）故障位置（元器件）的判定。

首先对易损件小灯泡进行观察，若小灯泡损坏，则更换小灯泡。若小灯泡没有损坏，则利用万用表测量有控制信号输入时，小灯泡两端是否有电压。若有电压，则证明小灯泡底座损坏。若没有电压，则检查可控硅电路的电阻值是否正确，若正确，没有焊接问题，则证明 MCR100-6 损坏，应重点对其进行检测、更换。

故障 3：声光控和触摸控制声光报警正常，磁控无法触发声光报警

（1）故障原因分析。

根据故障现象可以判断是电路板的磁控输入电路出现故障。

（2）故障位置（元器件）的判定。

磁控输入电路的核心元器件和易损件就是干簧管，需要重点检测干簧管是否发生故障，对故障干簧管进行更换即可。

项目评价

一、装配评价

请按照表 4-9 中的评价内容，对自己的装配进行评价。

表 4-9　装配评价表

评 价 项 目	评 价 细 则
电路焊接	元器件极性是否正确
	元器件的装配位置是否正确
	元器件的装配工艺是否正确
	是否存在虚焊、桥接、漏焊、毛刺
	是否存在焊盘翘起、脱落
	是否损坏元器件
	引脚剪脚高度是否符合要求
成品的装配	光控元器件安装高度是否符合要求
	发光小灯泡的安装位置是否符合标准
	两端交流电源接线是否牢固
成品的测试	功能一切正常
	声光控制功能失常
	触摸控制功能失常
	磁控制功能失常
	通电后输入任何控制信号均无声光报警
	通电后输入任何控制信号有声音报警，灯不亮
	通电后输入任何控制信号灯亮，无声音报警
安全	是否存在违反操作流程或规范的操作

二、调试与检修评价

填写调试与检修评价表（见表 4-10）。

表 4-10　调试与检修评价表

产品名称			
调试与检修日期		故障电路板号	
故障现象			
故障原因			
检修内容			
材料应用	材料名称	型　号	数　量

续表

检修员签字		复检员签字	
检修结果		评分	

三、6S 工作规范评价

请在表 4-11 中对完成本任务的 6S 工作规范进行评价。

表 4-11 6S 工作规范评价表

评价项目	整理	整顿	清扫	清洁	素养	安全
评分						

拓展延伸

随着社会的不断进步和科学技术、经济的不断发展，人们的生活水平得到很大的提高，人们的私有财产也不断增多，因而对防盗措施提出了新的要求。防盗措施从现代人们的住宅正逐步向群体花园式住宅区发展、向高空中发展，一个住宅区有几栋至几十栋楼，因而对家庭防盗报警器提出了更高的要求。

防盗报警器是通过物理方法或电子技术产生报警功能的一种电子设备，它主要由防盗报警主机与防盗报警配件共同组成。在使用过程中，防盗报警器通常由防盗报警配件探测发生在布防监测区域内的入侵行为，或者由配件主动触发，产生报警信号，报警信号被传输给报警主机，由报警主机发出报警提示。

防盗报警器的报警提示一般分为两种：一种是现场报警，另一种是通过网络或通信方式将报警信息传达给指定的人或系统。防盗报警系统是预防抢劫、盗窃等意外事件的重要设施。一旦发生突发事件，就能通过声光报警信号在安保控制中心准确地显示出事地点，便于迅速采取应急措施。防盗报警系统与出入口控制系统、闭路电视监控系统、访客对讲系统和电子巡更系统等一起构成了安全防范系统。

防盗报警系统通常由探测器（又称报警器）、传输通道和报警控制器 3 部分构成。探测器是由传感器和信号处理电路组成的，用来探测入侵者的入侵行为，是防盗报警系统的关键点，而传感器又是探测器的核心元件，不同原理的传感器件可以构成不同种类、不同用途、达到不同探测目的的探测器。

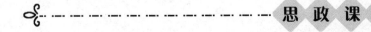

思政课堂

民族自信：我国强大的智能控制行业

巩固练习

1. 干簧管也称________或__________，是一种磁敏的特殊开关，是干簧继电器和接近开关的主要部件。

2. 单向可控硅三极晶闸管 MCR100-6 用于继电器与灯的控制、小型马达控制、_________、传感与检测电路等。

3. 三端集成稳压器是一种____________稳压器，内部设有过热、过流和过压保护电路。

4. 继电器是一种___________器件。

5. 本项目的多功能控制器具有__________、________、_________的控制功能。

6. 简述干簧管的优点及缺点。

7. 简述 LM7805 在电路中的作用。

8. 简述继电器的工作原理。

9. 请绘制 74LS32 和 CD4011 的内部结构图。

10. 请绘制多功能控制器的电路功能框图，并简述电路的工作过程。

项目五

数字钟的装调与应用

数字钟是一种利用数字电路来显示秒、分、时的计时装置，与传统的机械钟相比，它具有走时准确、显示直观、无机械传动装置等优点，因而被广泛用于家庭、车站、码头、剧院、办公室等场所，为人们的生活、学习、工作、娱乐带来极大的方便。数字钟的实物图如图 5-1 所示。

图 5-1　数字钟的实物图

本项目的数字钟如图 5-2 所示。数字钟能进行精确的秒、分、时的计数及显示，并具有校时功能。数字钟主要使用晶振电路产生 1Hz 的脉冲，利用十进制计数器搭建六十进制计数器和二十四进制计数器，使用译码器和数码管进行显示，使用开关进行校时。项目流程及主要知识技能如图 5-3 所示。

图 5-2　本项目的数字钟

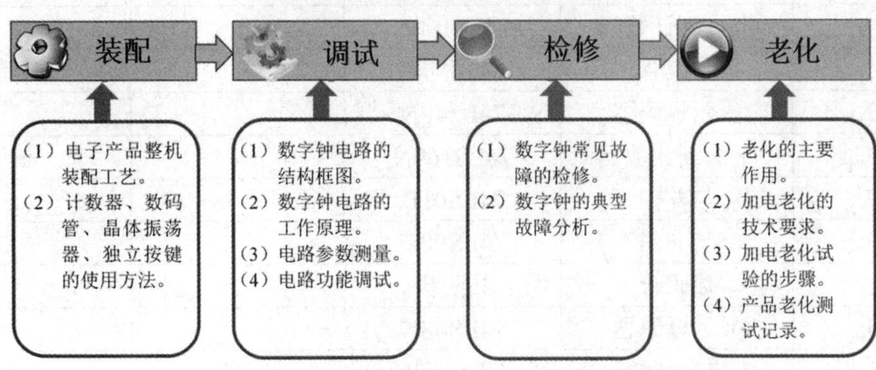

图 5-3　项目流程及主要知识技能

项目实施

任务一 数字钟的装配

一、来料检查

根据元器件清单，清点并检测元器件和功能部件，将检测结果记录到表5-1的“检测结果”一栏中，“√”代表合格，“×”代表不合格。如果不合格，请在“备注”栏写出判断依据。

表5-1 元器件清单

序号	标称	名称	规格	检测结果	备注
1	R_1	电阻	1kΩ		
2	R_2	电阻	10MΩ		
3	R_3	电阻	120kΩ		
4	R_4	电阻	30kΩ		
5	R_5	电阻	20kΩ		
6	R_6	电阻	20kΩ		
7	C_1	电容	20pF		
8	C_2	电容	0.1μF		
9	C_3	电容	0.1μF		
10	C_4	电容	20pF		
11	VT_1	三极管	2N3055G		
12	U_1	数码管	共阴极		
13	U_2	显示译码器	74LS48N		
14	U_3	十进制计数器	74LS160N		
15	U_4	数码管	共阴极		
16	U_6	显示译码器	74LS48N		
17	U_7	十进制计数器	74LS160N		
18	U_8	与非门	74LS00D		
19	U_9	数码管	共阴极		
20	U_{10}	显示译码器	74LS48N		
21	U_{11}	十进制计数器	74LS160N		
22	U_{12}	数码管	共阴极		
23	U_{13}	显示译码器	74LS48N		
24	U_{14}	十进制计数器	74LS160N		
25	U_{15}	与非门	74LS01D		
26	U_{16}	与非门	74LS00D		
27	U_{17}	数码管	共阴极		
28	U_{18}	显示译码器	74LS48N		
29	U_{19}	十进制计数器	74LS160N		

续表

序　号	标　称	名　称	规　格	检测结果	备　注
30	U_{20}	数码管	共阴极		
31	U_{21}	显示译码器	74LS48N		
32	U_{22}	十进制计数器	74LS160N		
33	U_{23}	与非门	74LS20N		
34	U_{24}	与非门	74LS01D		
35	U_{25}	与非门	74LS20N		
36	U_{26}	数码管	共阴极		
37	U_{27}	显示译码器	74LS48N		
38	U_{28}	十进制计数器	74LS160N		
39	U_{31}	或门	74LS32D		
40	U_{32}	与门	74LS08D		
41	U_{33}	与非门	74LS00N		
42	U_{34}	非门	74LS04N		
43	U_{35}	与门	74LS08N		
44	U_{37}	二进制计数器	74LS161N		
45	U_{38}	与非门	74LS00D		
46	U_{39}	分频器	4060BD		
47	U_{40}	触发器	74LS74D		
48	X_1	晶振	R38-32.768kHz		
49	LS_1	蜂鸣器	1500Hz		
50	S_1	开关	—		
51	S_2	开关	—		
52	S_3	开关	—		
53	S_4	开关	—		
54	S_5	开关	—		
55	S_6	开关	—		

二、电路装配

根据图 5-4 所示，将元器件和电路附件正确地装配在 PCB 上。

1. 贴片元器件的焊接工艺评价标准

贴片元器件的焊接工艺评价标准如表 5-2 所示

表 5-2　贴片元器件的焊接工艺评价标准

评价等级	评价标准
A 级	所焊接的元器件的焊点适中，无漏焊、假焊、虚焊、连焊，焊点光滑、圆润、干净，无毛刺，焊点基本一致，没有歪焊
B 级	所焊接的元器件的焊点适中，无漏焊、假焊、虚焊、连焊，但 1～2 个元器件有以下现象：有毛刺，不光亮，或出现歪焊
C 级	3～5 个元器件有漏焊、假焊、虚焊、连焊，或有毛刺，不光亮，或出现歪焊
D 级	超过 6 个元器件有漏焊、假焊、虚焊、连焊，或有毛刺，不光亮，或出现歪焊
E 级	完全没有贴片焊接

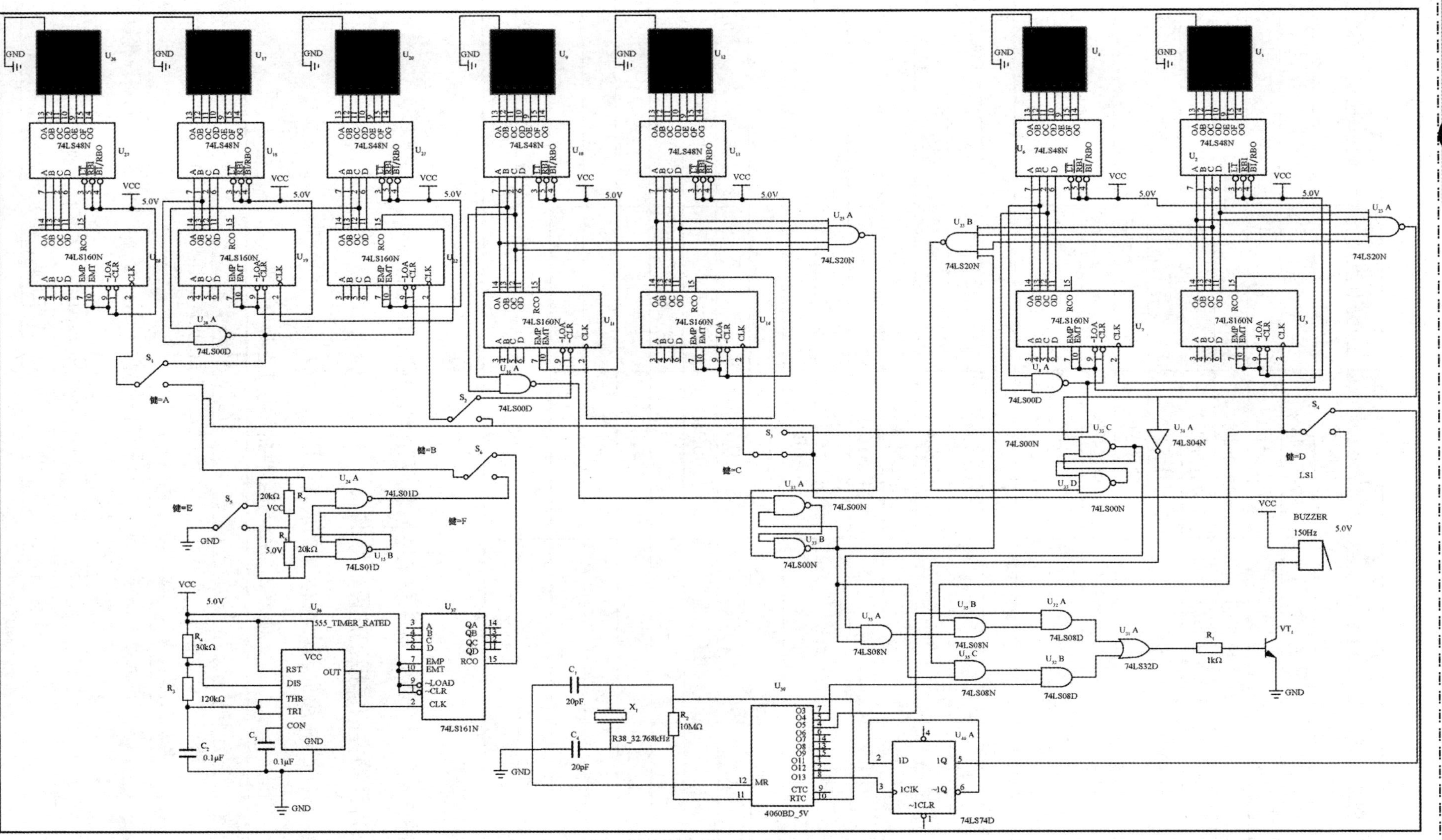

图5-4 数字钟电路的原理图

2．非贴片元器件的焊接工艺评价标准

非贴片元器件的焊接工艺评价标准如表 5-3 所示。

表 5-3　非贴片元器件的焊接工艺评价标准

评 价 等 级	评 价 标 准
A 级	所焊接的元器件的焊点适中，无漏焊、假焊、虚焊、连焊，焊点光滑、圆润、干净，无毛刺，焊点基本一致，引脚加工尺寸及成形符合工艺要求；导线长度、剥线头长度符合工艺要求，芯线完好，捻线头镀锡
B 级	所焊接的元器件的焊点适中，无漏焊、假焊、虚焊、连焊，但 1～2 个元器件有以下现象：有毛刺、不光亮，或导线长度、剥线头长度不符合工艺要求，或捻线头无镀锡
C 级	3～6 个元器件有漏焊、假焊、虚焊、连焊，或有毛刺、不光亮，或导线长度、剥线头长度不符合工艺要求，或捻线头无镀锡
D 级	超过 7 个元器件有漏焊、假焊、虚焊、连焊，或有毛刺、不光亮，或导线长度、剥线头长度不符合工艺要求，或捻线头无镀锡
E 级	超过五分之一（15 个以上）的元器件没有焊接在电路板上

3．电子产品的整机装配评价标准

电子产品的整机装配评价标准如表 5-4 所示。

表 5-4　电子产品的整机装配评价标准

评 价 等 级	评 价 标 准
A 级	焊接安装无错漏，电路板插件位置正确，元器件极性正确，接插件、紧固件安装可靠牢固，电路板安装对位；整机清洁无污物
B 级	元器件已焊接在电路板上，但 1～2 个元器件焊接安装错误；缺少 1～2 个元器件或插件；1～2 个插件位置不正确或元器件极性不正确；元器件、导线安装及标记方向不符合工艺要求；1～2 处出现烫伤、划伤或有污物
C 级	缺少 3～5 个元器件或插件；3～5 个插件位置不正确或元器件极性不正确；元器件、导线安装及标记方向不符合工艺要求；出现 3～5 处烫伤或划伤，有污物
D 级	缺少 6 个以上元器件或插件；6 个以上插件位置不正确或元器件极性不正确；元器件、导线安装及标记方向不符合工艺要求；出现 6 处以上烫伤或划伤，有污物

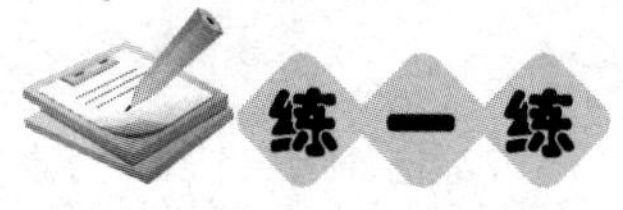

练一练

填写装配工艺过程卡片中的空项（见表 5-5）。

表 5-5　装配工艺过程卡片

项目	装配工艺过程卡片			工序名称		产品图号
				插件		PCB-20210625
标称（位号）	装入件及辅助材料			工艺要求	工　具	
	名　称	规　格	数　量			
U_{21}	集成电路	74LS48N	1		镊子、剪刀、电烙铁等常用装接工具	
U_{22}	集成电路	74LS160N	1			
U_{23}	集成电路	74LS20N	1			
Q_2	三极管	2N3055G	1			
C_2	电容	0.1μF	1			
C_3	电容	0.1μF	1			
R_1	电阻	1kΩ	1			

以上各元器件的插装顺序是：

图样：

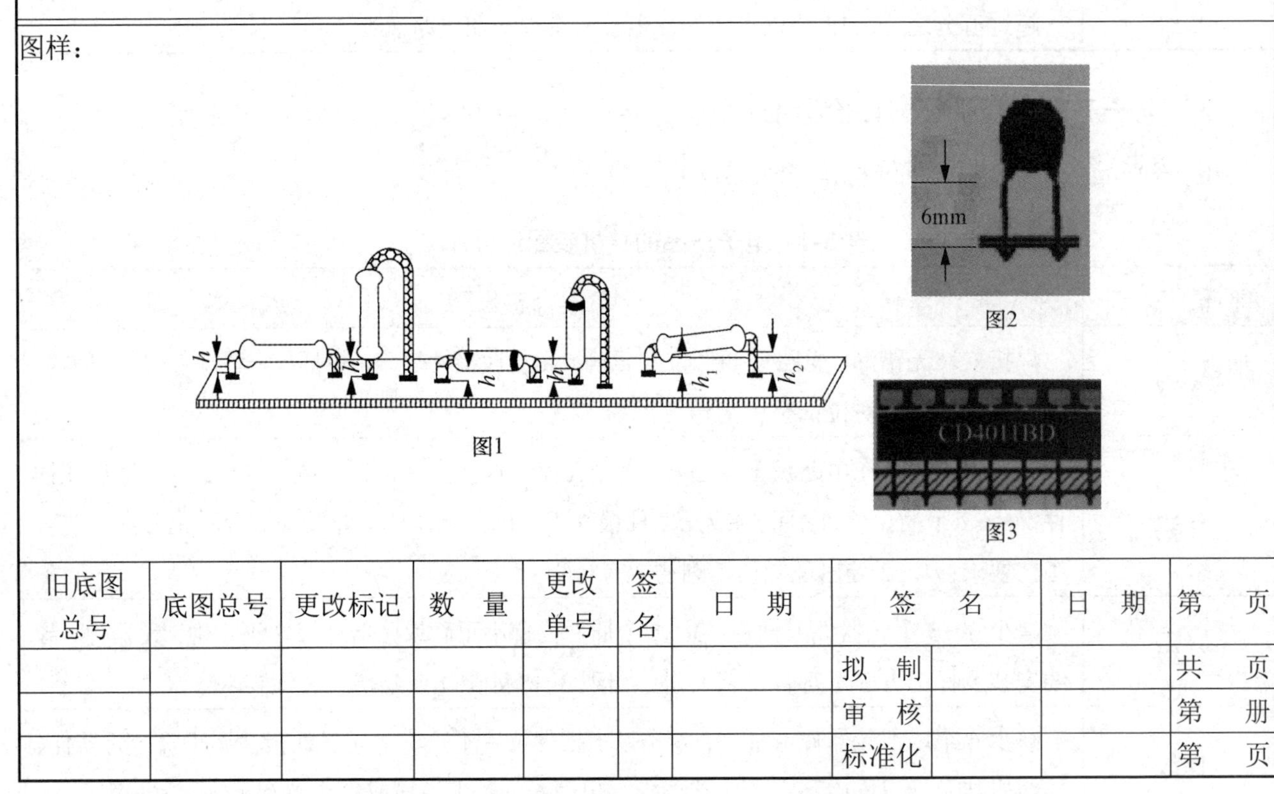

图1

图2

图3

旧底图总号	底图总号	更改标记	数　量	更改单号	签名	日　期	签　名		日　期	第　页
							拟　制			共　页
							审　核			第　册
							标准化			第　页

知识链接 1　计数器

计数器是一种能够积累并寄存输入脉冲（CP）个数的时序逻辑部件，不仅能用于计数，而且能用于分频、定时、产生节拍脉冲及进行数字运算等。计数器广泛应用于各种数字系统和电子计算机中。

1. 时序逻辑电路

时序逻辑电路的输出不但与当前的输入信号有关，而且与电路原来的状态有关。时序逻辑电路如图 5-5 所示。时序逻辑电路常用的电路类型有计数器和寄存器。

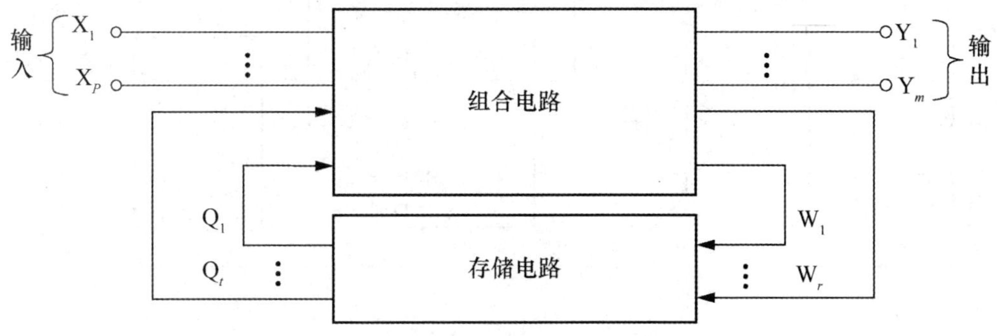

图 5-5　时序逻辑电路

在日常生活中，时序逻辑的实例很常见。例如，电梯的控制便是一个典型的时序逻辑问题。电梯的控制电路需要根据电梯内和各楼层入口处的按键信号，以及电梯当前的状态来决定电梯的升降，同时将电梯当前所处楼层信号输出到电梯内外。这里，按键信号和所到达的楼层信号是时序逻辑的"输入信号"，升降信号和到达楼层的显示则是其"输出信号"。显然，控制电路中必须具有存储单元，以记忆当前电梯所在的楼层。可以定义电梯目前所处楼层为现在的状态，简称"现态"，将要到达的楼层为下一个状态，简称"次态"，楼层的变换即"状态转换"。

电梯的升降不仅取决于当前各按键的输入信号，而且取决于电梯运转的历史状态。例如，电梯是从更低的楼层升上来的，若这时电梯内已有人按下更高楼层的按键，或更高的楼层有人召唤，电梯则应向高一层转换其状态而暂时忽略电梯内要求下楼的按键输入或低楼层的召唤信号。这种确定电梯状态如何转换的信号称为"激励信号"。

2. 计数器

计数器的分类如图 5-6 所示。

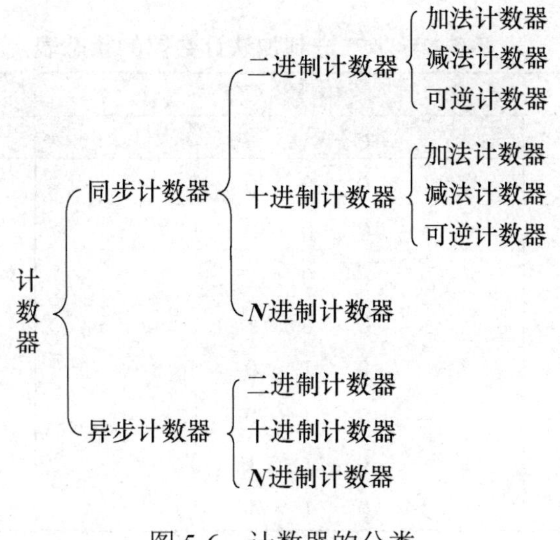

图 5-6　计数器的分类

（1）异步二进制加法计数器（4 位）如图 5-7 所示。

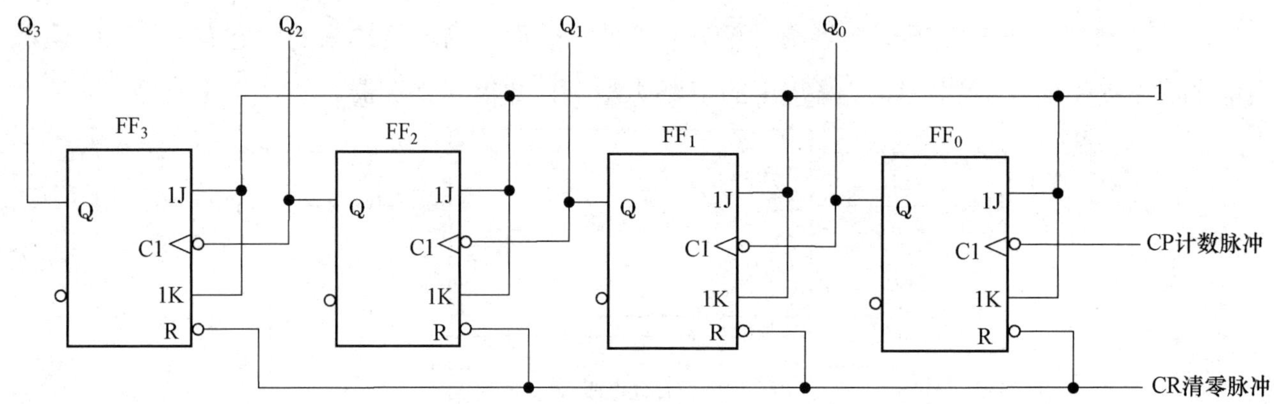

图 5-7　异步二进制加法计数器（4 位）

异步二进制加法计数器的时序图如图 5-8 所示。

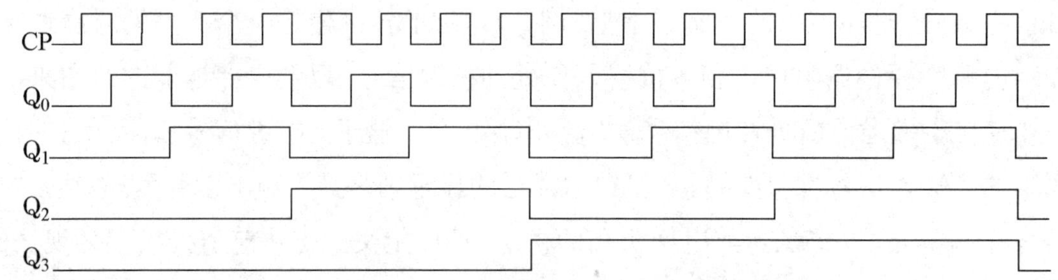

图 5-8　异步二进制加法计数器的时序图

4 个 JK 触发器都接成 T′触发器，前级的 Q 端输出作为后级的 CP 输入。

每到一个 CP（输入脉冲）的下降沿时，FF_0 向相反的状态翻转一次。

每当 Q_0 由 1 变为 0 时，FF_1 向相反的状态翻转一次。

每当 Q_1 由 1 变为 0 时，FF_2 向相反的状态翻转一次。

每当 Q_2 由 1 变为 0 时，FF_3 向相反的状态翻转一次。

异步二进制加法计数器的状态表如表 5-6 所示。

表 5-6　异步二进制加法计数器的状态表

计数脉冲序号	电路状态 Q_3 Q_2 Q_1 Q_0	等效十进制数
0	0　0　0　0	0
1	0　0　0　1	1
2	0　0　1　0	2
3	0　0　1　1	3
4	0　1　0　0	4
5	0　1　0　1	5
6	0　1　1　0	6
7	0　1　1　1	7

续表

计数脉冲序号	电路状态				等效十进制数
	Q_3	Q_2	Q_1	Q_0	
8	1	0	0	0	8
9	1	0	0	1	9
10	1	0	1	0	10
11	1	0	1	1	11
12	1	1	0	0	12
13	1	1	0	1	13
14	1	1	1	0	14
15	1	1	1	1	15
16	0	0	0	0	0

（2）同步十进制加法计数器如图 5-9 所示，其时序图如图 5-10 所示。

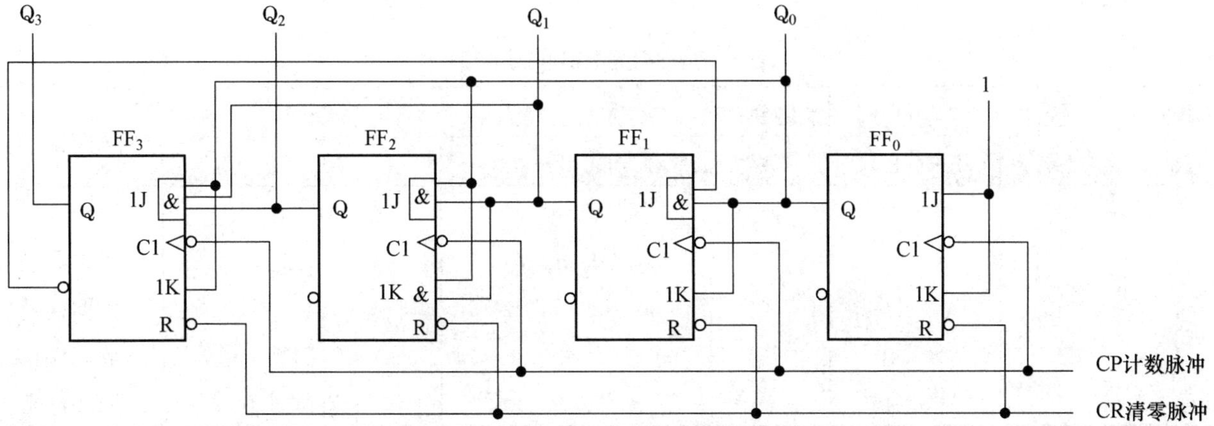

图 5-9　同步十进制加法计数器

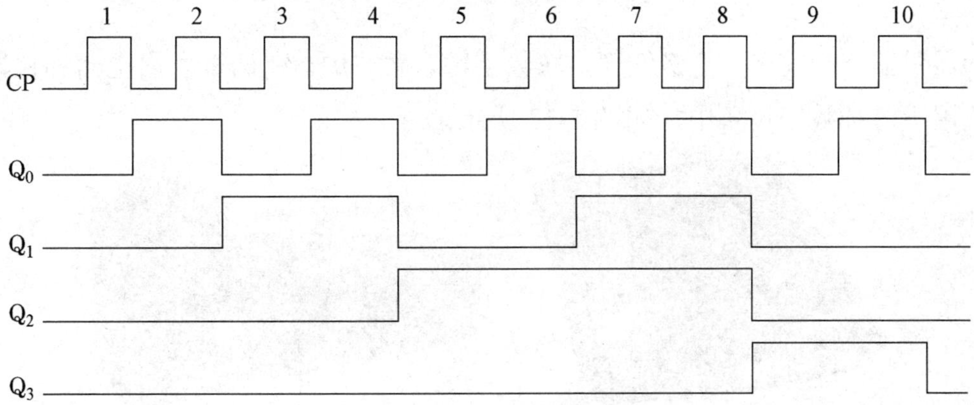

图 5-10　同步十进制加法计数器的时序图

电路中有 4 个触发器，因此它们的状态组合共有 16 种。而在 8421BCD 码计数器中只用了 10 种，这 10 种状态称为有效状态，其余 6 种状态称为无效状态。

3．集成同步十进制计数器 74LS160

集成同步十进制计数器 74LS160 简称 74LS160，74LS160 的引脚图如图 5-11 所示。

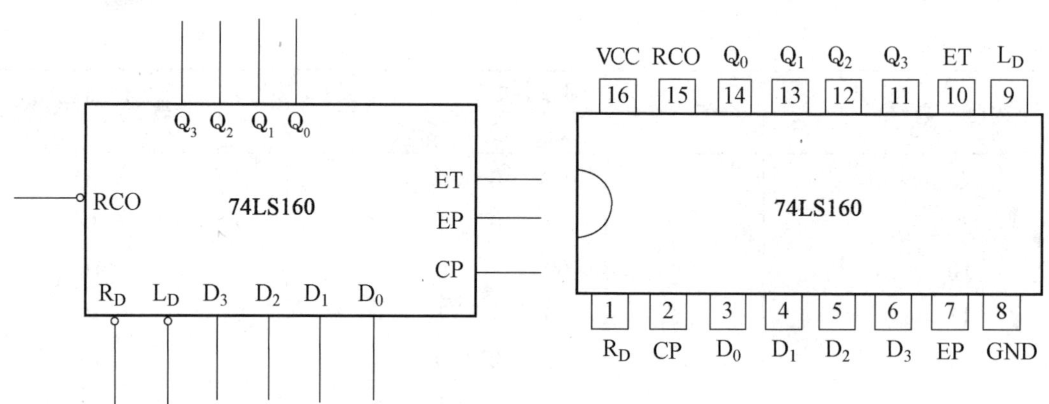

图 5-11　74LS160 的引脚图

中规模 74LS160 具有异步清零端 R_D，预制控制端 L_D，数据输入端 D_3、D_2、D_1、D_0，数据输出端 Q_3、Q_2、Q_1、Q_0，进位输出端 RCO，以及计数控制端 EP 和 ET。74LS160 的功能表如表 5-7 所示。

表 5-7　74LS160 的功能表

清零	预置	使能	时钟	预置数据输入	输出	工作模式
R_D	L_D	EP　ET	CP	D_3 D_2 D_1 D_0	Q_3 Q_2 Q_1 Q_0	
0	×	×　×	×	×　×　×　×	0　0　0　0	异步清零
1	0	×　×	↑	d_3 d_2 d_1 d_0	d_3 d_2 d_1 d_0	同步置数
1	1	0　×	×	×　×　×　×	保持	数据保持
1	1	×　0	×	×　×　×　×	保持	数据保持
1	1	1　1	↑	×　×　×　×	十进制计数	加法计数

知识链接 2　数码管

数码管显示器结构简单、价格低廉，在数字钟、微波炉、空调等家用电器和仪器仪表中广泛使用，还用于各种数字设备中，如图 5-12 所示。

图 5-12　数码管的应用

七段数码管是数字显示常用的器件，7 个显示段由 7 个条形的发光二极管（LED）构成。按顺时针方向，这 7 个显示段分别称为 a、b、c、d、e、f、g，再加上一个小数点 dp。点亮不同的显示段，就组合形成了数字 0～9 和一些字符。七段数码管如图 5-13 所示。七段数码管的引脚图如图 5-14 所示。

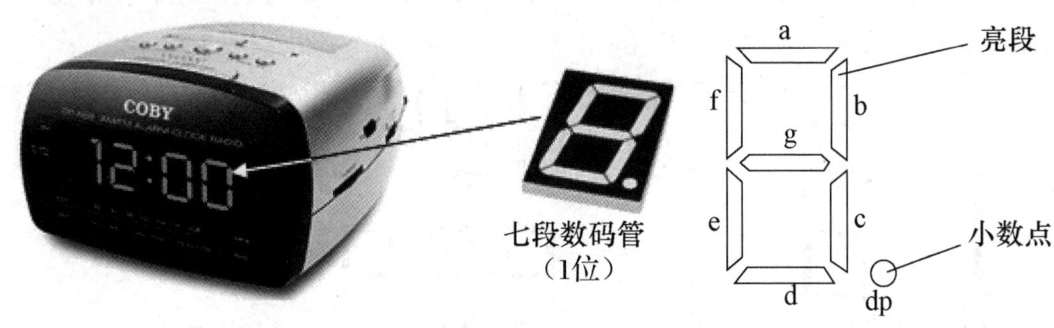

图 5-13　七段数码管

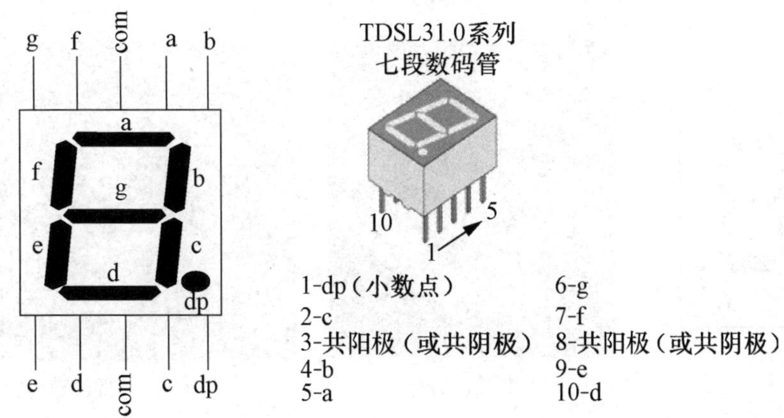

图 5-14　七段数码管的引脚图

根据 LED 公共端的连接方式不同，七段数码管分为共阳极和共阴极两种结构，如图 5-15 所示。

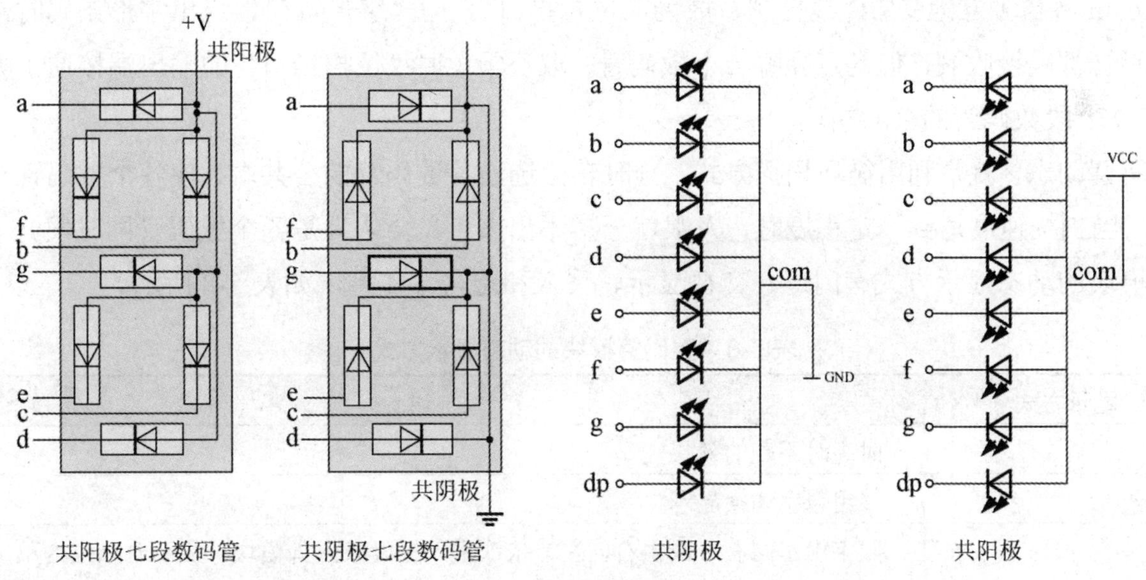

图 5-15　共阳极与共阴极七段数码管的内部结构示意图和电路图

七段数码管的显示原理：若要显示数字“1”，则只要点亮 b、c 两段即可；若要显示数字“5”，则需要点亮 a、c、d、f、g 段。七段数码管的显示原理如图 5-16 所示。

若多位数码管采用分别驱动各七段数码管的方式，则效率低，且会耗用较多的器件与成本。为此可采用多位七段数码管集成在一起的组合型数码管模块，如图 5-17 所示。

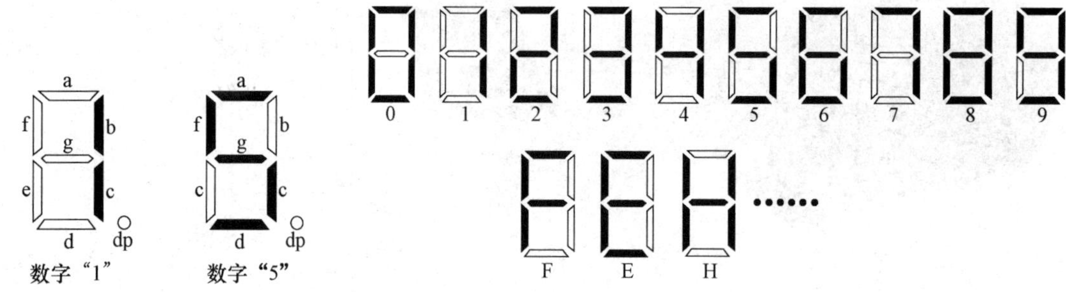

图 5-16　七段数码管的显示原理

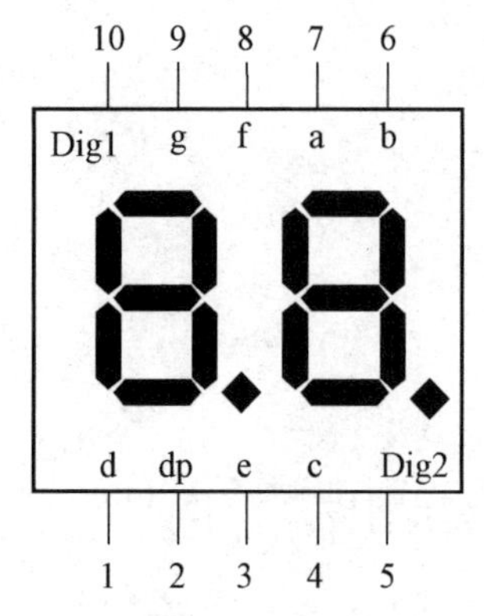

双位数码管

四位数码管

图 5-17　组合型数码管模块

数码管的动态显示是利用人眼的“视觉暂留”效应和 LED 的余晖现象来实现的。接口电路将所有七段数码管的 7 个显示段 a～g 分别并联在一起，构成“字形端口”，每个数码管的公共端 com 各自独立地受 I/O 线控制，成为“位扫描口”。向“字形端口”送出字形条码时，所有数码管都能接收到，但是点亮哪一个数码管，取决于此时“位扫描口”的输出端接通了哪一个 LED 七段数码管的公共端。

所谓动态，就是利用循环扫描方式，分时轮流选通各数码管的公共端，使各个数码管轮流导通。当扫描速度达到一定程度时，人眼就分辨不出来了，会认为是各个数码管同时发光。数码管模块的动态显示方式有闪烁、交替显示、飞入和跑马灯 4 种，如表 5-8 所示。

表 5-8　数码管模块的动态显示方式

显示方式	效　果
闪烁	时亮时不亮的效果
交替显示	多组数字切换显示
飞入	数字由左向右（或由右向左）依次进入七段数码管模块，显示时以位为单位，待前一位进入正确位置后，后续显示内容与第一位一样按顺序依次进入，如图 5-18 所示
跑马灯	数字按顺序进入七段数码管模块，且连续不断，与飞入的动作有点像，只是显示的数据不同而已，如图 5-19 所示

首先将数字式万用表置于二极管挡，假设数码管是共阳极的，将红表笔（见表内电源正极）与数码管的 com 端相连，然后用黑表笔逐个接触数码管的各段，若数码管的各段逐个被点亮，则可以确认数码管是共阳极的；若数码管有部分段不亮，则说明该段已经损坏。

若数码管的各段均不亮，则将万用表的红黑表笔交换位置，判断数码管是否是共阴极的。

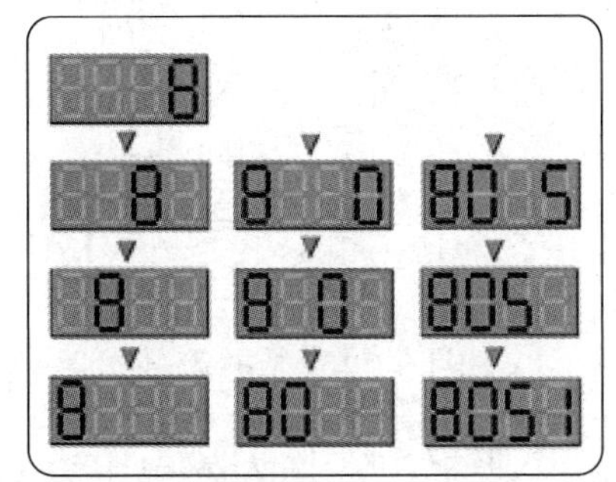

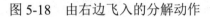

图 5-18　由右边飞入的分解动作

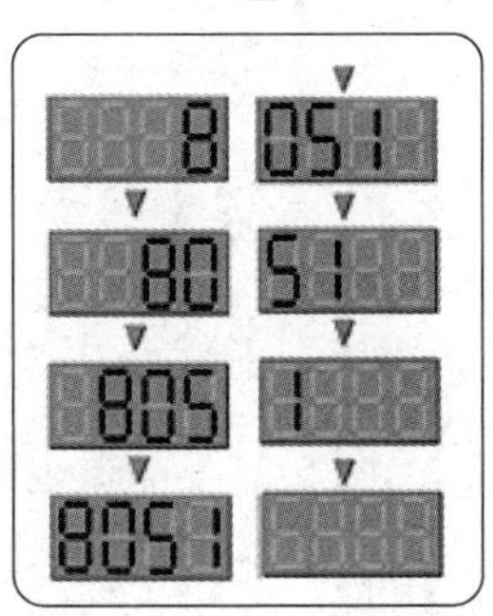

图 5-19　跑马灯的分解动作

知识链接 3　晶体振荡器

石英晶体振荡器如图 5-20 所示。石英晶体振荡器是高精度和高稳定度的振荡器，被广泛应用于家电、计算机、遥控器等各类振荡电路中，在通信系统中用于频率发生器，为数据处理设备产生时钟信号和为特定系统提供基准信号。

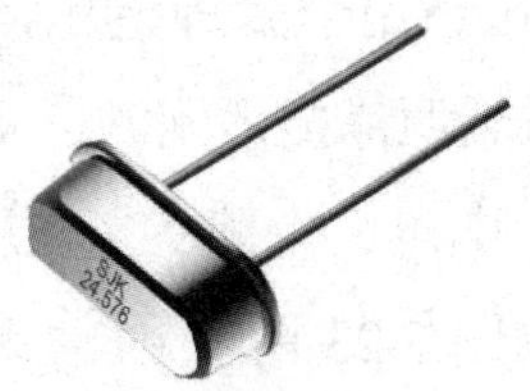

图 5-20　石英晶体振荡器

石英晶体振荡器是利用石英晶体（二氧化硅的结晶体）的压电效应制成的一种谐振器件，从一块石英晶体上按一定方位角切下薄片（简称晶片，它可以是正方形、矩形或圆形等），在它的两个对应面上涂覆银层作为电极，在每个电极上各焊一条引线接到引脚上，加上封装外壳就构成了石英晶体谐振器，简称石英晶体或晶体、晶振。石英晶体产品一般用金属外壳封装，也有用玻璃壳、陶瓷或塑料封装的。

若在石英晶体的两个电极上加一个电场，则晶片将会产生机械变形。反之，若在晶片的两侧施加机械压力，则在晶片相应的方向将产生电场，这种物理现象称为压电效应，晶振电路如图 5-21 所示。若在晶片的两极加交变电压，则晶片将会产生机械振动，同时晶片的机械振动又会产生交变电场。在一般情况下，晶片机械振动的振幅和交变电场的振幅非常微小，但当外加交变电压的频率为某个特定值时，晶片机械振动的振幅明显加大，比其他频率下的振幅大得多，这种现象称为压电谐振，它与 LC 回路的谐振现象十分相似。它的谐振频率与晶片的切割方式、几何形状、尺寸等有关。

晶振等效电路如图 5-22 所示。

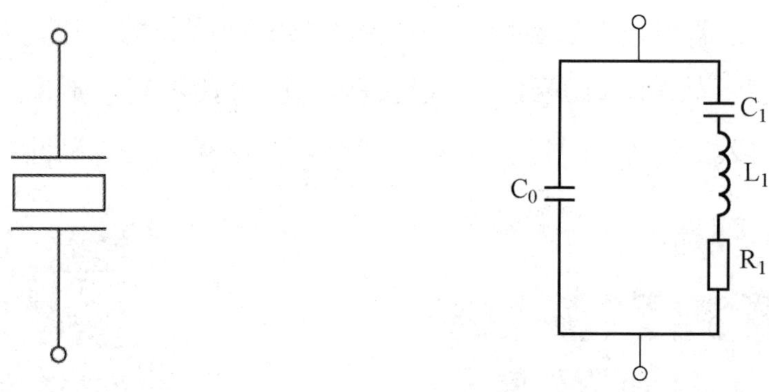

图 5-21　晶振电路　　　　图 5-22　晶振等效电路

当晶振不振动时，可把它看成一个平板电容，这个平板电容称为静电电容 C_0，它的大小与晶片的几何尺寸、电极面积有关，一般为几皮法到几十皮法。当晶振振荡时，机械振动的惯性可用电感 L_1 来等效。一般 L_1 的值为几十毫亨到几百毫亨。晶振的弹性可用电容 C_1 来等效，C_1 的值很小，一般只有 0.0002～0.1pF。晶振振动时因摩擦而造成的损耗用 R_1 来等效，它的数值约为 100Ω。

1．无源晶振

无源晶振需要芯片内部有振荡器，无源晶振没有电压的问题，信号电平是可变的（由起振电路决定）。同样的晶振可适用于多种电压，且价格通常也较低，因此对于一般的应用，如果条件允许，那么建议使用无源晶振。无源晶振的缺点是信号质量较差，通常需要精确匹配外围电路（信号匹配的电容、电感、电阻等），更换不同频率的晶振时，外围配置电路需要做相应的调整。无源晶振电路如图 5-23 所示。

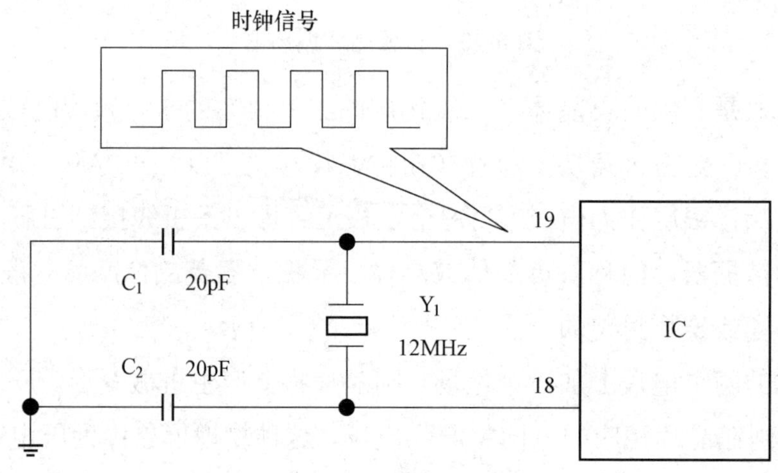

图 5-23　无源晶振电路

2．有源晶振

有源晶振不需要芯片内部有振荡器，信号质量好，比较稳定，而且连接方式相对简单（主要是做好电源滤波，通常使用一个电容和电感构成的 PI 型滤波网络，输出端用一个小阻值的电阻过滤信号即可)，不需要复杂的配置电路。有源晶振通常的用法：引脚 1 悬空，引脚 2 接地，引脚 3 接输出，引脚 4 接电压。相对于无源晶振，有源晶振的缺点是其信号电平是固定的，需要选择合适的输出电平，灵活性较差，而且价格高。对于时序要求敏感的应用，还是使用有源晶振好，可以选用比较精密的晶振，甚至是高档的温度补偿晶振。有源晶振电路如图 5-24 所示。

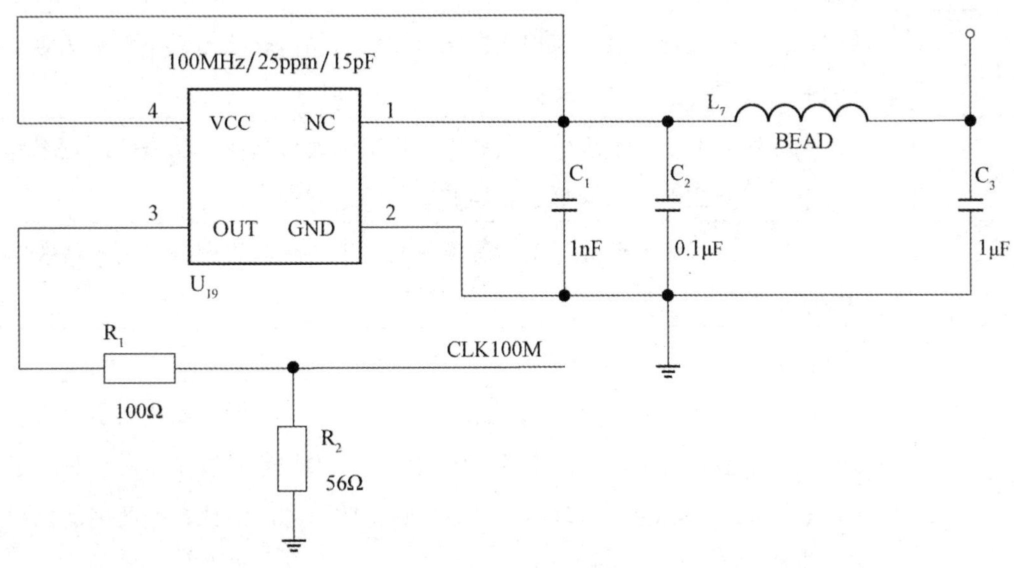

图 5-24　有源晶振电路

3. 晶振的分类

按晶振的功能和实现技术的不同，可以将晶振分为如下 4 类。

（1）恒温晶体振荡器（OCXO）。

（2）温度补偿晶体振荡器（TCXO）。

（3）普通晶体振荡器（SPXO）。

（4）压控晶体振荡器（VCXO）。

晶振的主要参数如表 5-9 所示。

表 5-9　晶振的主要参数

参　数	基　本　描　述
频率准确度	在标称电源电压、标称负载阻抗、基准温度（25℃）下，其他条件保持不变，晶振的频率相对于其规定标称值的最大允许偏差
温度稳定度	其他条件保持不变，在规定温度范围内晶体振荡器输出频率的最大变化量相对于温度范围内输出频率极值之和的允许频偏值
频率调节范围	通过调节晶振的某可变元件改变输出频率的范围
调频（压控）特性	包括调频频偏、调频灵敏度、调频线性度。 ① 调频频偏：压控晶体振荡器控制电压由标称的最大值变化到最小值时的输出频率差。

续表

参　数	基　本　描　述
调频（压控）特性	② 调频灵敏度：压控晶体振荡器变化单位外加控制电压所引起的输出频率的变化量。 ③ 调频线性度：是一种与理想直线相比较的调制系统传输特性的度量
负载特性	其他条件保持不变，负载在规定变化范围内，晶体振荡器输出频率相对于标称负载下的输出频率的最大允许频偏
电压特性	其他条件保持不变，电源电压在规定变化范围内，晶体振荡器输出频率相对于标称电源电压下的输出频率的最大允许频偏
杂波	输出信号中与主频无谐波（副谐波除外）关系的离散频谱分量与主频的功率比，用 dBc 表示
谐波	谐波分量功率 P_i 与载波功率 P_0 之比，用 dBc 表示
频率老化	在规定的环境条件下，由于元器件（主要是石英谐振器）老化而引起的输出频率随时间系统漂移的过程，通常用某个时间间隔内的频差来度量。对于高稳定晶振，由于输出频率在较长的工作时间内呈近似线性的单方向漂移，因此用老化率（单位时间内的相对频率变化）来度量
日波动	振荡器经过规定的预热时间后，每隔 1h 测量 1 次，连续测量 24h，将测量数据按 $S = (f_{max}-f_{min})/f_0$ 计算，得到日波动
开机特性	在规定的预热时间内，振荡器频率值的最大变化
相位噪声	短期稳定度的频域度量，用单边带噪声与载波噪声之比表示

对于晶振的检测，通常仅能用示波器（需要通过电路板加电）或频率计实现。晶振常见的故障有内部漏电、内部开路、变质频偏、与其相连的外围电容漏电。从这些故障看，使用万用表的高阻挡和测试仪的VI曲线功能应能检查出后两项故障，但这将取决于它的损坏程度。

知识链接 4　独立按键

1. 认识独立按键

独立按键的实物图如图 5-25 所示。独立按键的特点是具有自动恢复（弹回）的功能，即按下按键时其中的接点接通（或切断），松开按键后，接点恢复为切断（或接通）状态。独立按键的图形符号如图 5-26 所示。

图 5-25　独立按键的实物图

图 5-26　独立按键的图形符号

2. 按键的接法

按键作为电路的信号输入元件，需要接一个电阻到 VCC 端或 GND 端，如图 5-27 所示。

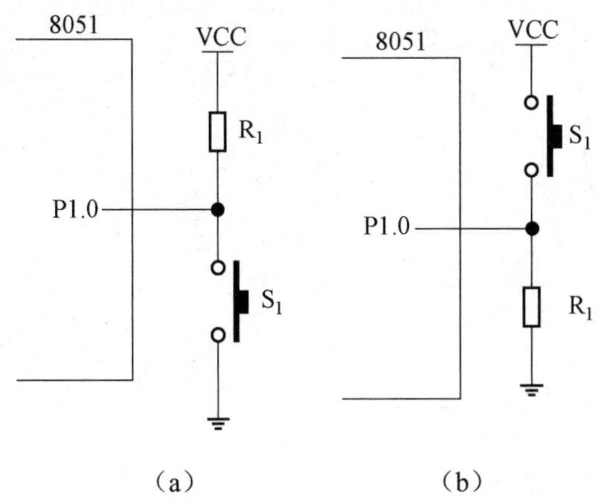

图 5-27　按键的接法

在图 5-27（a）中，平时按键 S_1 为开路状态，其中 10kΩ的电阻 R_1 连接到 VCC 端，使输入引脚 P1.0 上保持为高电平信号；若按下按键，则电阻 R_1 经过开关接地，输入将变为低电平信号；当松开按键时，输入将恢复为高电平信号，这样将产生一个负脉冲。

在图 5-27（b）中，平时按键 S_1 为开路状态，其中 470Ω 的电阻 R_1 接地，使输入引脚 P1.0 上保持为低电平信号；若按下按键，则电阻 R_1 经过开关接 VCC，输入将变为高电平信号；松开按键时，输入将恢复为低电平信号，这样将产生一个正脉冲。

如图 5-28 所示，纸张数量设置电路由独立按键 S_1～S_3 组成，实现“Plus”（增加）、“Min”（减少）和“Save”（保存）3 个功能。当按下按键时，单片机 P3 口输出低电平；当松开按键时，单片机 P3 口输出高电平，电阻 R_{18}～R_{20} 为上拉电阻。

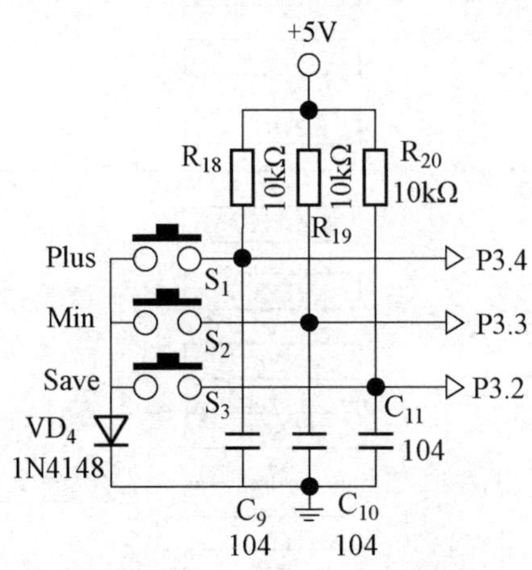

图 5-28　纸张数量设置电路

3. 按键的消抖

当按键被按下或被松开时，按键会出现抖动现象。按键的抖动如图 5-29 所示，这种现象会干扰按键的识别，因此需要对按键进行消抖处理，也称去抖。按键去抖一般有硬件和软件两种方法。

硬件去抖通常采用 RS 触发器或单稳电路构成去抖电路，如图 5-30 所示。

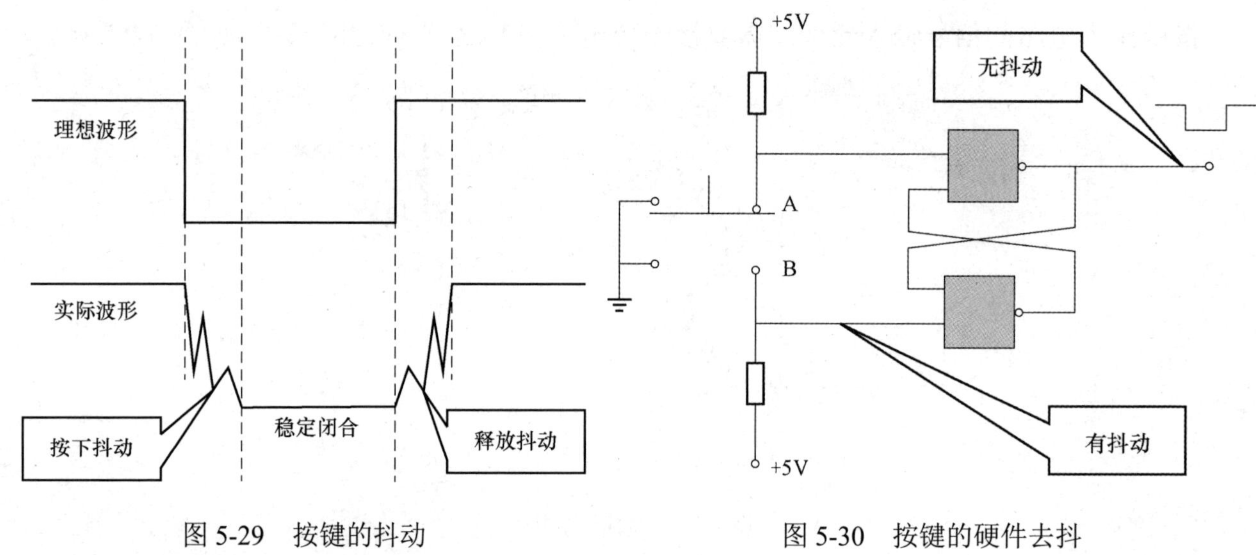

图 5-29　按键的抖动　　　　图 5-30　按键的硬件去抖

知识链接 5　整机装配工艺

整机装配工艺过程即整机的装接工序安排，就是以设计文件为依据，按照工艺文件的工艺规程和具体要求，将各种电子元器件、机电元器件及结构件装连在 PCB、机壳、面板等指定位置上，构成具有一定功能的完整的电子产品的过程。整机装配工艺流程根据产品的复杂程度、产量大小等的不同而有所区别，但总体来看，有装配准备、整机调试、通电老化、例行试验等几个环节。整机装配工艺流程图如图 5-31 所示。

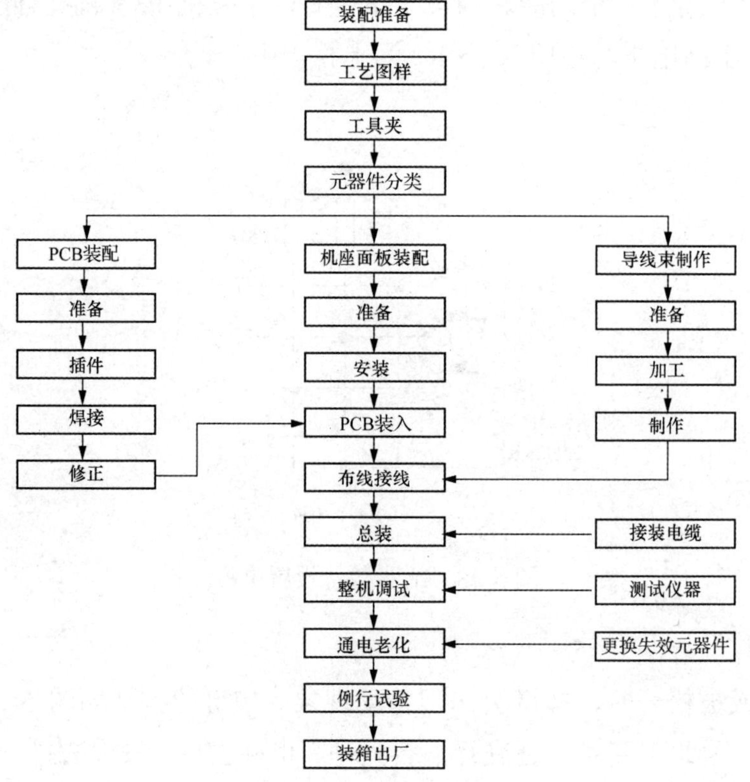

图 5-31　整机装配工艺流程图

1．整机装配的基本要求

（1）在整机装配前，必须对组成整机的有关零部件或组件进行调试、检验，不允许不合格的零部件或组件投入生产线。检验合格的零部件必须保持清洁。

（2）装配时要根据整机的结构情况，应用合理的安装工艺，用经济、高效、先进的装配技术，使产品达到预期的效果，满足产品在功能、技术指标和经济指标等方面的要求。

（3）严格遵循整机装配的顺序要求，注意前后工序的衔接。

（4）在装配过程中，不得损伤元器件和零部件，避免碰伤机壳、元器件和零部件的表面涂覆层，不得破坏整机的绝缘性。保证安装件的方向、位置、极性的正确，保证产品的电性能稳定，保证产品具有足够的机械强度和稳定度。

（5）针对小型机大批量生产的产品，其整机装配在流水线上按工位进行。每个工位除按工艺要求操作外，要求工位的操作人员熟悉安装要求和熟练掌握安装技术，保证产品的安装质量，严格执行自检、互检与专职调试检查的“三检”原则。装配中每个阶段的工作完成后都应进行检查，分段把好质量关，从而提高产品的一次通过率。

2．装配级别分类

整机装配按元器件级、插件级、插箱板级和箱/柜级顺序进行，如图 5-32 所示。

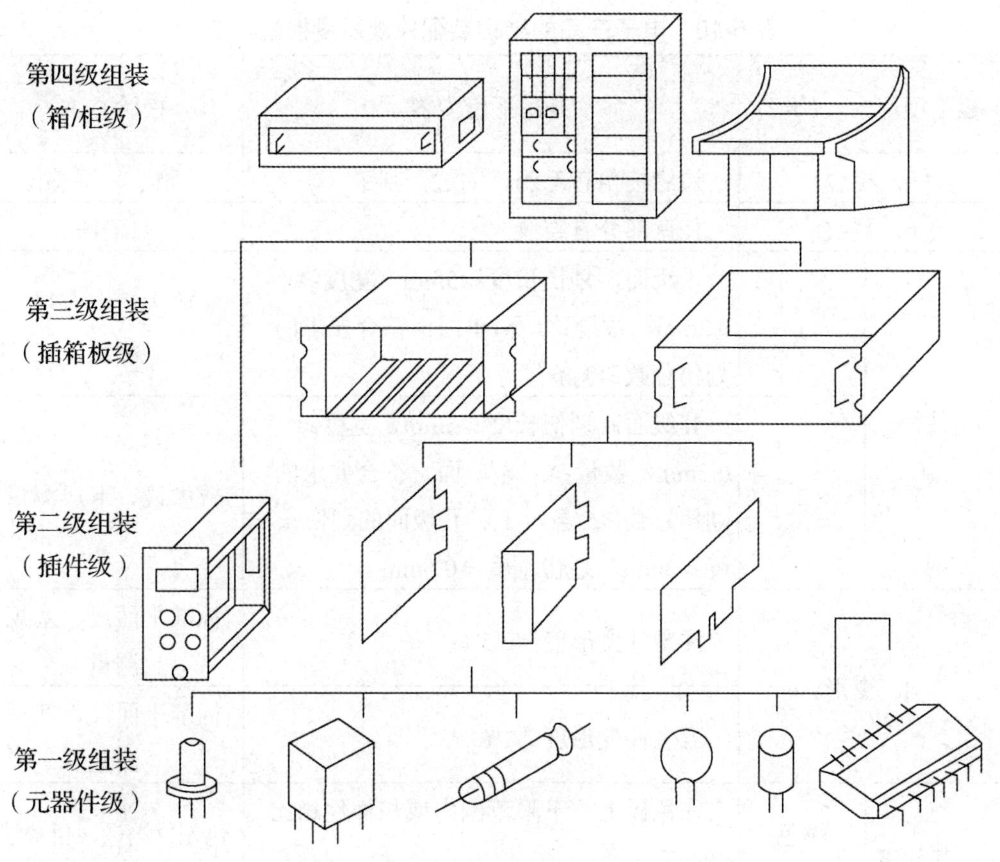

图 5-32　整机装配顺序

元器件级：是最低的组装级别，其特点是结构不可分割。

插件级：用于组装和互连电子元器件。

插箱板级：用于安装和互连插件或 PCB 部件。

箱/柜级：主要通过电缆及连接器互连插件和插箱，并通过电源电缆送电构成独立的有一定功能的电子仪器、设备和系统。

3. 组装方法

组装在生产过程中要占用大量时间，因为对于给定的应用和生产条件，必须研究几种可行的方案，并在其中选取最佳方案。目前，电子设备的组装方法从组装原理上可以分为以下几种。

（1）功能法。采用这种方法可以将电子设备的一部分放在一个完整的结构部件内，该部件能完成变换或形成信号的局部任务（某种功能）。

（2）组件法。采用这种方法可以制造出一些外形尺寸和安装尺寸都统一的部件，这时部件的功能完整性退居次要地位。

（3）功能组件法。这种方法可以兼顾功能法和组件法，该方法既有功能完整性，又有规范化的结构尺寸和组件。

4. 电子产品结构装配外观质量检验标准

电子产品的结构装配外观质量检验标准如表 5-10 所示。

表 5-10　电子产品的结构装配外观质量检验标准

<table>
<tr><th colspan="3">检验项目</th><th>外观不良内容</th><th>检验方法</th><th>质量缺陷等级</th></tr>
<tr><td rowspan="10">A．外观要求</td><td colspan="2">a．棱边</td><td>边缘棱角有毛刺、毛边，刮手</td><td>目测法、手感法</td><td>B</td></tr>
<tr><td colspan="2">b．裂纹</td><td>任意部分有裂纹</td><td>目测法</td><td>A</td></tr>
<tr><td rowspan="2">c．划伤</td><td>1</td><td>Ⅰ级面，划伤长度≥5mm，宽度≥0.2mm，数量≥1 条/单面，符合要求的划伤总数≥3 条</td><td>放大镜、卡尺测量</td><td>B</td></tr>
<tr><td>2</td><td>Ⅱ级面，划伤长度≥5mm，宽度≥0.2mm，数量≥3 条/单面，符合要求的划伤总数≥5 条，Ⅰ、Ⅱ级面的划伤长度≥2mm，划伤宽度≥0.6mm</td><td>放大镜、卡尺测量</td><td>C</td></tr>
<tr><td colspan="2" rowspan="2">d．变形</td><td>注塑件变形度≥2.5‰</td><td>标准平面尺、塞规测量</td><td>B</td></tr>
<tr><td>五金件变形度≥1‰</td><td>标准平面尺、塞规测量</td><td>B</td></tr>
<tr><td rowspan="2">e．其他表面质量</td><td>颜色</td><td>在色板上、下限范围内或与样件相比 dE≤7</td><td>色差仪测量、目测法</td><td>C</td></tr>
<tr><td>光泽度</td><td>在色板上、下限范围内</td><td>光泽度计测量、目测法</td><td>C</td></tr>
</table>

续表

检验项目			外观不良内容	检验方法	质量缺陷等级
A．外观要求	e．其他表面质量	膜厚	涂层厚 20～90μm，电镀层厚 6～20μm	涂镀层测厚仪	B
		虚喷	Ⅰ级面虚喷（镀）露底色	目测法	B
			Ⅱ级面虚喷（镀）露底色	目测法	C
			Ⅲ级面虚喷（镀）露底色	目测法	C
		流油	Ⅰ、Ⅱ级面流成线条状，且宽度≥1mm，凸起≥0.3mm，过渡不平整	放大镜、卡尺测量	B
		油窝	Ⅰ级面不允许有油窝	目测法	B
	f．丝印		丝印内容模糊、墨层不均匀，有缺笔断道现象、偏移	试验法（酒精或玻璃水擦拭法、胶带粘贴法）、目测法	B
			丝印（颜色、大小、字体、位置、内容）错，耐磨度、附着力不够		A
	g．熔接痕		Ⅰ级面有熔接痕	目测法	B
			熔接痕长度≥10mm，熔接痕宽度≥2mm，Ⅱ级面同一面≥2 条，Ⅲ级面同一面≥3 条	目测法	B
	h．缺料		Ⅰ、Ⅱ、Ⅲ级面有少料、缺料现象	目测法	B
	i．堵孔		注塑料孔位有堵塞、毛刺半堵塞现象	目测法	A
			金属件孔内有堵塞、杂物、变形现象，螺纹（柱）孔内无螺纹	螺纹环（塞）规测试	A
	j．喷粉		表面不平滑，光泽度、亮度、喷粉密度等整批不一致	目测法	B
	k．电镀		表面电镀不光滑，有杂物、颗粒、缺口等现象	目测法	B
	l．烤漆		整体烤漆不均匀，有色差、杂物、颗粒等现象	目测法	B
	m．露白		表面涂黑漆处有露白点、露白边等现象	目测法	B
	n．五金件整体外观		表面有生锈、腐蚀、氧化现象	目测法	B
B．装配间隙	a．屏与壳装配精度		面板与框固定后，各连接边缘应贴合良好，间隙不得大于 1mm（含各个方向）或露出屏的金属边	塞规、目测法	B
	b．各壳体间隙		各壳体间装配的间隙≥0.5mm，各插接口间隙≥1mm，引起客户误解	塞规	B
	c．按键平整度		按键高度误差≥1mm，目视键盘不能发现有倾斜现象	目测法	B

续表

检验项目	外观不良内容	检验方法	质量缺陷等级
C．紧固件	缺少紧固件或使用错误，造成功能丧失或存在质量隐患（包括脱落、顶高壳体、壳体发白等）	目测法	A
	紧固件松动或使用不良，但可以正常使用，不存在安全隐患	目测法	B
D．标识	机壳、五金件等标识不符合有关规定，贴纸标识不正确，功能与整机说明书功能不一致	目测法	A
	贴纸有翘角、贴不平，大小不适宜；不清晰，有倾斜等现象	目测法	B
	产品包装标识与公司规定不符	目测法	A
E．表面硬度	高光油面＜1H，普通喷油＜1F，亚克力玻璃＜1H，亚克力面板＜4H	铅笔划痕测试仪测试	B
F．其他	显示屏与主体连接不好，翻转不顺畅，有异常响动	感官检验	B
	外置接口和连接器在壳体孔内装配不到位，外凸顶壳、内陷、脏污等	目测法	B

任务二 数字钟的调试

一、数字钟的功能介绍

数字钟采用 24h 为一个周期，具有校时功能，可以分别对时、分、秒进行单独校时，计时过程具有报时功能，当时间到达整点前 6s 时进行蜂鸣报时。数字钟的工作框图如图 5-33 所示。

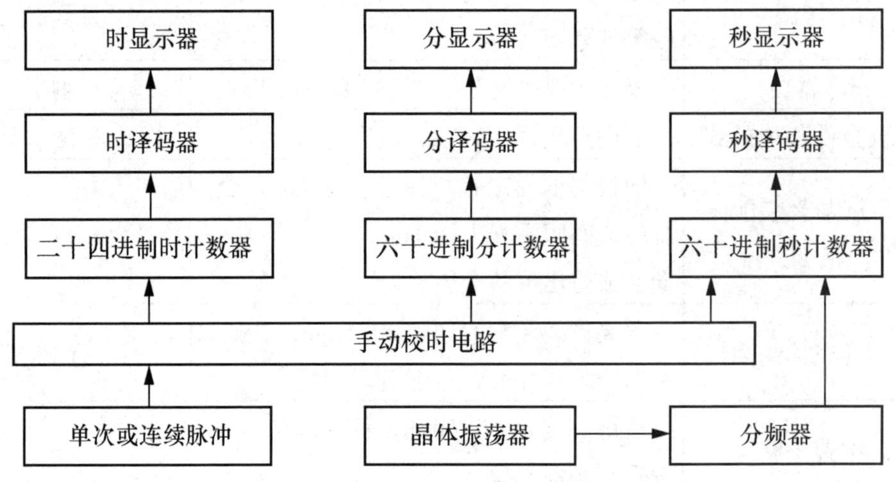

图 5-33 数字钟的工作框图

二、数字钟电路的工作原理

1. 秒脉冲发生电路

秒脉冲发生电路采用晶体振荡器发出高频率的脉冲，经过分频器获得 1Hz 的秒脉冲。所谓“分频”，就是将输出信号的频率变成输入信号的频率的整数分之一。秒脉冲发生电路如图 5-34 所示。

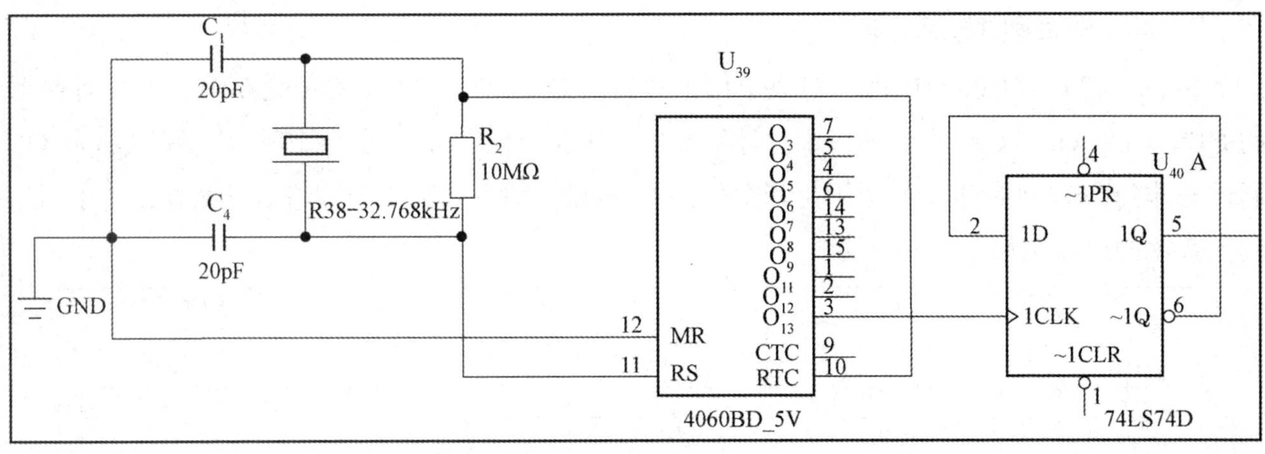

图 5-34　秒脉冲发生电路

图 5-34 所示的电路中选用的是 32.768kHz 的晶振，欲获得 1Hz 的脉冲，就必须要用分频器进行处理。因为 $2^{15}=32768$，因此晶振输出的时钟信号要通过 15 分频之后再使用。4060BD 是一个十四分频器，经过 4060BD 的十四分频作用后从其引脚 3 输出的脉冲频率就变成了 2Hz，将这个 2Hz 的脉冲信号作为下降沿触发的 D 触发器 74LS74D 的时钟信号，将 D 触发器接成 T′ 触发器，做二分频器使用，在引脚 5 输出频率稳定而精确的 1s 脉冲。

2. 六十进制计数器电路

数字钟的分和秒都是六十进制计数。通过两个十进制加法计数器 74LS160 级联，可以构成六十进制计数器。对于秒计数，当计满 59 个脉冲，再来一个脉冲时，向分进一位，同时秒计数器清零。六十进制计数器的电路图如图 5-35 所示。

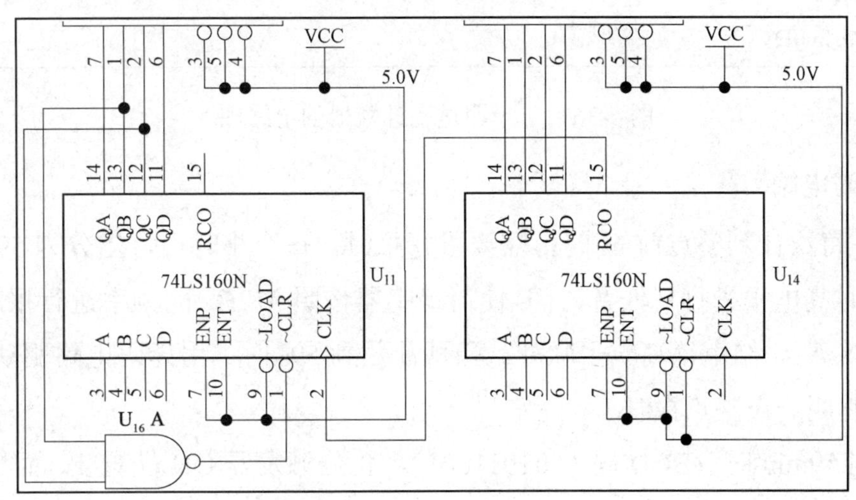

图 5-35　六十进制计数器的电路图

左侧的74LS160N作为十位计数器，右侧的74LS160N作为个位计数器。当采用置零法时，第60个脉冲到来时，给CLR一个低电平信号就可以将计数器清零。60的BCD码为0110 0000，对应十位计数器的QD、QC、QB、QA是0110，对应个位计数器的QD、QC、QB、QA是0000。只有十位计数器的QC和QB为1，所以QC和QB通过与非门74LS00D输出接至CLR端即可实现六十进制计数器。

3. 二十四进制计数器电路

24的BCD码为0010 0100，对应十位计数器的QD、QC、QB、QA是0010，个位计数器的QD、QC、QB、QA是0100。十位计数器的QB和个位计数器的 QC为1，所以QB和QC通过与非门74LS00D输出接至十位和个位的CLR端，即可实现二十四进制计数器。二十四进制计数器的电路图如图5-36所示。

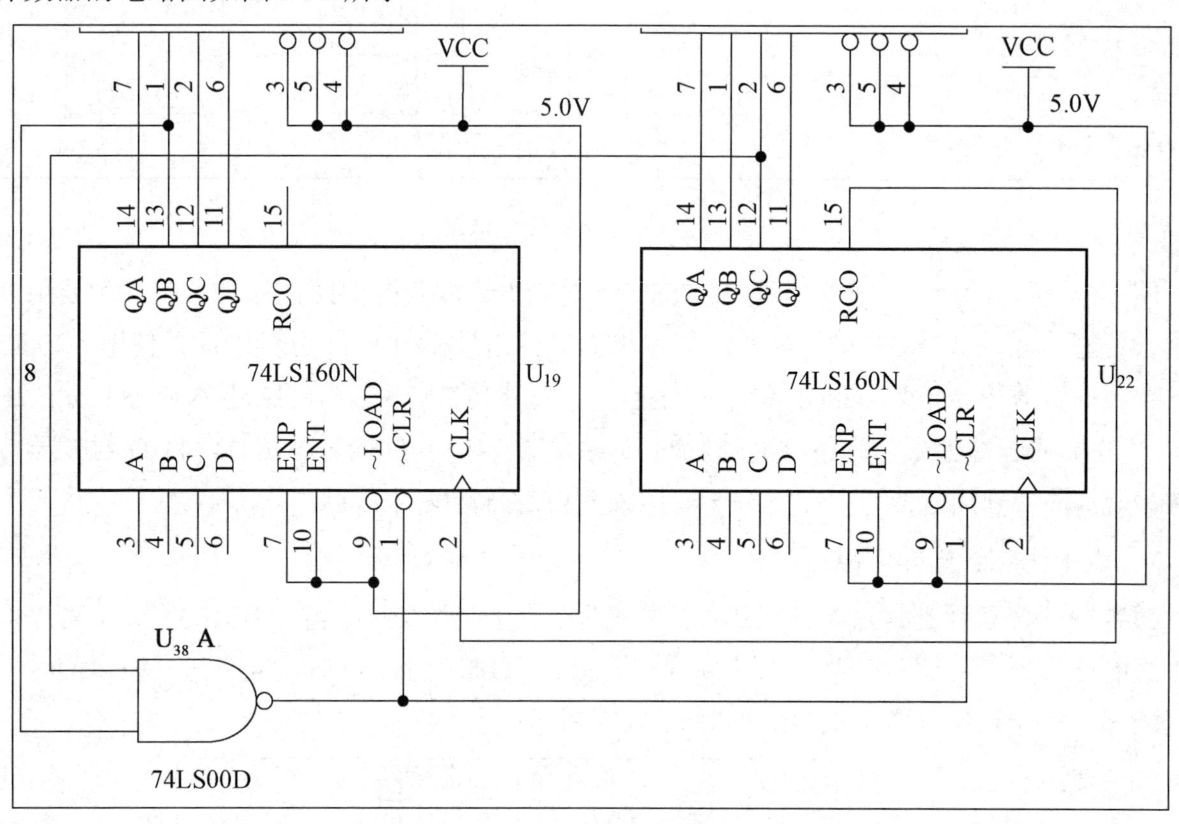

图5-36　二十四进制计数器的电路图

4. 整点报时电路

当计时器在每次计到整点前6s时，需要进行报时。每个小时内，当分为59min、秒为54s时，输出一个延时高电平去打开低音与门，使得蜂鸣器按照512Hz的频率进行报时，鸣叫5声，直到秒计数到58s时，结束该高电平脉冲。当秒计数到59s时，用译码电路驱动蜂鸣器以高音1024Hz的频率鸣叫一声整点报时。

当分计数到59min时（BCD码为01011001），将分触发器QH端置1，而当秒计数到54s时（BCD码为01010100），将秒触发器QL置1，通过QL与QH相与之后和1s标准信号相与，控制低频率使蜂鸣器鸣叫，直至 59s 时产生一个复位信号，使 QL 清零，停止低音鸣叫。同时 59s 信号的反相又和 QH 相与后控制高频率使蜂鸣器鸣叫。当分秒从 59:59 计数到 00:00 时，鸣叫结束，完成整点报时。

从 4060BD 的六分频输出端 O_5 得到一个频率为 512Hz 的脉冲，从五分频输出端 O_4 得到一个频率为 1024Hz 的脉冲，以此来作为蜂鸣器报时的驱动信号，通过或门驱动三极管，带动蜂鸣器报时。整点报时电路如图 5-37 所示。

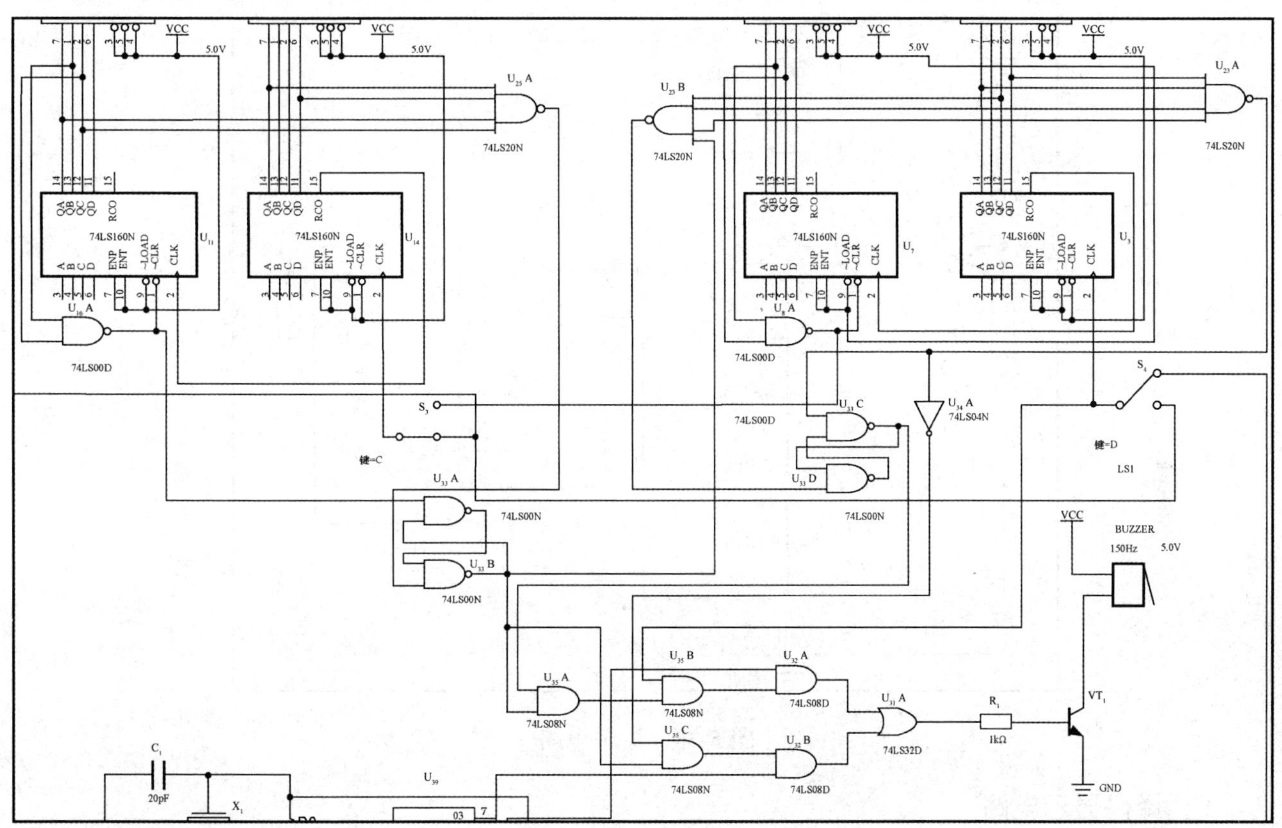

图 5-37 整点报时电路

5. 校时电路

校正时间的思路是：首先截断正常的计数通路，然后进行人工触发计数或将频率较高的方波信号加到需要校正的计数单元的输入端，校正好后转入正常计时状态即可。校时电路如图 5-38 所示。

下面以校正小时为例展示电路的工作过程，将校时开关 S_2 拨到手动端，切断小时计数器（U_{22}）的脉冲输入，进入调时状态。这时若开关 S_6 在单次端，则每按一次按键 S_5，就计入一个脉冲。若要调整的时间比较大，则可以将开关 S_6 拨到连续端，接入连续脉冲来快速地进行时间的校正。校时完毕后，将开关 S_2 拨到自动端，恢复正常计时状态。

校准电路单次脉冲由 RS 触发器和按键开关组成，而连续脉冲是通过 555 时基电路组成的多谐振荡器产生的，产生的频率 $f=1/\ln2(30+2\times120)C=53.43\text{Hz}$，经过 74LS161N 的十六分频之后为 3.34Hz。

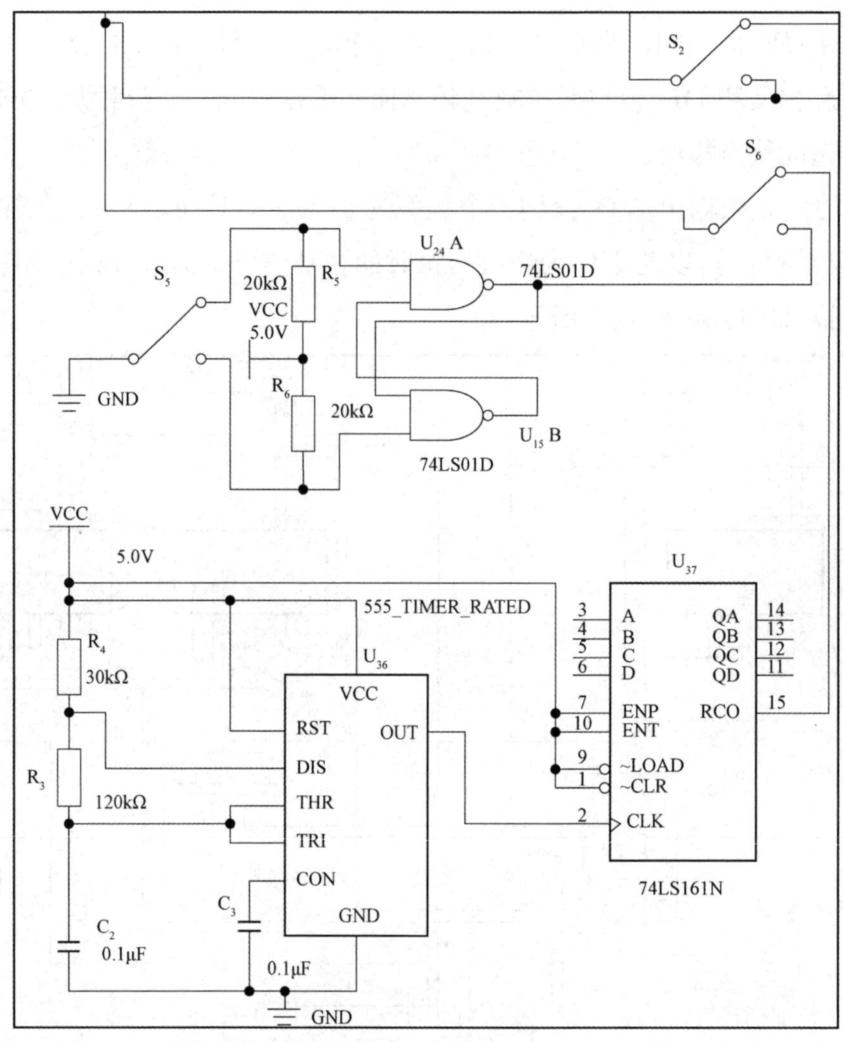

图 5-38 校时电路

6．译码显示电路

显示译码器和七段数码管组成译码显示电路。74LS48N 是常用的显示译码器，其输出是高电平有效，专用于驱动七段共阴极数码管。译码显示电路如图 5-39 所示。

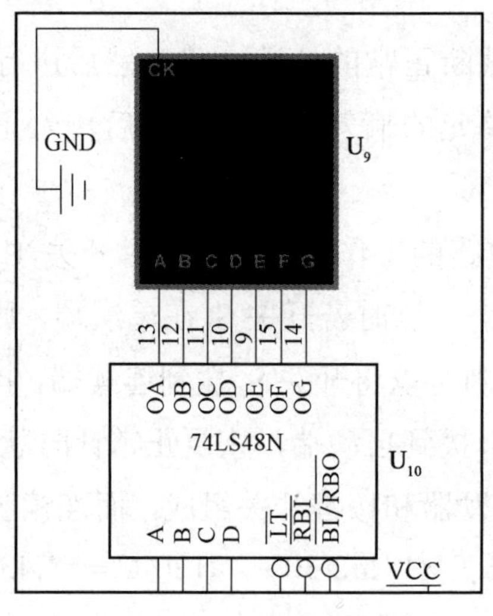

图 5-39 译码显示电路

请找到各功能电路的核心元器件，并将其填入表 5-11 中。

表 5-11　核心元器件

功 能 电 路	核心元器件
计数器电路	
秒脉冲发生电路	
校时电路	
译码显示电路	
报时电路	

三、数字钟的调试

1. 通电前检查

检查各焊点是否有虚焊、漏焊、连焊，元器件是否相互碰触，集成芯片是否插反，有极性元器件极性是否正确。用万用表对电源输入端进行检测，确定是否存在电源短路。

2. 计数、译码显示调试

将时、分、秒的校时开关都拨到自动挡，接通电源，数码管全部显示“0”，随后秒计时从 1 开始显示。

3. 秒脉冲发生电路调试

使用示波器测试 74LS74D（U_{40}）的引脚 5 是否有频率为 1Hz 的矩形波输出，检测 4060BD 的引脚 4（O_5）是否有频率为 512Hz 的矩形波输出，检测 4060BD 的引脚 5（O_4）是否有频率为 1024Hz 的矩形波输出。

4. 校时电路调试

将开关 S_6 拨到单次端，将开关 S_2 拨到手动端，对小时进行校正，每按一次按键 S_5，就计入一个脉冲值；将开关 S_6 拨到连续端，自动快速连续计数。校时完毕后，将开关 S_2 拨到自动端，恢复正常计时状态。用同样的方法调试分和秒的校时电路。

5. 整点报时电路调试

使用分校时开关将分显示调到 59min，使用秒校时开关将秒显示调到 45s 左右，等待。当秒计数到 54s 时，蜂鸣器进行低频鸣叫，当秒计数到 59s 时，蜂鸣器以高频鸣叫一声，整点报时。

6. 参数检测

利用示波器检测秒计数器个位脉冲输入端的波形，并将波形记录在图 5-40 中。

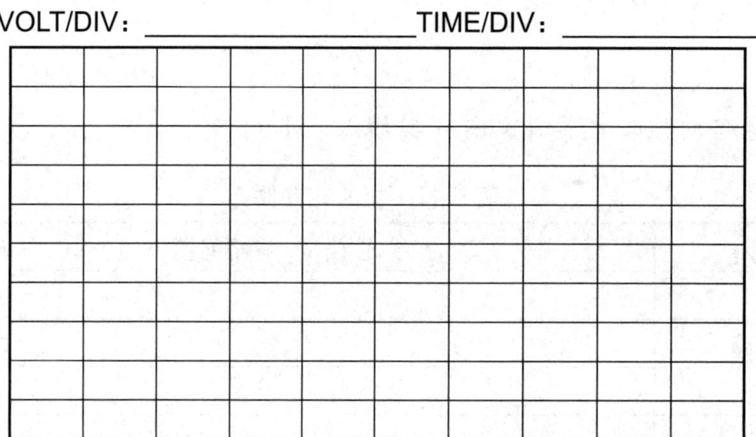

图 5-40　参数检测 1

利用示波器检测分频器 4060BD 的 O_4 和 O_5 端的波形，并将波形记录在图 5-41 中。

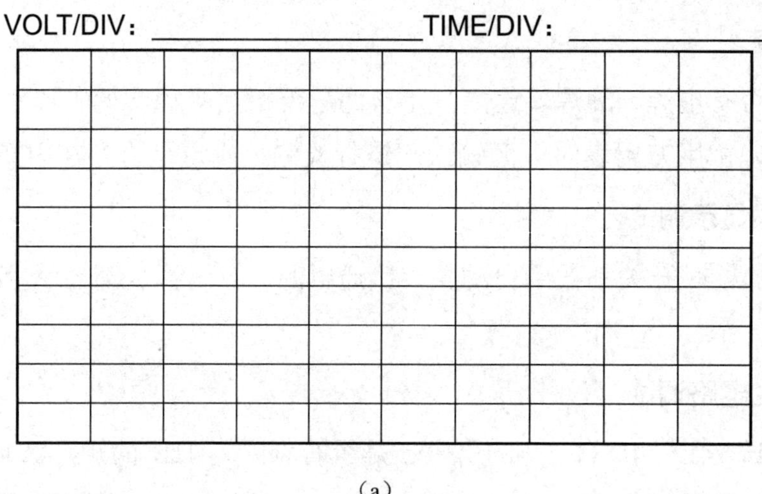

（a）

VOLT/DIV：__________________TIME/DIV：_____________

（b）

图 5-41　参数检测 2

整机调试的一般流程如图 5-42 所示。

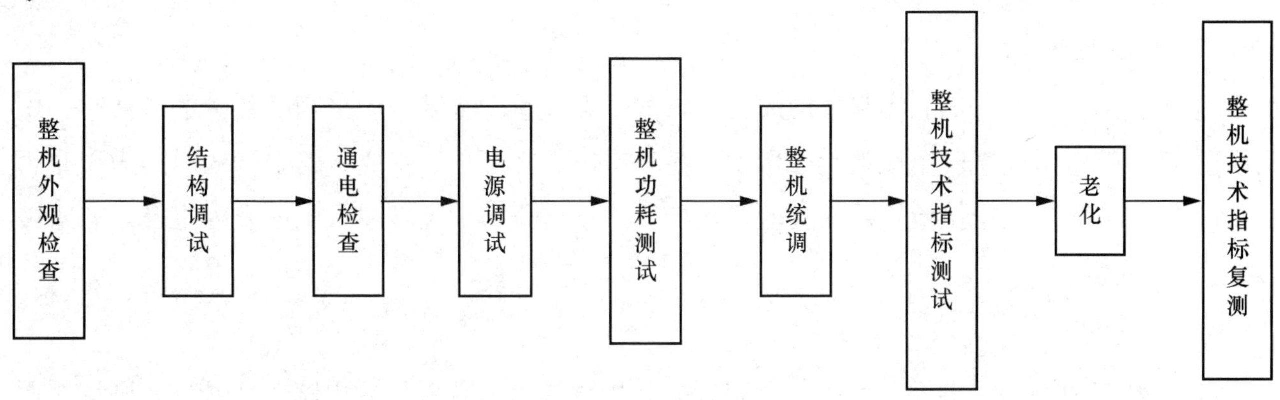

图 5-42　整机调试的一般流程

任务三　数字钟常见故障的检修

检修数字钟常见故障时，必须准备好电路原理图，理解电路的工作原理，了解正常工作状态的相关参数，按照先外后内、先粗后细、先易后难的原则进行检修。

一、检修方法

1. 直观检查法

通过视觉可以发现元器件脱焊，电阻器烧坏，PCB 断裂、变形，电池触点锈蚀，机内进水、受潮，接插件脱落，电解电容爆裂，油或蜡填充物元器件（电容、线圈和变压器）的漏油、流蜡等现象。

对于电子产品应重点检查是否存在装接错误，包括二极管、三极管及电解电容等元器件的极性是否接错；是否存在错焊、漏焊、虚焊、短路及连线错误；集成电路、接插件是否插反，插接是否可靠到位。

2. 动态观察法

听通电后有无打火声等异常声响；闻有无焦糊异味出现；摸晶体管管壳是否冰凉或烫手，集成电路是否温升过高。听、闻、摸到异常时应立即断电。电解电容极性接反可能造成电容爆裂，漏电大时，介质损耗将增大，也会使温度上升，甚至使电容胀裂。

3. 通断法

该方法用于检查电路中的连线是否断路，元器件引脚是否虚连。要注意检查是否有不允许悬空的输入端未接入电路，尤其是 CMOS 电路的任何输入端都不能悬空。确定开关、接插件、导线、PCB 导电图形的通断。

4. 电阻测量法

该方法用于检查电路中电阻的阻值是否正确，检查电容是否断线、击穿和漏电，检查半导体器件是否击穿，检测 PN 结的正反向电阻是否正常等。

5. 电压测量法

电子电路正常工作时，线路各点都有确定的电压，通过测量电压来判断故障的方法称为电压测量法。用电压表直流电压挡检查电源、各静态工作点电压、集成电路引脚的对地电位是否正确。也可用交流电压挡检查有关交流电压值。测量电压时，应当注意电压表内阻及电容对被测电路的影响。

6. 替代法

对怀疑有故障的元器件，可用一个完好的元器件置换，若置换后电路工作正常，则说明原有元器件存在故障。对于集成电路，可用同一芯片上的相同电路来替代怀疑有故障的电路。对于有多个输入端的集成器件，若在实际使用中有多余输入端，则可换用其他输入端进行试验，以判断原输入端是否有问题。

二、典型故障分析

故障 1：时、分、秒都显示“0”，时间不增加

（1）检查秒校时开关 S_4 是否在自动位置。

（2）使用示波器检测秒个位计数器（U_3）的脉冲输入端 CLK 的输入脉冲是否为 1Hz。

（3）检测触发器 74LS74D（U_{40}）的引脚 5 的输出脉冲是否为 1Hz。

（4）检测分频器 4060BD 的引脚 3 的输出脉冲是否为 1Hz。

（5）检测晶振的输出脉冲是否为 32.768kHz。

故障 2：秒显示不按六十进位

构成六十进制计数器，采用的是置零法，即当第 60 个脉冲到来时，要有一个低电平信号加到秒计数器的异步置零端 CLR，将计数器清零。十位计数器的 QC 和 QB 通过与非门 74LS00D 输出接至 CLR 端即可实现六十进制计数器。

故障 3：在校时过程中，使用单脉冲计数，按下按键 S_5，增加值不确定

按键在被按下和被松开时，会产生抖动，影响计数值。因此，判断是按键消抖电路出现问题。

任务四 数字钟的老化测试

为保证电子整机产品的设计质量，通常在装配、调试、检验完成之后，还要进行整机的加电老化。老化仿照或等效产品的使用状况，对整机实施较长时间的连续通电考验。

加电老化的目的是通过老化发现并剔除早期失效的电子元器件，提高电子设备工作的可靠性及使用寿命，同时稳定整机参数，保证调试质量。老化使产品的缺陷在出厂前被暴露，如焊接点的可靠性，产品的设计、材料和工艺方面的各种缺陷。老化使产品的性能进入稳定区间后出厂，减少返修率。

一、加电老化的技术要求

（1）温度。整机加电老化通常在常温下进行。有时须对整机中的单板、组合件进行部分的高温加电老化试验，一般分三级：（40±2）℃、（55±2）℃和（70±2）℃。

（2）循环周期。每个循环连续加电时间一般为4h，断电时间通常为0.5h。

（3）积累时间。加电老化时间累计计算，积累时间通常为200h，也可根据电子整机设备的特殊需要适当缩短或加长。

（4）测试次数。加电老化期间，要进行全参数或部分参数的测试，老化期间的测试次数应根据产品技术设计要求来确定。

（5）测试间隔时间。测试间隔时间通常设定为8h、12h或24h，也可根据需要另定。

二、加电老化试验的步骤

（1）按试验电路连接框图接线并通电。

（2）在常温条件下对整机进行全参数测试，掌握整机老化试验前的数据。

（3）在试验环境条件下开始通电老化试验。

（4）按循环周期进行老化试验和测试。

（5）老化试验结束前再进行一次全参数测试，将测试结果作为老化试验的最终数据。

（6）停电后，打开设备外壳，检查机内是否正常。

（7）按技术要求重新调整和测试。

三、产品老化测试记录

进行产品老化测试，并将结果记录在表5-12中。

表5-12　产品老化测试记录表

产品名称					产品型号							PN		
生产批号					生产数量							日期		
老化环境					循环次数									
NO.	流水编号	工作状态	开始时刻	外观检测	功能检测	巡查时刻	外观检测	功能检测	结束时刻	外观检测	功能检测	产品状况	结果判定	编录人

续表

说明： 1．“开始时刻”“巡查时刻”栏只需要在对应栏填写时/分即可。 2．“产品状况”栏填写“正常”或实际现象。 3．“老化环境”栏须填写实验室当时的温度值。 4．“循环次数”栏填写第几次循环测试，如第 1 次、第 2 次等。 5．随时、不定期地检查产品的工作状况			
拟制/日期：		审核/日期：	

项目评价

一、装配评价

请按照表 5-13 中的评价内容，对自己的装配进行评价。

表 5-13　装配评价表

评价项目	评价细则
电路焊接	元器件极性是否正确
	元器件的装配位置是否正确
	元器件的装配工艺是否正确
	是否存在虚焊、桥接、漏焊、毛刺
	是否存在焊盘翘起、脱落
	是否损坏元器件
	是否烫伤塑料件、外壳
	引脚剪脚高度是否符合要求
成品的装配	插针元件安装是否垂直
	接口安装是否符合标准
	螺钉装配是否紧固
	走线是否规范
	线头是否进行绝缘处理
	线束绑扎是否合规
成品的测试	供电正常
	显示功能正常
	校时功能正常
	报时功能正常
安全	是否存在违反操作流程或规范的操作

二、调试与检修评价

填写调试与检修评价表（见表 5-14）。

表 5-14　调试与检修评价表

产品名称			
调试与检修日期		故障电路板号	
故障现象			
故障原因			
检修内容			
材料应用	材料名称	型　号	数　量
检修员签字		复检员签字	
检修结果		评分	

三、6S 工作规范评价

请在表 5-15 中对完成本任务的 6S 工作规范进行评价。

表 5-15　6S 工作规范评价表

评 价 项 目	整理	整顿	清扫	清洁	素养	安全
评　　分						

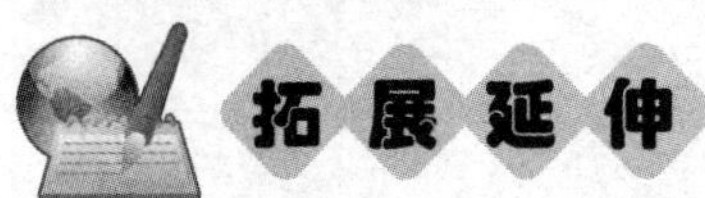

随着技术的发展及人们工作生活的需要，数字钟的功能越来越多，如温度、湿度的检测，农历、星期的显示。数字钟的显示屏选用了效果更好的液晶屏，控制方式也发生了很大变化，如万年历时钟芯片控制、单片机控制等。多功能数字钟如图 5-43 所示。

图 5-43　多功能数字钟

图 5-43　多功能数字钟（续）

知识链接 6　温度传感器

温度传感器是指能感受温度并将温度转换成可用输出信号的传感器。温度传感器及其产品如图 5-44 所示。

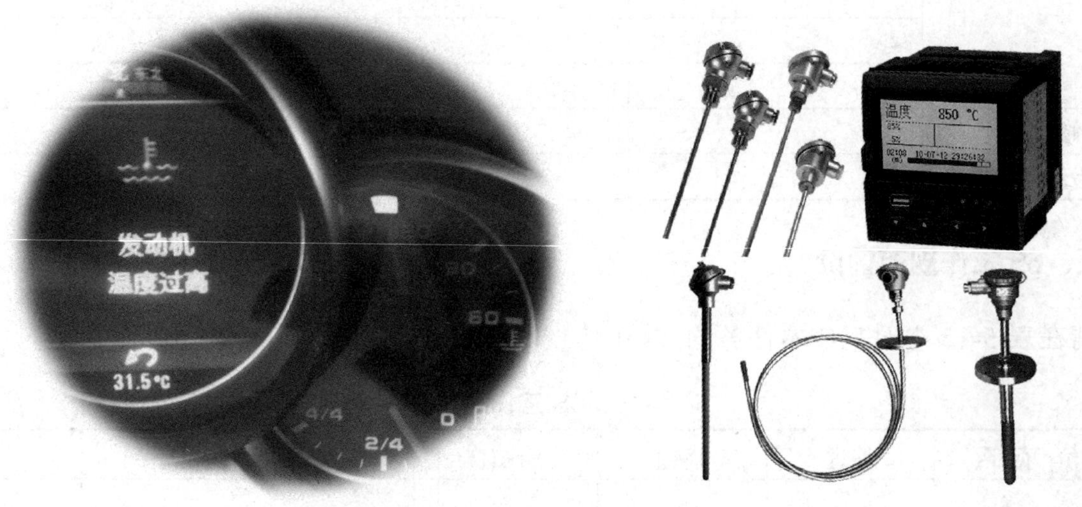

图 5-44　温度传感器及其产品

1．热电阻传感器

利用导体或半导体的电阻值随温度的变化而变化的特性来测量温度的感温元件叫作热电阻。

金属热电阻如图 5-45 所示。铂、铜为应用最广泛的热电阻材料。铂容易提纯，在高温和氧化性介质中的化学、物理性能稳定，制成的铂电阻的输入-输出特性接近线性，测量精度高。

半导体热敏电阻如图 5-46 所示。

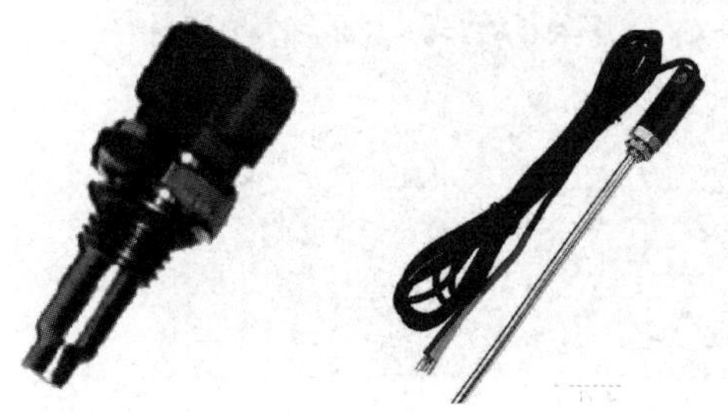

图 5-45　金属热电阻

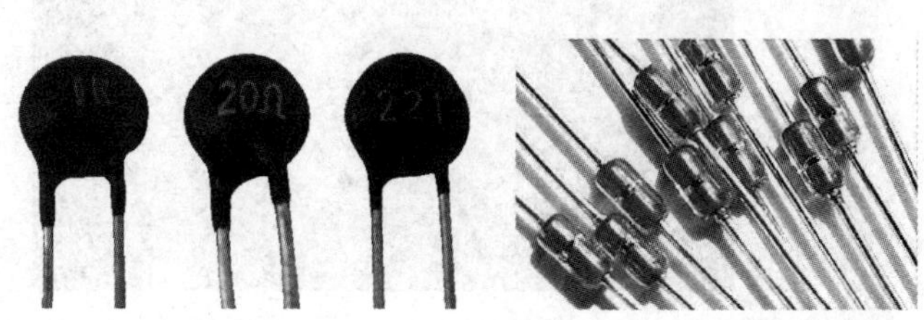

图 5-46　半导体热敏电阻

负温度系数热敏电阻（NTC）：阻值随着温度的升高而减小。

正温度系数热敏电阻（PTC）：阻值随着温度的升高而增大。

2．热电偶温度传感器

热电偶温度传感器将被测温度转化为mV级热电动势信号输出，属于自发电型传感器。

热电效应：将两种不同的导体或半导体两端相接组成闭合电路，当两个接点分别处于不同温度时，回路中会产生一个热电动势。热电偶传感器如图5-47所示。

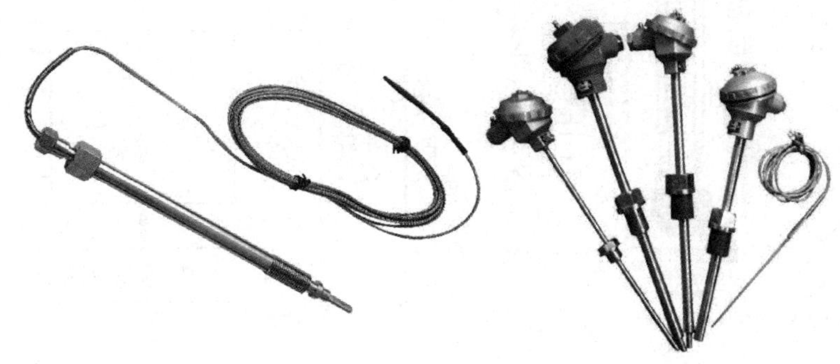

图5-47　热电偶传感器

3．集成电路温度传感器

集成电路温度传感器可以实现在一块小的半导体芯片上集成包括敏感器件、信号放大电路、温度补偿电路、基准电源电路等各个单元，使传感器与集成电路融为一体。集成电路温度传感器如图5-48所示。

图5-48　集成电路温度传感器

LM35温度传感器如图5-49所示。

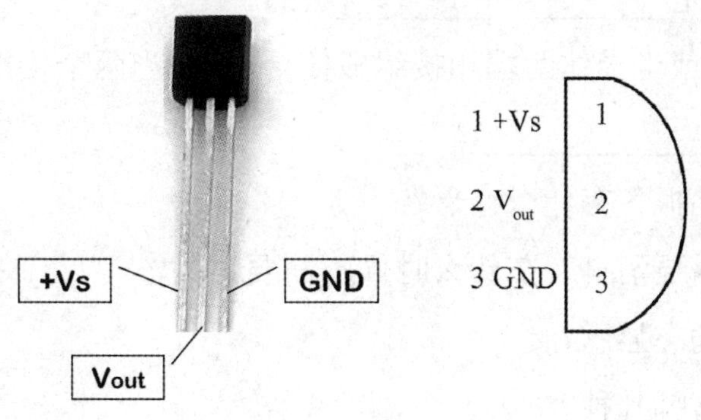

图5-49　LM35温度传感器

在常温下，LM35温度传感器不需要额外的校准处理即可达到±1/4℃的准确率。它的工作电压为4～30V，芯片从电源吸收的电流几乎是不变的（约50μA），所以芯片自身几乎没有散热的问题。输出电压换算成实际温度很方便，温度每升高1℃，LM35温度传感器的电压上升10mV。

DS18B20温度传感器如图5-50所示。

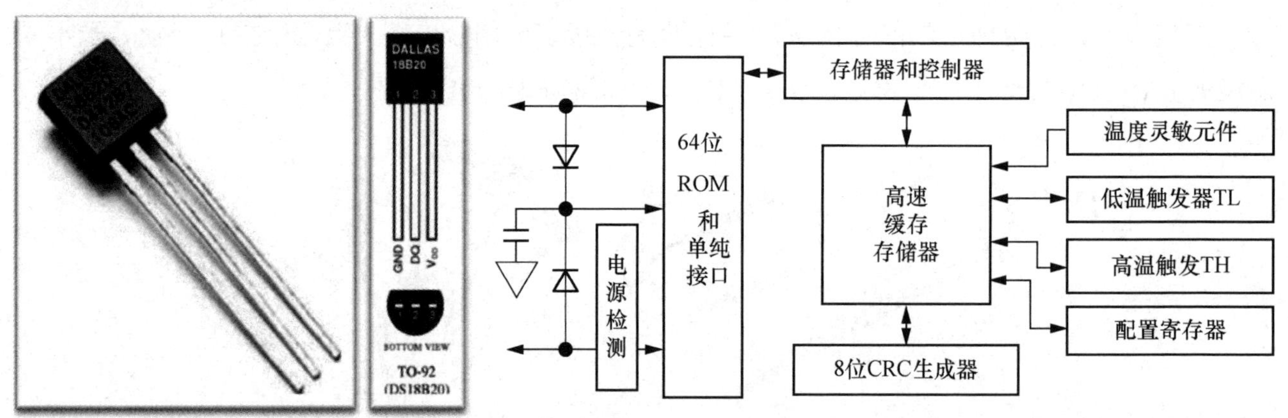

图5-50　DS18B20温度传感器

它接线方便，在与微处理器连接时仅需要一条接口线即可实现微处理器与DS18B20温度传感器的双向通信。支持多点组网功能，多个DS18B20温度传感器可以并联在唯一的总线上，实现多点测温。

巩固练习

1．若在晶片的两侧施加机械压力，则在晶片相应的方向上将产生电场，这种物理现象称为________________。

2．时序逻辑电路的输出不但和当前的输入信号有关，而且与电路________________有关。时序逻辑电路常用的电路类型有计数器和寄存器。

3．首先将数字式万用表置于二极管挡，假设数码管是共阳极的，将红表笔（见表内电源正极）与数码管的com端相连，然后用黑表笔逐个接触数码管的各段，若数码管的各段逐个被点亮，则可以确认数码管是________________极的。

4．将两种不同的导体或半导体两端相接组成闭合电路，当两个接点分别处于不同温度时，回路中会产生一个________________。

5．有源晶振和无源晶振各有什么特点？

6．按键在什么时候需要消抖？在什么时候不需要消抖？

7．什么是数码管的动态显示？

8．温度传感器主要有哪几种？

9．老化主要有什么作用？

10．使用十进制计数器 74LS160 搭建一个七进制星期计数器。

实时时钟芯片

随着技术的发展，使用计数器搭建的时钟电路逐步被实时时钟芯片替代。时钟芯片接口简单、价格低廉、使用方便，被广泛地应用。

快去搜索一下实时时钟芯片都有哪些功能和特点吧。相关资料也可参见本书配套的电子资料包。

民族自信：中国心——龙芯

项目六

智能巡更机器人的装调与应用

随着科技的不断进步，机器人已经逐步走进我们的日常生活。服务型机器人是一种半自主或全自主工作的机器人，能完成有益于人类的服务工作。安防机器人是服务机器人的一种，其功能主要包括指定场所的巡更、图像/视频监控、异常情况探测、自动报警、远程操控等功能，更高级的机器人甚至具备火灾报警、危险气体报警等功能，安防机器人能够部分或全部代替人工执行安保巡更任务。本项目要介绍的机器人是安防机器人的一种，这种机器人带有自动避障、视频监控功能，并且可以实现远程报警。

项目介绍

智能巡更机器人主要利用超声波传感器及其控制电路组成的超声波避障系统进行避障，通过红外线循迹系统进行线路识别，从而实现固定线路的巡更，利用图像采集系统进行影像记录，通过 Wi-Fi 数据模块与控制器进行实时数据交换，实现远程控制。智能巡更机器人如图 6-1 所示。项目流程及主要知识技能如图 6-2 所示。

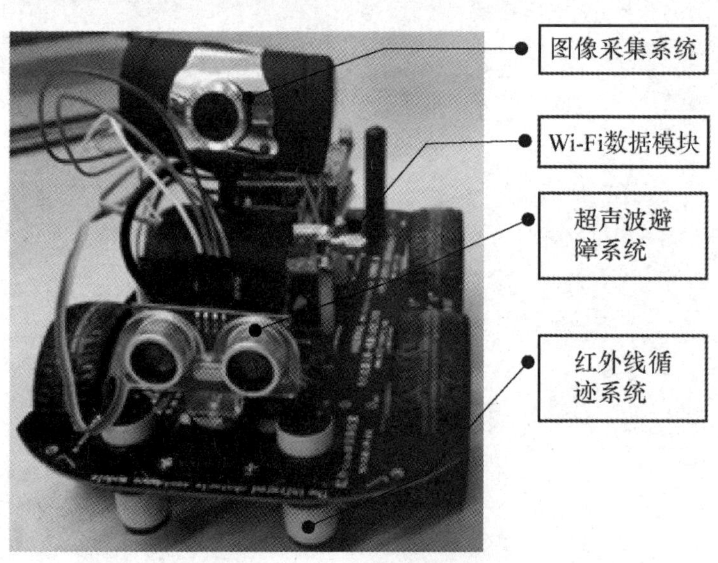

图 6-1　智能巡更机器人

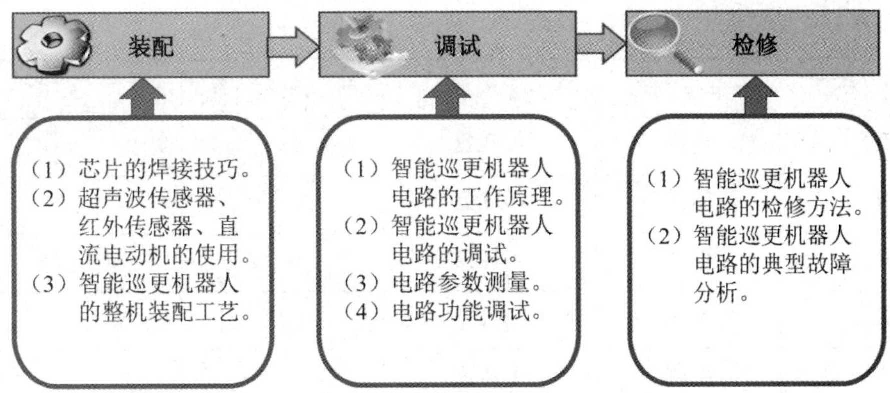

图 6-2　项目流程及主要知识技能

项目实施

任务一　智能巡更机器人的装配

一、来料检查

此任务主要完成智能巡更机器人部分电路的焊接。根据图 6-3～图 6-5 和表 6-1 所示，清点并检测元器件和功能部件，将检测结果记录到表 6-1 的“检测结果”一栏中，“√”代表合格，“×”代表不合格。如果不合格，请在“备注”栏写出判断依据。检测完成后在 PCB 上进行焊接和装配。

表 6-1　智能巡更机器人电路元器件清单

序　号	标　称	名　称	规　格	检 测 结 果	备　　注
1	R_1	电阻	0Ω		
2	R_2	电阻	0Ω		
3	R_3	电阻	0Ω		
4	R_4	电阻	1kΩ		
5	R_5	电阻	1kΩ		
6	R_6	电阻	0Ω		
7	R_7	电阻	0Ω		
8	R_9	电阻	0Ω		
9	R_{11}	电阻	0Ω		
10	R_{12}	电阻	4.7kΩ		
11	R_{13}	电阻	4.7kΩ		
12	R_{14}	电阻	4.7kΩ		

续表

序　号	标　称	名　称	规　格	检测结果	备　　注
13	R_{15}	电阻	4.7kΩ		
14	R_{16}	电阻	4.7kΩ		
15	R_{17}	电阻	4.7kΩ		
16	R_{26}	电阻	36（1±1%）kΩ		
17	R_{27}（NC）	电阻	4.7kΩ		
18	R_{29}	电阻	4.7kΩ		
19	R_{30}	电阻	36kΩ		
20	R_{32}	电阻	0Ω		
21	R_{45}（NC）	电阻	4.7kΩ		
22	R_{50}（NC）	电阻	0Ω		
23	R_{53}	电阻	0Ω		
24	R_{54}	电阻	0Ω		
25	C_3	电解电容	10μF		
26	C_6	电解电容	220μF		
27	C_7	电容	10μF		
28	C_8	电容	0.1μF		
29	C_9	电容	0.1μF		
30	C_{10}	电容	10μF		
31	C_{22}	电容	0.1μF		
32	C_{28}	电解电容	220μF		
33	C_{57}	电容	0.1μF		
34	C_{62}	电容	10μF		
35	C_{64}	电容	0.01μF		
36	C_{94}	电容	22pF		
37	C_{95}	电容	0.1μF		
38	C_{105}	电容	10μF		
39	D_1	LED-SMT	2V 0.06W		
40	D_2	LED-SMT	2V 0.06W		
41	D_4	整流二极管	1N5822		
42	D_5	整流二极管	1N5822		

续表

序　号	标　称	名　称	规　格	检测结果	备　注
43	D_6	整流二极管	1N5822		
44	D_7	整流二极管	1N5822		
45	D_8	整流二极管	1N5822		
46	D_9	整流二极管	1N5822		
47	D_{10}	整流二极管	1N5822		
48	D_{11}	整流二极管	1N5822		
49	L_{13}	电感	10μH		
50	J_1	排针	0.8mm		
51	J_2	排针	0.8mm		
52	J_3	排针	0.8mm		
53	J_4	排针	0.8mm		
54	J_5	排针	0.8mm		
55	J_6	排针	0.8mm		
56	J_7	排针	0.8mm		
57	J_8	排针	0.8mm		
58	J_9	排针	0.8mm		
59	J_{10}	USB 接口	USB-JACK		
60	J_{11}	排针	0.8mm		
61	J_{12}	排针	0.8mm		
62	J_{13}	排针	0.8mm		
63	J_{14}	排针	0.8mm		
64	J_{15}	排针	0.8mm		
65	J_{16}	排针	0.8mm		
66	J_{38}	接线端子	2P × 2		
67	SW_1	开关	SDTA-620		
68	SW_2	开关	6-R		
69	U_1	集成芯片	TB6612		
70	U_3	电源接口	DC-JACK		
71	CON1	集成芯片	74HC244		
72	U_8	集成芯片	SY8100		

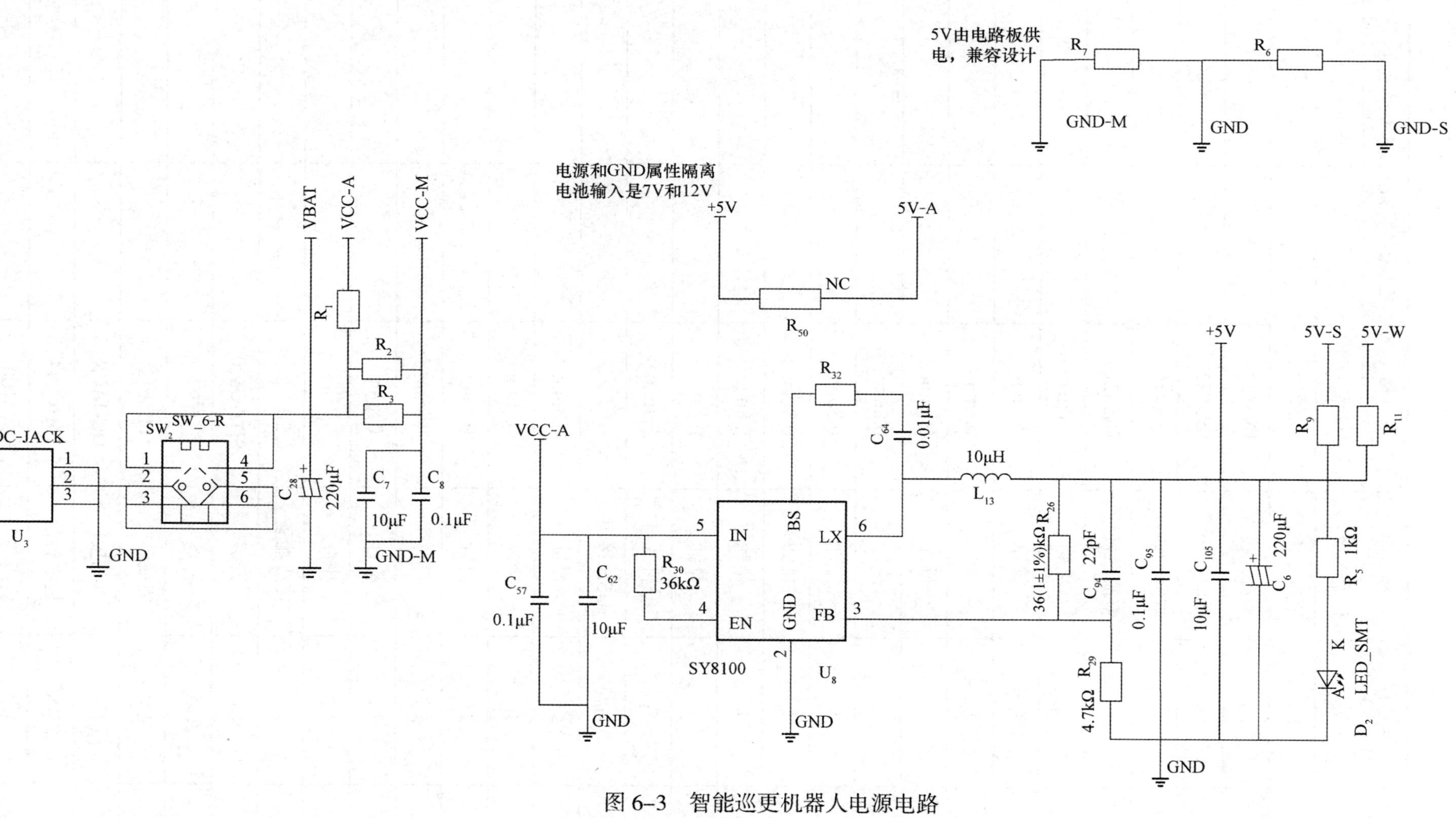

图 6-3　智能巡更机器人电源电路

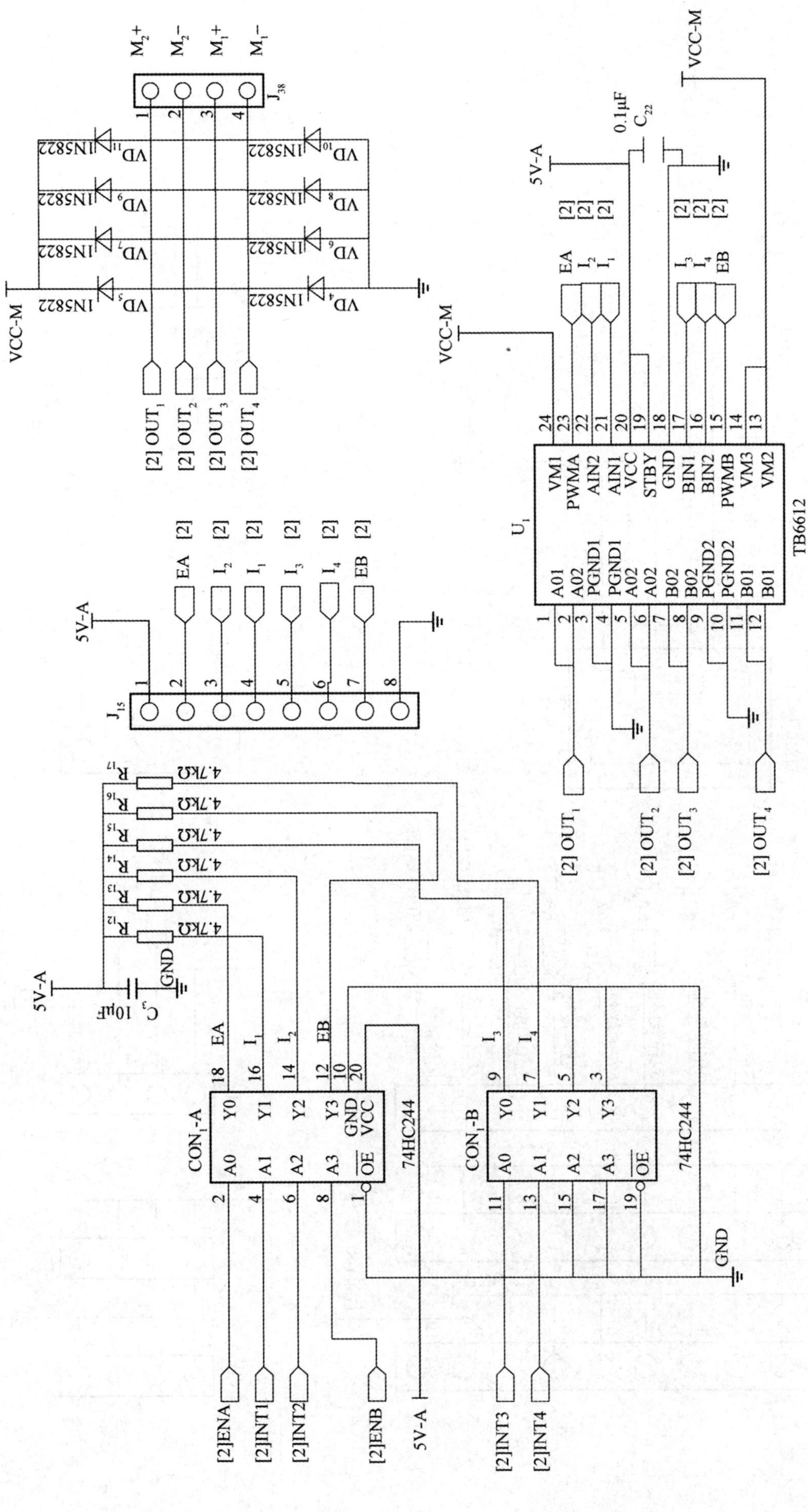

图6-4　智能巡更机器人驱动电路

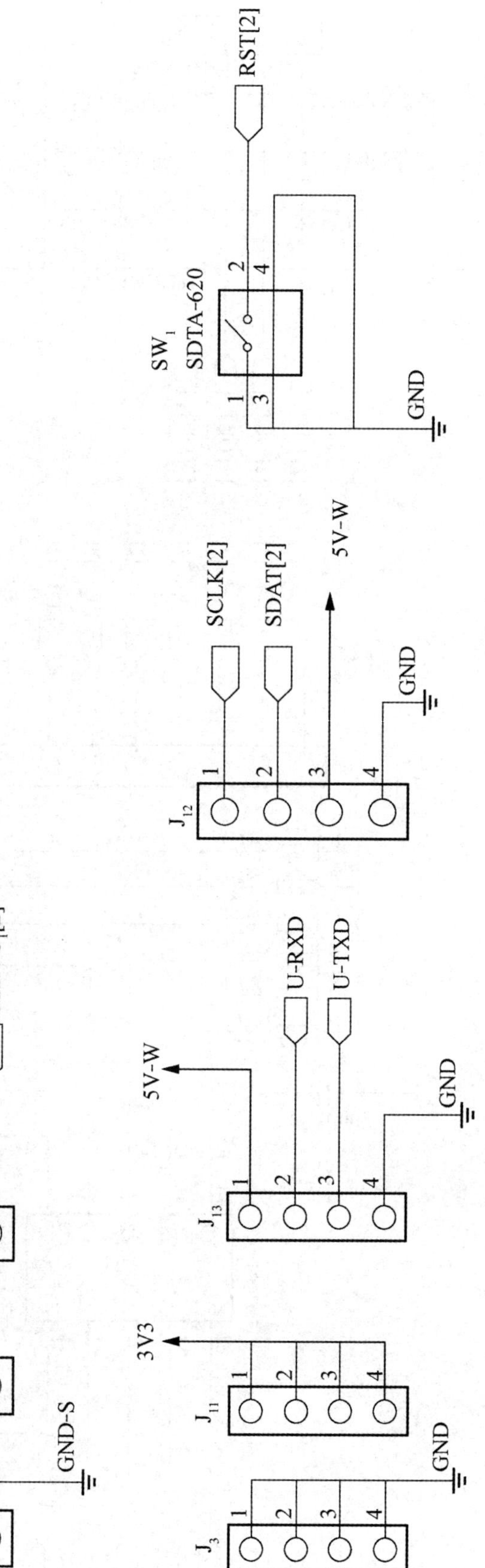

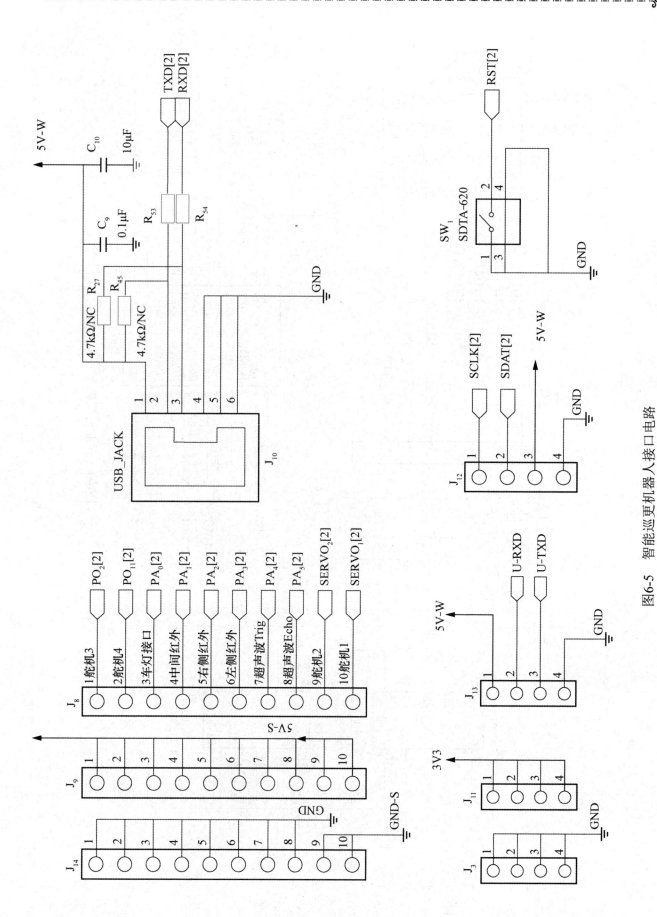

图6-5 智能巡更机器人接口电路

二、电路装配

将元器件和电路附件正确地装配在 PCB 上（见图 6-6）。

图 6-6　电路装配实物图

1．贴片元器件焊接工艺评价标准

贴片元器件焊接工艺评价标准如表 6-2 所示。

表 6-2　贴片元器件焊接工艺评价标准

评 价 等 级	评 价 标 准
A 级	所焊接的元器件的焊点适中，无漏焊、假焊、虚焊、连焊，焊点光滑、圆润、干净，无毛刺，焊点基本一致，没有歪焊
B 级	所焊接的元器件的焊点适中，无漏焊、假焊、虚焊、连焊，但 1～2 个元器件有以下现象：有毛刺，不光亮，或出现歪焊
C 级	3～5 个元器件有漏焊、假焊、虚焊、连焊，或有毛刺，不光亮，或出现歪焊
D 级	超过 6 个元器件有漏焊、假焊、虚焊、连焊，或有毛刺，不光亮，或出现歪焊
E 级	完全没有贴片焊接

2．非贴片元器件焊接工艺评价标准

非贴片元器件焊接工艺评价标准如表 6-3 所示。

表 6-3　非贴片元器件焊接工艺评价标准

评 价 等 级	评 价 标 准
A 级	所焊接的元器件的焊点适中，无漏焊、假焊、虚焊、连焊，焊点光滑、圆润、干净，无毛刺，焊点基本一致，引脚加工尺寸及成形符合工艺要求；导线长度、剥线头长度符合工艺要求，芯线完好，捻线头镀锡
B 级	所焊接的元器件的焊点适中，无漏焊、假焊、虚焊、连焊，但 1～2 个元器件有以下现象：有毛刺、不光亮，或导线长度、剥线头长度不符合工艺要求，或捻线头无镀锡
C 级	3～6 个元器件有漏焊、假焊、虚焊、连焊，或有毛刺、不光亮，或导线长度、剥线头长度不符合工艺要求，捻线头无镀锡
D 级	超过 7 个元器件有漏焊、假焊、虚焊、连焊，或有毛刺、不光亮，或导线长度、剥线头长度不符合工艺要求，或捻线头无镀锡
E 级	超过五分之一（15 个以上）的元器件没有焊接在电路板上

3. 电子产品整机装配评价标准

电子产品整机装配评价标准如表 6-4 所示。

表 6-4　电子产品整机装配评价标准

评 价 等 级	评 价 标 准
A 级	焊接安装无错漏，电路板插件位置正确，元器件极性正确，接插件、紧固件安装可靠牢固，电路板安装对位；整机清洁无污物
B 级	元器件已焊接在电路板上，但 1～2 个元器件焊接安装错误；缺少 1～2 个元器件或插件；1～2 个插件位置不正确或元器件极性不正确；元器件、导线安装及标记方向不符合工艺要求；1～2 处出现烫伤、划伤或有污物
C 级	缺少 3～5 个元器件或插件；3～5 个插件位置不正确或元器件极性不正确；元器件、导线安装及标记方向不符合工艺要求；出现 3～5 处烫伤或划伤，有污物
D 级	缺少 6 个以上元器件或插件；6 个以上插件位置不正确或元器件极性不正确；元器件、导线安装及标记方向不符合工艺要求；出现 6 处以上烫伤或划伤，有污物

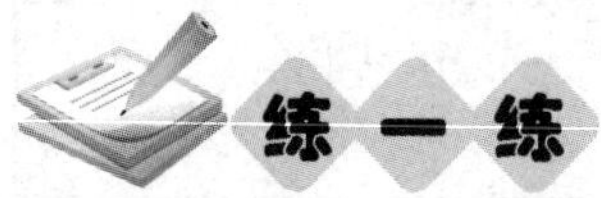

填写装配工艺过程卡片中的空项（见表 6-5）。

表 6-5　装配工艺过程卡片

<table>
<tr><td rowspan="2">项目</td><td colspan="3" rowspan="2">装配工艺过程卡片</td><td colspan="1">工序名称</td><td>产品图号</td></tr>
<tr><td>插件</td><td>PCB-20210625</td></tr>
<tr><td rowspan="2">标称（位号）</td><td colspan="3">装入件及辅助材料</td><td rowspan="2">工艺要求</td><td rowspan="2">工　具</td></tr>
<tr><td>名　称</td><td>规　格</td><td>数　量</td></tr>
<tr><td>R_1</td><td>贴片电阻</td><td>0603，0Ω</td><td>1</td><td></td><td rowspan="7">镊子、剪刀、电烙铁等常用装接工具</td></tr>
<tr><td>R_2</td><td>贴片电阻</td><td>0603，0Ω</td><td>1</td><td></td></tr>
<tr><td>R_3</td><td>贴片电阻</td><td>0603，0Ω</td><td>1</td><td></td></tr>
<tr><td>C_{28}</td><td>电解电容</td><td>220μF</td><td>1</td><td></td></tr>
<tr><td>L_{13}</td><td>电感</td><td>10μH</td><td>1</td><td></td></tr>
<tr><td>SW_1</td><td>开关</td><td>SDTA-620</td><td>1</td><td></td></tr>
<tr><td>SW_2</td><td>开关</td><td>6-R</td><td>1</td><td></td></tr>
<tr><td colspan="6">以上各元器件的插装顺序是：</td></tr>
</table>

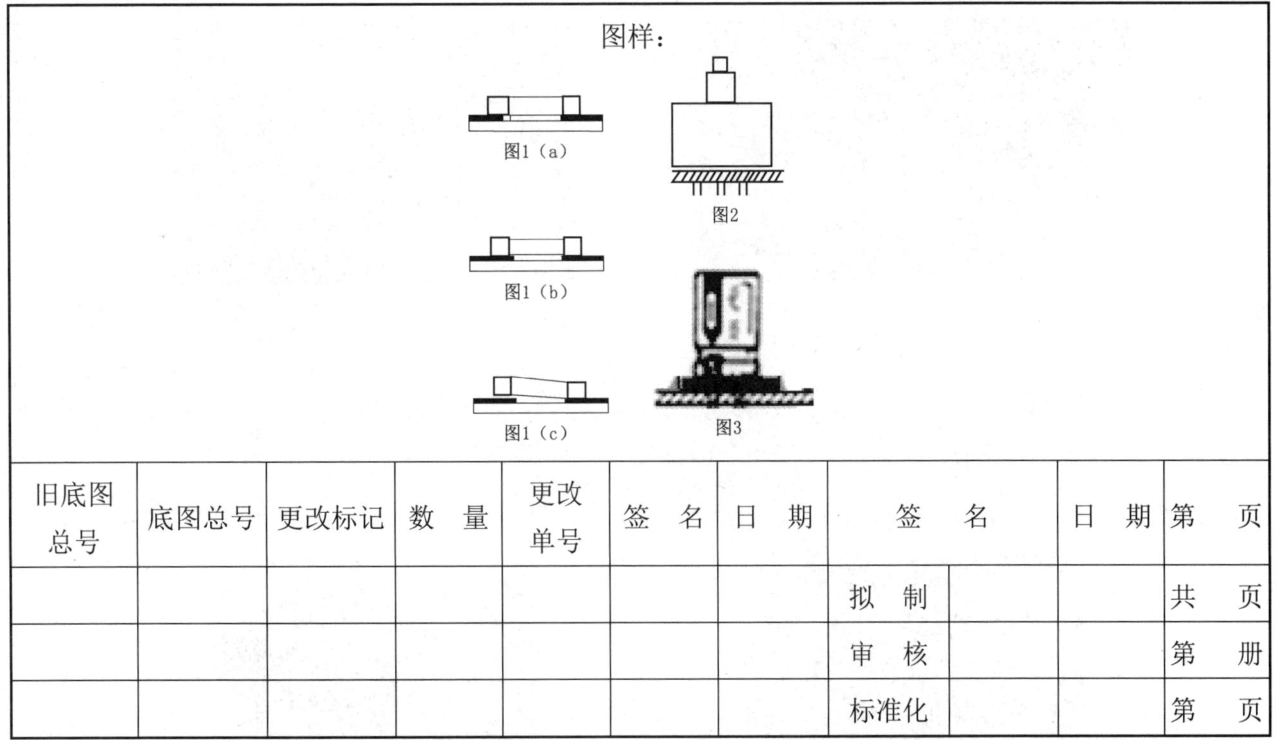

图样：

旧底图总号	底图总号	更改标记	数　量	更改单号	签　名	日　期	签　名		日　期	第　　页
							拟　制			共　　页
							审　核			第　　册
							标准化			第　　页

知识链接 1　芯片的焊接技巧

在前几个项目的实施中，我们熟悉了焊接技术，本项目的焊接元器件中包含 3 个集成芯片，其中集成芯片 TB6612 为 SOP 封装 24 引脚，集成芯片 74HC244 为 SOP 封装 20 引脚，如图 6-7 所示。这两个芯片尺寸小、引脚多，按照以前所学的焊接方法，可以先固定芯片，然后一个引脚一个引脚地焊接，但是这样焊接速度较慢。用芯片焊接练习板来学习芯片的拖焊焊接方法，这种方法焊接速度快、质量高，但是操作人员需要具备一定的焊接基础，并且需要勤加练习。

图 6-7　SOP 封装芯片

第一步，在焊盘上涂抹适量助焊剂，将引脚和焊盘对齐。这一步十分重要，若引脚不对齐焊盘，则后面的焊接都是没有用的。如果芯片引脚多，间距小，导致看不清楚，那么可以使用放大镜观察。

第二步，固定芯片。芯片对齐之后就用焊锡将芯片固定好，最好固定两个以上的点，防止在焊接过程中芯片发生位移，如图 6-8 和图 6-9 所示。

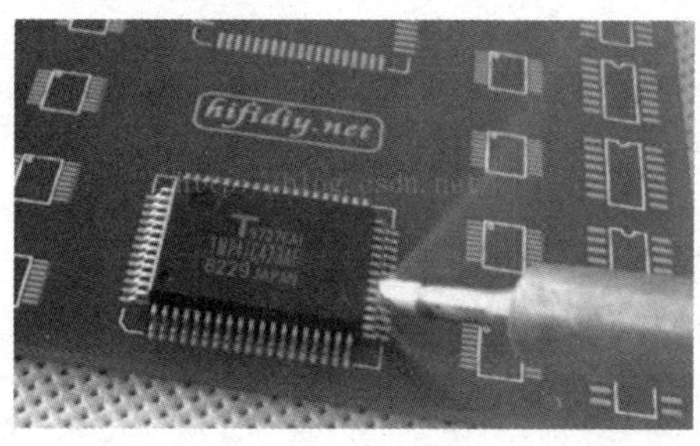

图 6-8　固定芯片

图 6-9　固定 4 个点

第三步，堆锡。在拖焊的起始位置堆一定量的焊锡，拖动时保证这一列引脚都能够有适量的焊锡，如图 6-10 所示。

第四步，拖焊。在电烙铁头部涂上松香，如图 6-11 所示。接下来就开始进行拖焊。

图 6-10　堆锡

图 6-11　涂上松香

按照箭头的方向迅速移动，如图 6-12 所示。如果在拖动过程中某几个引脚含锡量过多，那么再次将电烙铁头部浸入松香后迅速加热引脚并拨去多余焊锡。一侧拖焊完成之后的效果如图 6-13 所示。如果在拖焊过程中有引脚没有分开，那么继续使用松香拖焊，直到所有引脚分开。

图 6-12　焊接

图 6-13　一侧拖焊完成之后的效果

整体拖焊完成的效果如图 6-14 所示。

图 6-14　整体拖焊完成的效果

在拖焊过程中的注意事项如下。

（1）在焊接过程中要控制好温度。温度不能太高也不能太低，温度太低不能熔化锡丝，温度太高容易将芯片烧坏。在焊接过程中，将温度控制在 300～380℃。

（2）拖焊之前一定要对齐芯片。

（3）有些芯片的引脚距离特别近，在焊接过程中容易引脚连焊，在分开引脚的过程中，要注意防止焊接时间过长，温度过高容易将芯片烧坏。

（4）拖焊最好不要使用圆头的电烙铁，一般使用刀头或马蹄铁头的电烙铁。

（5）焊接之后，由于使用了松香，因此会在板子上留下焊接残渣，可用洗板水或酒精洗去。

（6）焊接直插式元器件时，边焊接边给锡就可以了。

（7）使用完电烙铁之后，要在电烙铁头部镀上一层锡，防止氧化，起到保护的作用。

知识链接 2　超声波传感器

随着科技的发展，超声波传感器被广泛地应用到人们的日常生活中。超声波传感器如图 6-15 所示。人们听到的声音是物体振动产生的，它的频率范围为 20Hz～20kHz，超过 20kHz 的声音称为超声波，低于 20Hz 的声音称为次声波。常用的超声波频率为几十千赫兹至几十兆赫兹。由于超声波指向性强，因此常用于对距离的测量。利用超声波进行检测往往比较迅速、方便、计算简单、易于做到实时控制，并且在测量精度方面能达到工业实用的要求，因此在移动机器人、汽车安全、海洋测量等方面得到了广泛的应用。

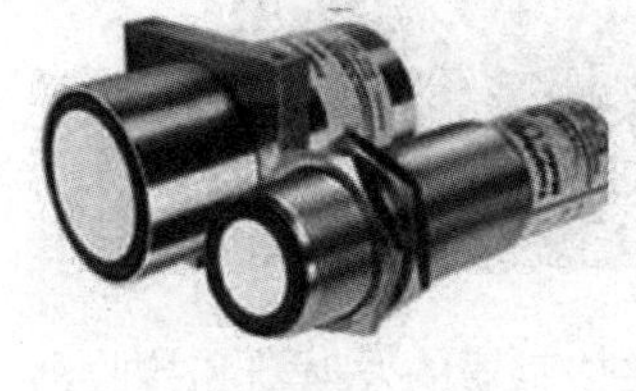

图 6-15　超声波传感器

超声波探头主要由压电晶片组成，既可以发射超声波，又可以接收超声波。小功率超声波探头多用于探测。它有许多不同的结构，可分为直探头（纵波）、斜探头（横波）、表面波探头（见表面波）、兰姆波探头（兰姆波）、双探头（一个探头反射、一个探头接收）等。不同类型的超声波探头如图 6-16 所示。

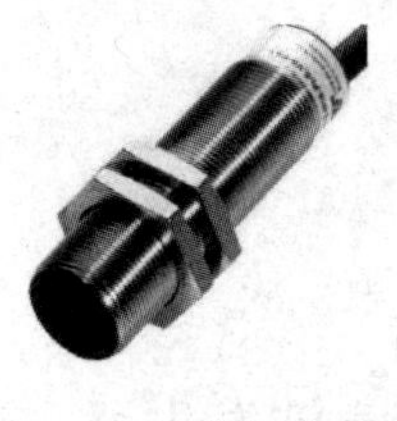

直探头

斜探头

双探头

图 6-16　不同类型的超声波探头

超声波探头的核心是其塑料外壳或金属外壳中的一块压电晶片。构成压电晶片的材料可以有许多种，压电晶片的大小，如直径和厚度也各不相同，因此每个探头的性能是不同的，使用前必须预先了解它的性能。超声波传感器的主要性能指标如下。

（1）工作频率。工作频率就是压电晶片的共振频率。当加到压电晶片两端的交流电压的频率和压电晶片的共振频率相等时，输出的能量最大，灵敏度也最高。

（2）工作温度。由于压电材料的居里点一般比较高，特别是诊断用超声波探头使用功率较小，因此工作温度比较低，可以长时间工作而不失效。医疗用的超声波探头的温度比较高，需要单独的制冷设备。

（3）灵敏度。灵敏度主要取决于制造晶片本身，机电耦合系数大，灵敏度高；反之，灵敏度低。

超声波传感器的发射器用“T”表示，接收器用“R”表示。超声波传感器的发射器和接收器如图 6-17 所示。其振子由压电陶瓷制成，加上共振喇叭可提高灵敏度。当超声波传感器处于发射状态时，外加共振频率的电压能产生超声波，将电能转化为机械能；当超声波传感器处于接收状态时，又能很灵敏地探测到共振频率的超声波，将机械能转化为电能。超声波传感器的内部结构如图 6-18 所示。

图 6-17　超声波传感器的发射器和接收器

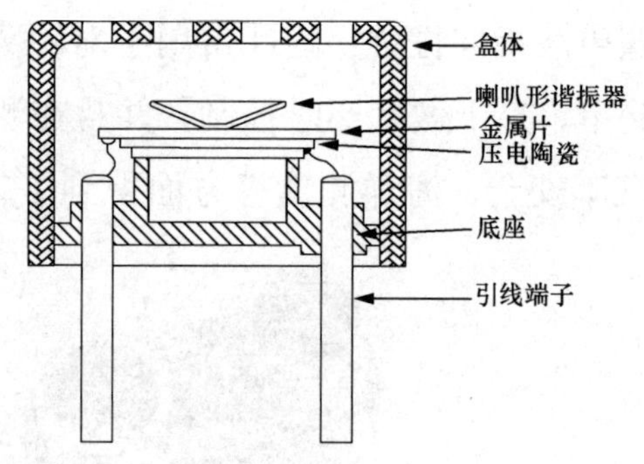

图 6-18　超声波传感器的内部结构

智能巡更机器人用到的模块是 HC-SR04 超声波传感器测距模块，此模块自带频率发生器，模块有 4 个出线端，分别是 VCC（电源）、GND（接地）、Trig（信号控制端接口）、Echo（信号接收端接口）。HC-SR04 超声波传感器测距模块如图 6-19 所示。

图 6-19　HC-SR04 超声波传感器测距模块

为了研究和利用超声波，人们已经设计和制成了许多超声波发生器。超声波发生器可以分为两大类：一类是用电气方式产生超声波，另一类是用机械方式产生超声波。电气方式包括压电式、磁致伸缩式和电动式等，机械方式有液哨和气流旋笛等。它们所产生的超声波的频率、功率和声波特性各不相同，因而用途也各不相同。本项目采用的是压电式超声波发生器。

在智能巡更机器人中，超声波传感器的主要作用是避开障碍物，当超声波传感器检测到前方出现障碍物时，将对机器人的控制器发出控制信号。超声波测距通常采用渡越时间法，即利用 $s=vt/2$ 计算被测物体的距离。式中，s 为收发头与被测物体之间的距离，v 为超声波在介质中的传播速度（$v=331.41+T/273\,\text{m/s}$），$t$ 为超声波的往返时间。超声波测距的工作原理为：发射头发出的超声波以速度 v 在空气中传播，在到达被测物体时被其表面反射返回，由接收头接收，其往返时间为 t，由 $s=vt/2$ 算出被测物体的距离。T 为环境温度，在精度要求高的场合必须考虑此影响，但在一般情况下，可舍去，由软件进行调整补偿。超声波也是一种声波，其声速 c 与温度有关，表 6-6 所示为温度与声速的关系。在实际应用中，若温度变化不大，则可认为声速是基本不变的。

表 6-6　温度与声速的关系

温度/℃	−30	−20	−10	0	10	20	30	100
声速/(m/s)	313	319	325	333	338	344	349	386

超声波传感器的工作原理如图 6-20 所示。

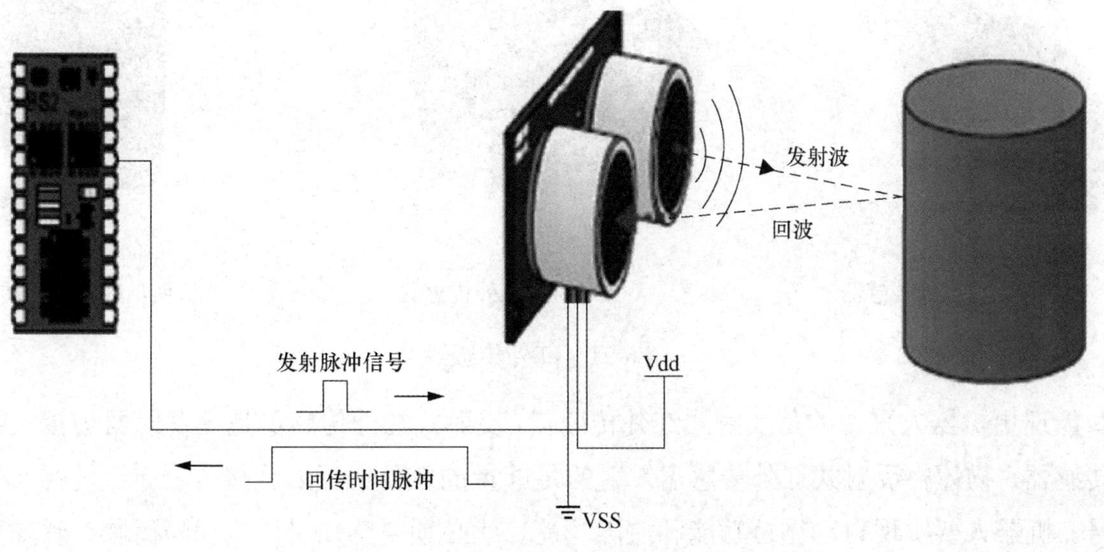

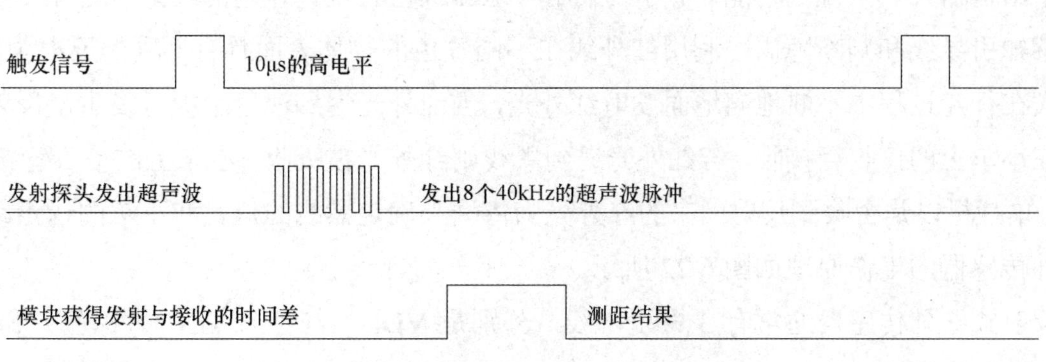

图 6-20　超声波传感器的工作原理

① 采用 I/O 触发测距，给至少 10μs 的高电平信号。

② 模块自动发送 8 个 40kHz 的方波，自动检测是否有信号返回。

③ 若有信号返回，则通过 I/O 口输出一个高电平，高电平持续的时间就是超声波从发射到返回的时间。

知识链接 3　红外传感器

红外传感器也称光电传感器或红外线光电开关，是采用光电元件作为检测元件的传感器。红外传感器具有精度高、反应快、非接触、可测参数多等优点，红外传感器结构简单，形式多样，因此在工业自动化装置和机器人中得到了广泛应用。常用的红外传感器按检测方式可分为反射式、对射式和镜面反射式 3 种类型，如图 6-21 所示。对射式红外传感器检测距离远，可检测半透明物体的密度（透光度）。反射式红外传感器的工作距离被限定在光束的交点附近，以避免背景影响。镜面反射式红外传感器的反射距离较远，用于远距离检测，也可检测透明或半透明物体。

反射式红外传感器

对射式红外传感器

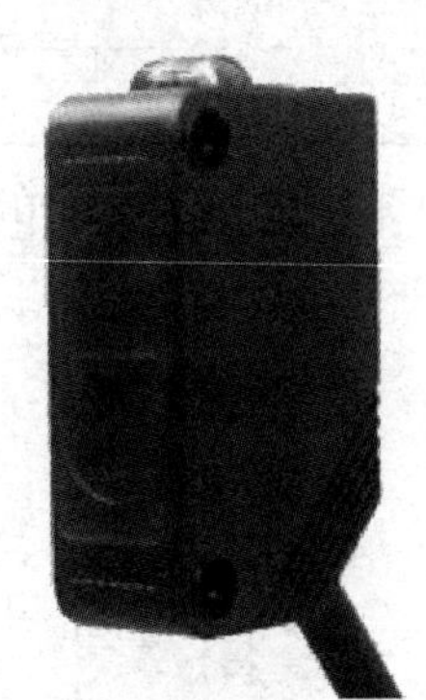

镜面反射式红外传感器

图 6-21　红外传感器

智能巡更机器人采用的是反射式红外传感器，反射式红外传感器是集发射器与接收器于一体的传感器。物体将反射式红外传感器发射的足够量的红外线反射到接收器，于是就产生了开关信号。机器人要实现自动循迹功能和避障功能，就必须要感知引导线和障碍物，感知引导线相当于给机器人一个视觉功能，引导线采用与地面颜色有较大差别的线条，使用反射式红外传感器感知引导线和判断障碍。利用红外线在不同颜色的物体表面具有不同的反射强度的特点，机器人在行走过程中不断地向地面发射红外光，当红外光遇到浅色地板时发生漫反射，反射光被装在小车上的接收管接收，若红外光遇到黑线则红外光被吸收，小车上的接收管接收不到红外光。单片机以是否收到反射回来的红外光为依据来确定黑线的位置和小车的行走路线。反射式红外传感器的工作原理如图 6-22 所示。

反射式红外传感器通常有 3 条引出线，分别是 VDD（红色）、GND（棕色）和 OUTPUT（黄色），品牌不同，引出线的颜色也会有所不同。在安装过程中要分别将对应的引出线插到排针上，不能插反，如图 6-23 所示。

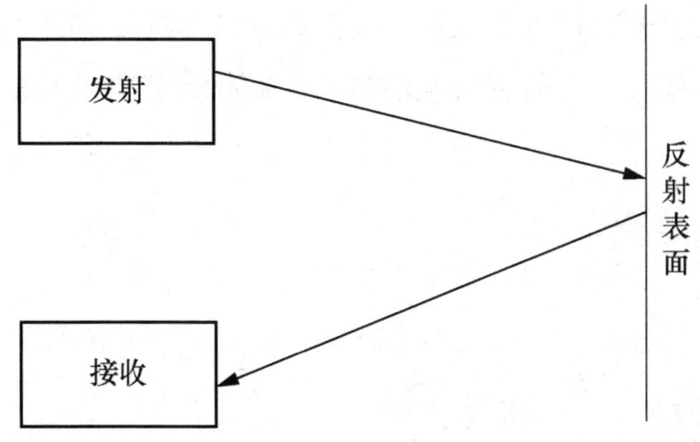

图 6-22　反射式红外传感器的工作原理

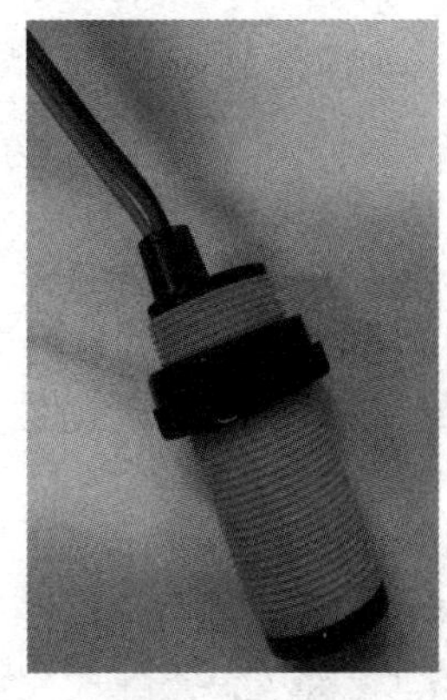

图 6-23　安装示意图

使用反射式红外传感器的注意事项如下。

（1）红外传感器的工作原理：其红外线发射管发射出红外光，红外线接收管根据反射回来的红外光强度大小来计数。因此，被循迹的表面必须有黑白相间的部位用于吸收和反射红外光。

（2）红外传感器的前端面与被检测的工件或物体表面必须保持平行，这样，反射式红外传感器的转换效率最高。

（3）反射式红外传感器的前端面与反光板的距离要保持在规定的范围内。

（4）反射式红外传感器必须安装在没有强光直接照射处，因为强光中的红外光将影响红外线接收管的正常工作。

（5）安装或焊接时，反射式红外传感器的引脚根部与焊盘的最小距离不得小于 5mm，否则焊接时易损坏管芯，或引起管芯性能的变化，焊接时间应小于 4s。本项目的红外传感器无须焊接，但是要注意插接牢固，不要插反。

知识链接 4　直流电动机

直流电动机按结构及工作原理可划分为无刷直流电动机和有刷直流电动机，如图 6-24 所示。

图 6-24　直流电动机

（1）无刷直流电动机与普通直流电动机的区别是定子与转子进行了互换。其转子为永久磁铁，产生气隙磁通；其定子为电枢，由多相绕组组成，其结构如图 6-25 所示。

（2）有刷直流电动机可分为永磁直流电动机和电磁直流电动机。永磁直流电动机又可分为稀土永磁直流电动机、铁氧体永磁直流电动机和铝镍钴永磁直流电动机。有刷直流电动机的结构如图 6-26 所示。

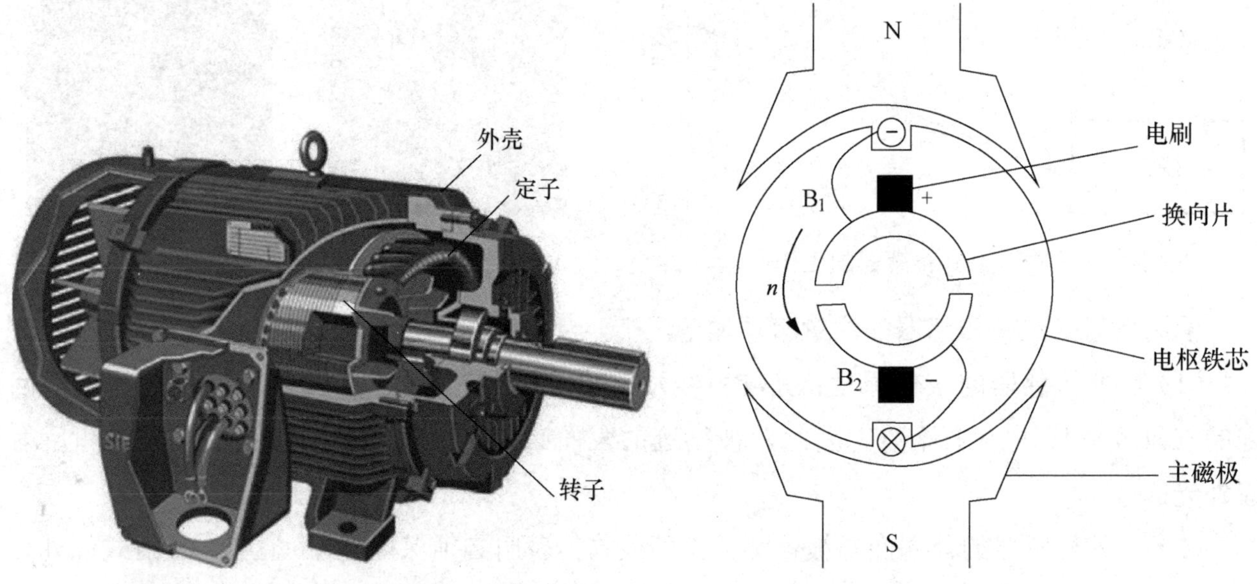

图 6-25　无刷直流电动机的结构　　图 6-26　有刷直流电动机的结构

智能巡更机器人使用的电动机是铁氧体永磁直流电动机，这种直流电动机结构简单，价格便宜，额定电压在 3V 左右，空载电流小于 200mA，空载转速为 11500（1±10%）r/min。铁氧体永磁直流电动机有两个接线端，这两个接线端分别接直流电的正负极，通过调换正负极可以改变电动机的转动方向。铁氧体永磁直流电动机的接线端如图 6-27 所示。

图 6-27　铁氧体永磁直流电动机的接线端

智能巡更机器人需要 4 个直流电动机，这 4 个直流电动机分别驱动 4 个轮子，连接线路时，同侧的两个电动机相连，且应交叉相连，这样才能保证两个电动机的转动方向一致。智能巡更机器人电动机的接线图如图 6-28 所示。

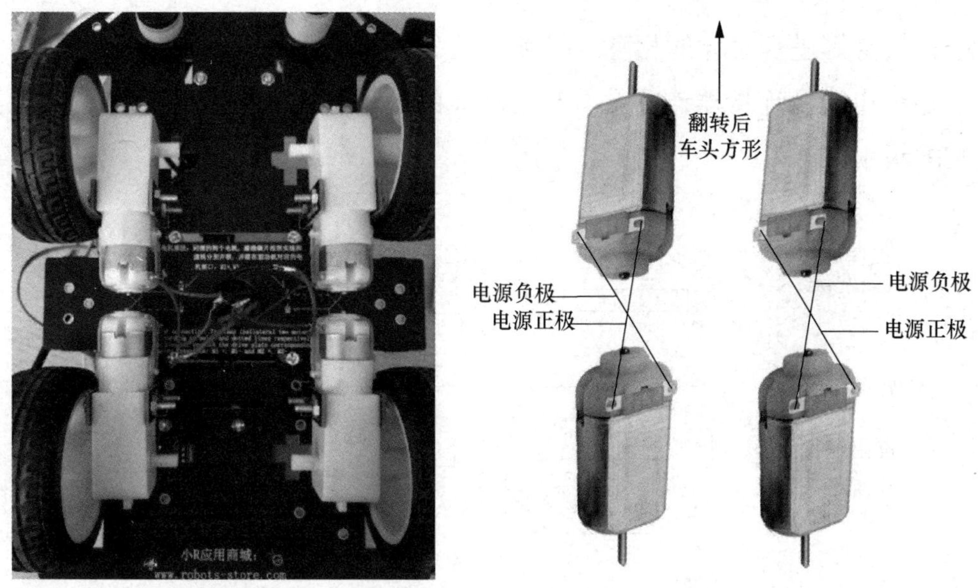

图 6-28　智能巡更机器人电动机的接线图

知识链接 5　智能巡更机器人的整机装配工艺

整机装配工艺过程即整机的装接工序安排，即以设计文件为依据，按照工艺文件的工艺规程和具体要求，将各种电子元器件、机电元器件及结构件装连在 PCB、机壳、面板等指定位置上，构成具有一定功能的完整的电子产品的过程。整机装配工艺过程根据产品的复杂程度、产量大小等方面的不同而有所区别，但总体来看，有装配准备、部件装配、整件调试、整机检验等几个环节，如图 6-29 所示。

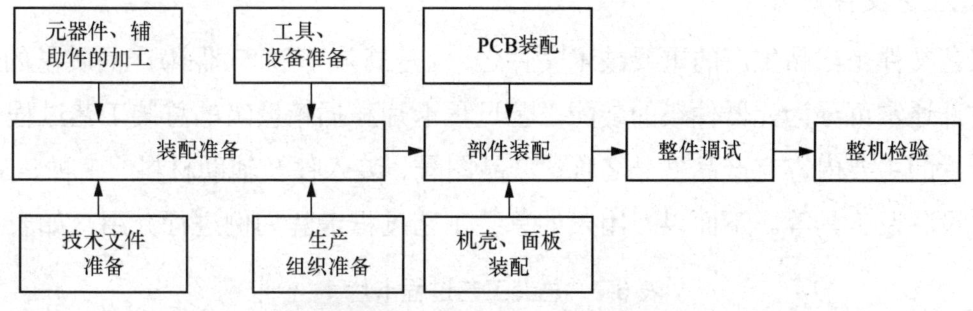

图 6-29　整机装配工艺过程图

1．装配级别分类

整机装配按元器件级、插件级、插箱板级和箱/柜级顺序进行。整机装配类型包括元器件级、插件级、插箱板级和箱/柜级，如图 6-30 所示。

元器件级：智能巡更机器人需要对控制电路板进行焊接组装，这一部分内容是最低的组装级别，其特点是结构不可分割。

插件级：用于组装和互连电子元器件。智能巡更机器人具有 3 块电路板，这 3 块电路板需要按照要求进行互连。

插箱板级：用于安装和互连插件或 PCB 部件。对智能巡更机器人的电路板、驱动系统、视频采集系统、机身等进行总体的相互连接或安装。

箱/柜级：通过电缆及连接器连接具有独立功能的电子仪器、设备和系统。智能巡更机器人没有用到此装配级别。

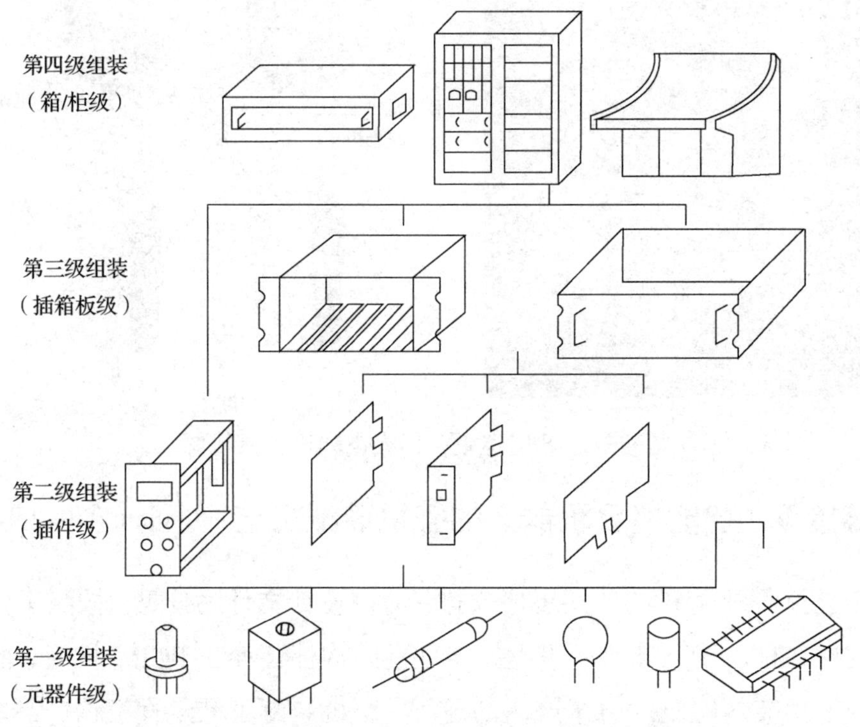

图 6-30 整机装配类型

2．装配工艺文件

装配工艺文件是产品生产的重要技术文件之一，是高效率生产、保障产品质量的重要文件。装配工艺文件通常可分为元器件级的装配工艺过程卡片和插箱板级的总装工艺过程卡片。总装工艺过程卡片的主要内容有产品型号名称、产品图号、装入件及辅助材料、工种、工序操作步骤及要求、设备及工具等。下面以万用表的总装工艺过程卡片为例进行介绍，如表 6-7 所示。

表 6-7 总装工艺过程卡片 1

<table>
<tr><td colspan="2" rowspan="2">SSD</td><td colspan="2" rowspan="2">总装工艺过程卡片</td><td colspan="3">产品型号名称</td><td colspan="2">产品图号</td></tr>
<tr><td colspan="3">MF47a</td><td colspan="2">MF47a</td></tr>
<tr><td colspan="6">工序名称</td><td>部/整件名称</td><td colspan="2">文件号/图号</td></tr>
<tr><td colspan="6">MF47a 型万用表的总装</td><td>指针式万用表</td><td colspan="2">MF47a-2</td></tr>
<tr><td colspan="3">装入件及辅助材料</td><td rowspan="2">车间</td><td rowspan="2">工序号</td><td rowspan="2">工种</td><td rowspan="2">工序操作步骤及要求</td><td rowspan="2">设备及工具</td><td rowspan="2">工艺工时定额</td></tr>
<tr><td>序号</td><td>名称、规格</td><td>数量</td></tr>
<tr><td>1</td><td>面板</td><td>1</td><td>电子工艺车间</td><td>1</td><td>组装</td><td>按顺序组装到一起，注意压簧和钢珠不要丢失，安装完毕立即检查是否能够正常旋转</td><td>无</td><td>3</td></tr>
</table>

续表

<table>
<tr><td colspan="2" rowspan="2">SSD</td><td colspan="3" rowspan="2">总装工艺过程卡片</td><td colspan="2">产品型号名称</td><td colspan="2">产品图号</td></tr>
<tr><td colspan="2">MF47a</td><td colspan="2">MF47a</td></tr>
<tr><td colspan="5">工序名称</td><td colspan="2">部/整件名称</td><td colspan="2">文件号/图号</td></tr>
<tr><td colspan="5">MF47a 型万用表的总装</td><td colspan="2">指针式万用表</td><td colspan="2">MF47a-2</td></tr>
<tr><td colspan="3">装入件及辅助材料</td><td rowspan="2">车间</td><td rowspan="2">工序号</td><td rowspan="2">工种</td><td rowspan="2">工序操作步骤及要求</td><td rowspan="2">设备及工具</td><td rowspan="2">工艺工时定额</td></tr>
<tr><td>序号</td><td>名称、规格</td><td>数量</td></tr>
<tr><td>2</td><td>大旋钮</td><td>1</td><td>电子工艺车间</td><td>2</td><td>组装</td><td rowspan="4">按顺序组装到一起，注意压簧和钢珠不要丢失，安装完毕立即检查是否能够正常旋转</td><td>无</td><td rowspan="4">3</td></tr>
<tr><td>3</td><td>压簧</td><td>1</td><td>电子工艺车间</td><td>3</td><td>组装</td><td>无</td></tr>
<tr><td>4</td><td>钢珠 $\phi4$</td><td>2</td><td>电子工艺车间</td><td>4</td><td>组装</td><td>无</td></tr>
<tr><td>5</td><td>电刷架</td><td>1</td><td>电子工艺车间</td><td>5</td><td>组装</td><td>无</td></tr>
<tr><td>6</td><td>成品表头</td><td>1</td><td>电子工艺车间</td><td>6</td><td>组装</td><td>牢固安装到面板，用螺钉拧紧</td><td>无</td><td rowspan="4">3</td></tr>
<tr><td>7</td><td>螺钉 M3×8，自攻</td><td>4</td><td>电子工艺车间</td><td>7</td><td>组装</td><td>垂直拧入</td><td>十字螺丝刀</td></tr>
<tr><td>8</td><td>挡位板铭牌</td><td>1</td><td>电子工艺车间</td><td>8</td><td>组装</td><td>贴前用干的擦拭布擦拭面板</td><td>擦拭布</td></tr>
<tr><td>9</td><td>科华标志</td><td>1</td><td>电子工艺车间</td><td>9</td><td>组装</td><td>贴前用干的擦拭布擦拭面板</td><td>擦拭布</td></tr>
<tr><td>10</td><td>表头线焊接</td><td>6</td><td>电子工艺车间</td><td>10</td><td>焊接</td><td>焊接时间要短，避免烫伤绝缘层</td><td>焊接工具</td><td rowspan="3">6</td></tr>
<tr><td>11</td><td>电池夹正极片</td><td>2</td><td>电子工艺车间</td><td>11</td><td>焊接</td><td>牢固安装到卡槽内</td><td>焊接工具</td></tr>
<tr><td>12</td><td>电池夹负极片</td><td>2</td><td>电子工艺车间</td><td>12</td><td>焊接</td><td>牢固安装到卡槽内</td><td>焊接工具</td></tr>
<tr><td>13</td><td>PCB</td><td>1</td><td>电子工艺车间</td><td>13</td><td>安装</td><td>焊接完导线和电池极片后，将 PCB 牢固安装到面板盒。安装完 PCB，检查挡位转换开关有无机械卡阻</td><td>无</td><td>2</td></tr>
<tr><td>14</td><td>电刷片（3点）</td><td>1</td><td>电子工艺车间</td><td>14</td><td>安装</td><td>安装前确认电刷片直角及无变形，安装后从 PCB 和面板间的缝隙对着光查看是否安装到位</td><td>无</td><td></td></tr>
</table>

续表

SSD	总装工艺过程卡片			产品型号名称			产品图号	
				MF47a			MF47a	
工序名称				部/整件名称			文件号/图号	
MF47a 型万用表的总装				指针式万用表			MF47a-2	
装入件及辅助材料			车　间	工序号	工种	工序操作步骤及要求	设备及工具	工艺工时定额
序号	名称、规格	数　量						
15	小旋钮	1	电子工艺车间	15	安装	文字正方向对准 10kΩ 电阻的旋钮箭头方向	无	3
16	测试棒（红、黑）	1	电子工艺车间	16	安装	检查插接位置是否光滑	无	
17	保险管 5×20 250V，0.5A	1	电子工艺车间	17	安装	用手按压保险管金属端并将其压入保险管座，切勿按压玻璃处，以免伤到手	无	

更改标记		数　量	更改单号	签　名	日　期	签　名		日　期	第　页
						拟　制			共　页
						审　核			第　册
						标准化			共　册

这是万用表总装过程的重要技术文件。在“装入件及辅助材料”一栏填入工件名称，这里填写的是不能够再进行拆解的元器件，将要组装到一起的装入件及辅助材料写在一起。例如，元器件序号 1～5 对应工序号 1～5，这 5 个元器件对应的“工种”是“组装”，说明这 5 个元器件要先组装到一起，再与其他设备进行组装，在“工序操作步骤及要求”中对这 5 个元器件组装过程的注意事项进行说明。例如，“装入件及辅助材料”一栏中的 12 号“电池夹负极片”的“工种”是“焊接”，说明这个元器件需要与主机焊接。在“工序操作步骤及要求”中提示“牢固安装到卡槽内”。总装过程工艺卡片中的“工艺工时定额”是对工人操作时长的估算，用以计算工人的工作量。表 6-7 中的“车间”一栏应填入本工序是在哪里完成的，有的工艺过程卡片此处需要填写具体工位。

3．编制智能巡更机器人的总装工艺过程卡片

总装工艺过程卡片 2 如表 6-8 所示。

表 6-8　总装工艺过程卡片 2

	总装工艺过程卡片			产品型号名称			产品图号	
工序名称				部/整件名称			文件号/图号	
装入件及辅助材料			车间	工序号	工种	工序操作步骤及要求	设备及工具	工艺工时定额
序号	名称、规格	数量						

续表

	总装工艺过程卡片	产品型号名称	产品图号
工序名称		部/整件名称	文件号/图号

装入件及辅助材料			车间	工序号	工种	工序操作步骤及要求	设备及工具	工艺工时定额
序号	名称、规格	数量						

更改标记	数　量	更改单号	签　名	日　期	签　名		日　期	第　页
					拟　制			共　页
					审　核			第　册
					标准化			共　册

任务二　智能巡更机器人的调试

一、智能巡更机器人的功能介绍

智能巡更机器人具有人工控制和自动巡更功能。智能巡更机器人自带 Wi-Fi 接收模块，能够通过安卓系统的手机和 iOS 系统的手机进行 Wi-Fi 远程控制。智能巡更机器人还能够通过地上的引导线，利用自身的红外传感器识别路线并进行自动巡更，用超声波传感器检测障碍物，遇到障碍物进行躲避。智能巡更机器人在巡更过程中通过摄像头进行巡更视频的采集和记录。

二、智能巡更机器人电路的工作原理

智能巡更机器人有 3 块电路板作为核心控制电路，这 3 块电路板协同工作，实现智能巡更机器人的所有功能。1 号电路板是 Wi-Fi 接收模块，如图 6-31 所示，其主要作用是接收来自控制端的无线信号和摄像头的图像信号，并将控制信号和图像信号进行转换和传输。2 号电路板是程序编译控制板，如图 6-32 所示，其主要作用是编译来自计算机的控制程序，将程序烧制到智能巡更机器人的“大脑”元件——ATMEGA328P 单片机中，实现单片机对外围设备的控制功能。3 号电路板是控制执行板，如图 6-33 所示，其主要作用是通过控制信号驱动 4 个直流电动机，驱动摄像头的舵机，同时接收红外传感器的信号和超声波信号。

图 6-31　1 号电路板：Wi-Fi 接收模块

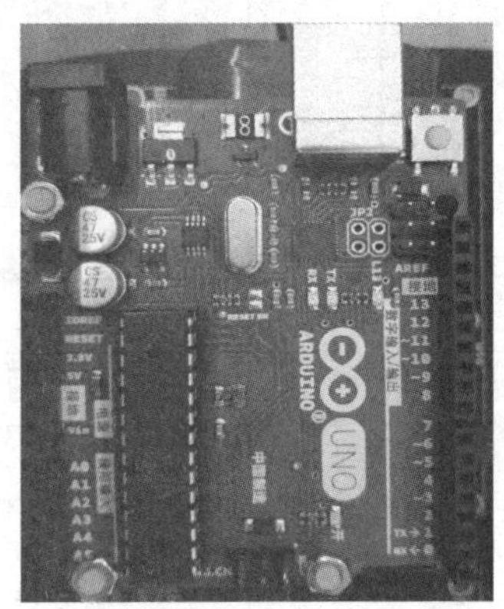

图 6-32　2 号电路板：程序编译控制板

图 6-33　3 号电路板：控制执行板

智能巡更机器人控制系统采用基于 AVR 内核的 ATMEGA328P 单片机芯片作为核心的中央控制电路，该芯片的时钟频率为 20MHz，同时内建的 USB 通信功能可以省去外围电路中 UART 转 USB 的设计。Wi-Fi 控制电路通过 USB_2 接口中的 VBUS 为摄像头提供 5V 左右的电源，摄像头将图像数据 DM（数据正信号）、DP（数据负信号）传输给 AR9331 芯片的引脚 A_{50} 和引脚 B_{43}。SW_2 为 AR9331 芯片的复位按钮，引脚 B_{48} 是芯片的 RTS 功能脚（复位引脚），使用 RTS 功能来复位芯片的数据流。按下 SW_2 按钮，芯片引脚 B_{48} 的供电电压由 3.3V 变为 1.2V，从而使芯片复位。天线（Wi-Fi ANTENNA）与芯片引脚 A_{62}（RFOUTN）、引脚 A_{63}（RFOUTP）相连，接收上位控制机信号，如手机控制信号，同时利用天线发射图像信号给上位机。Wi-Fi 控制电路通过 USB_1 接口与中央控制电路进行连接，通过连接到 3 号电路板的 USB 接口间接连接到中央控制电路。电源采用 7.4V 直流电源，通过 SY8100 稳压芯片的引脚 5 输入电源，将电源电压稳定在 5V，通过引脚 6 和引脚 3 输出，D_2 为电源指示灯，供电正常此灯常亮。反射式红外传感器接收到反射信号输出为低电平，反之输出高电平给单片机，左侧传感器输出信号给 A_3 接口，右侧传感器输出信号给 A_2 接口，单片机对接收到的左右两侧信号进行对比分析，判断是否偏离引导线。单片机通过 A_4 接口向超声波传感器发射头（T）传送脉冲信号，超声波传感器的接收头（R）通过 A_5 接口将信号传送给单片机，单片机计算发射信号与接收信号的时间差，计算出机器人与障碍物的距离。车轮的转动靠 4 个直流电动机来带动，4 个车轮分为两组，分别为 M_1 和 M_2，从电动机驱动角度来讲，相当于驱动了两个电动机，只不过每个电动机旁边又并联了一个电动机，单片机发出两组 PWM 波形给缓冲电路 74HC244 的引脚 2 和引脚 8，同时输出单片机 4 路中断信号 INT_1～INT_4 到引脚 4、引脚 6、引脚 11 和引脚 13，缓冲电路通过引脚 2 和引脚 8 将信号传输给直流电动机逻辑控制电路 TB6612 的引脚 15 和引脚 23，74HC244 将中断信号 INT_1～INT_4 连接到 TB6612 的引脚 21、引脚 22、引脚 17 和引脚 16 进行电动机控制，最终 TB6612 将输出 4 路（OUT_1～OUT_4）信号给电动机 H 桥驱动电路，从而驱动电动机转动。电动机的速度通过 PWM 波的占空比来调节，电动机转与停通过 INT_1～INT_4 的中断信号来控制，从而实现机器人的转向。

知识链接 6　74HC244 芯片

74HC244 芯片（简称 74HC244）是一款常见的驱动信号芯片，常用于各种单片机系统中，它具有三态输出的 8 路缓冲器和线路驱动器。该三态输出由输出使能端 1OE 和 2OE 控制。任意 *n*OE 上的高电平将使输出端呈现高阻态。74HC244 在智能巡更机器人的电动机驱动系统中起到隔离作用，理论上可以直接用单片机的几个 I/O 口驱动电动机，但如果电路板没做好，或者发生意外，可能会连带将单片机烧坏，所以要加 74HC244 隔离一下。74HC244 作为三态缓冲器，因为是三态输出，所以控制好引脚 1 和引脚 19，就能起到缓冲器作用。平常将引脚 1 和引脚 19 置为高电平，此时 74HC244 的输出为高阻态。数据准备好后，将引脚 1 和引脚 19 置为低电平，此时数据就能输出或存入了。芯片引脚图如图 6-34 所示。

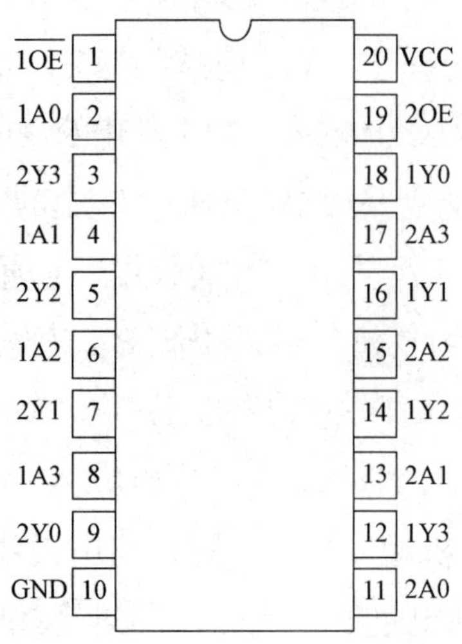

图 6-34 芯片引脚图

知识链接 7 直流电动机 H 桥驱动

H 桥驱动电路是一个典型的直流电动机驱动电路，因为它的电路形状酷似字母 H，故得名“H 桥”。4 个三极管组成 H 的 4 条垂直腿，而电动机就是 H 中的横杠。通过外围电路的控制，电动机周围的 4 个二极管对角导通，当 VD_{10} 和 VD_{12} 导通时，VD_9 和 VD_{13} 截止，电动机正转；当 VD_9 和 VD_{13} 导通时，VD_{10} 和 VD_{12} 截止，电动机反转。H 桥驱动电路如图 6-35 所示。

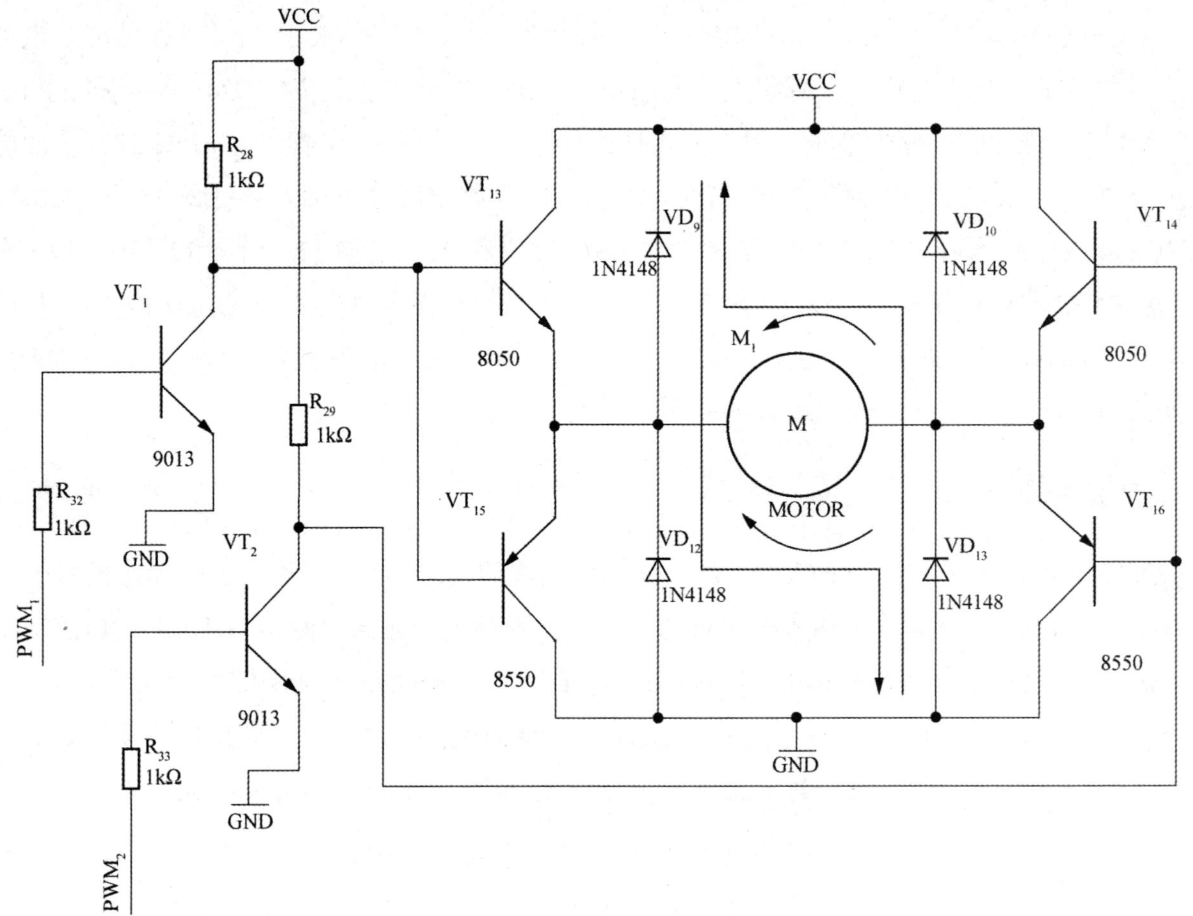

图 6-35 H 桥驱动电路

在智能巡更机器人 H 桥驱动电路中，OUT_1、OUT_2、OUT_3、OUT_4 是控制信号，相当于图 6-35 中 VT_1 和 VT_2 的作用，由于智能巡更机器人需要控制两组电动机，因此需要 4 个控制信号。VD_8、VD_9、VD_{10}、VD_{11} 控制电动机组 M_1，VD_4、VD_5、VD_6、VD_7 控制电动机组 M_2。当 VD_8 和 VD_{11} 导通时，电动机组 M_1 正转；当 VD_9 和 VD_{10} 导通时，电动机组 M_1 反转；当 VD_4 和 VD_7 导通时，电动机组 M_2 正转，当 VD_5 和 VD_6 导通时，电动机组 M_1 反转，H 桥驱动电路的供电电压为 3V，如图 6-36 所示。

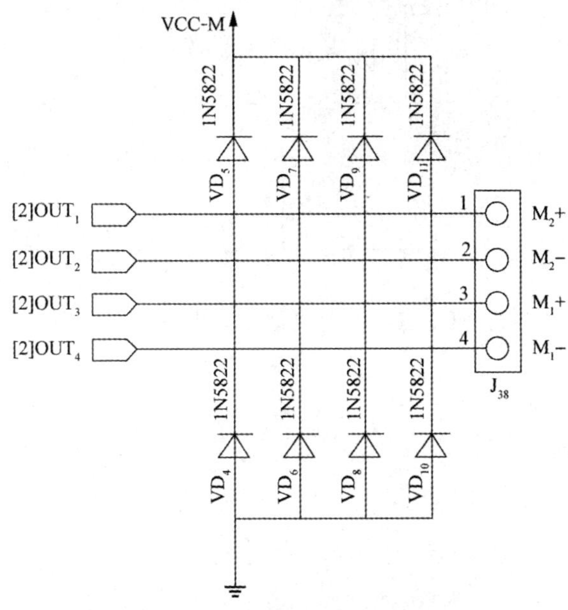

图 6-36　智能巡更机器人 H 桥驱动电路

三、智能巡更机器人电路的调试

通电静态调试：接通电源，驱动电路板中 VD_1 闪烁，电源指示灯 VD_2 常亮，驱动电路板预热完毕 VD_1 熄灭，Wi-Fi 控制电路 VD_7 闪烁，稳压电源 SY8100 的引脚 6 的输出电压稳定在 5V，程序编译控制板电源指示灯常亮。当 VD_7 闪烁停止，Wi-Fi 模块预热完毕时，可以用控制端搜索机器人的 Wi-Fi 信号进行连接，若连接正常且显示摄像头图像，则 Wi-Fi 模块运行正常，摄像系统正常，此时机器人处于待控制阶段。

电动机驱动系统调试：H 桥驱动电路的电压为 3V，VD_4、VD_5、VD_6、VD_7、VD_8、VD_9、VD_{10}、VD_{11} 的电压均为 3V，TB6612 电动机逻辑控制电路的电压为 5V，EA、EB 为高电平、I_1～I_4 均为低电平。机器人前进时，VD_5、VD_6、VD_9、VD_{10} 的电压为 6V，VD_4、VD_7、VD_8、VD_{11} 的电压为 0.3V，控制信号 I_2、I_3 为高电平，I_1、I_4 为低电平；机器人前进转变为后退时，H 桥驱动电路中的二极管和 I_1～I_4 电平进行翻转，程序编译控制板 L_{13} 指示灯亮。

传感器系统调试：红外传感器正常供电（5V）。使传感器信号收发面与地面平行，调试传感器与地面的距离，使其能够正常输出数据。当传感器未检测到黑色循迹线时，信号输出端 OUTPUT（黄线）的输出信号电压为 0V；当传感器检测到黑色循迹线时，输出信号电压为 3.5V。HC-SR04 超声波传感器模块采用 I/O 口 Trig 触发测距，给最少 10μs 的高电平信号。模块自动发送 8 个 40kHz 的方波，自动检测是否有信号返回，若有信号返回，则通过 I/O 口 Echo 输出一个高电平（回响电平），高电平持续的时间就是超声波从发射到返回的时间。测试距离=(高电平时间×声速)/2。HC-SR04 超声波传感器模块的波形图如图 6-37 所示。

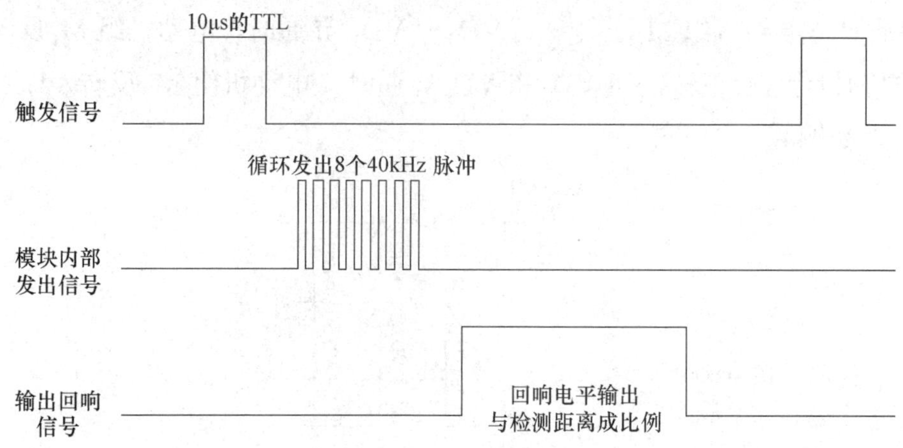

图 6-37　HC-SR04 超声波传感器模块的波形图

控制端软件调试：

连接 Wi-Fi，登录手机控制端 App，进入控制界面，如图 6-38 所示，图中的背景是摄像头拍摄的图像，左侧圆圈是方向控制按钮，在屏幕右侧滑动屏幕可以控制摄像头云台舵机。屏幕上方是控制模式切换选项。中间的加号是 App 控制设置选项。若登录软件后无法控制机器人，则退出后再次登录，若还是不行，则检查 Wi-Fi 连接情况。

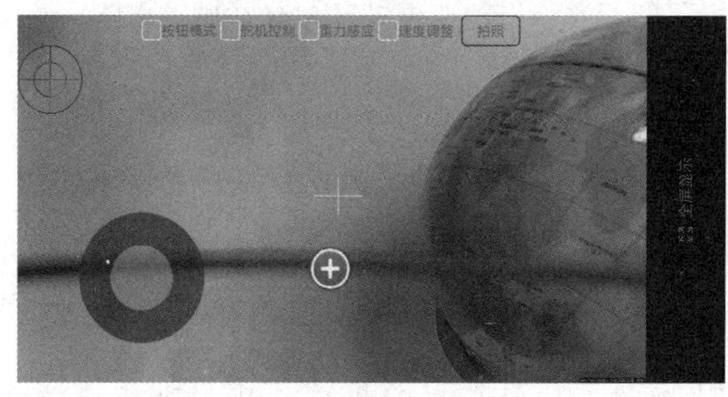

图 6-38　控制软件调试后输出图像

单击“加号”按钮，可以调出全功能模式，在此模式下可以调试机器人的其他功能，如图 6-39 所示。

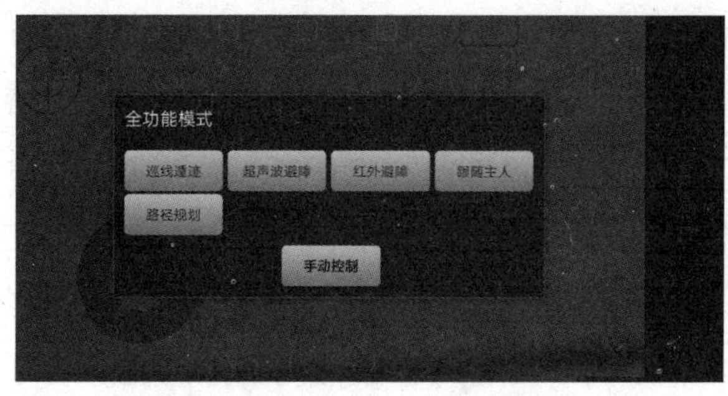

图 6-39　软件功能界面

若机器人的行走方向与控制方向不一致，则依次单击“加号”→“设置（齿轮）”按钮，按照图 6-40 所示的内容设置地址码即可。

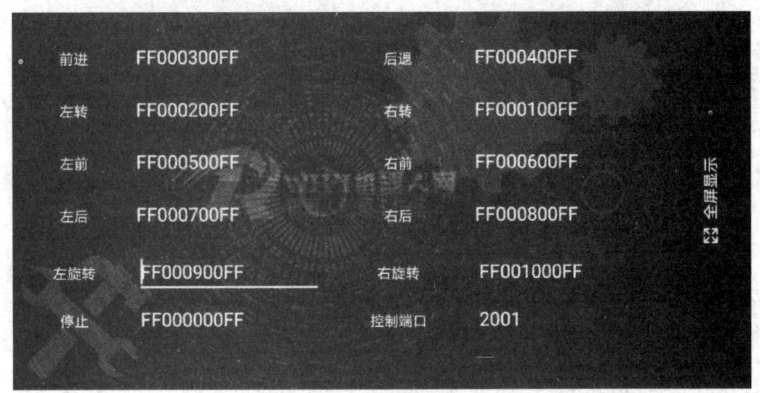

图 6-40　软件调试界面

1. 智能巡更机器人电路方框图

根据电路图及各部分电路功能，绘制电路方框图，通过方框图正确表达各部分电路之间的关系及相互作用，如图 6-41 所示。

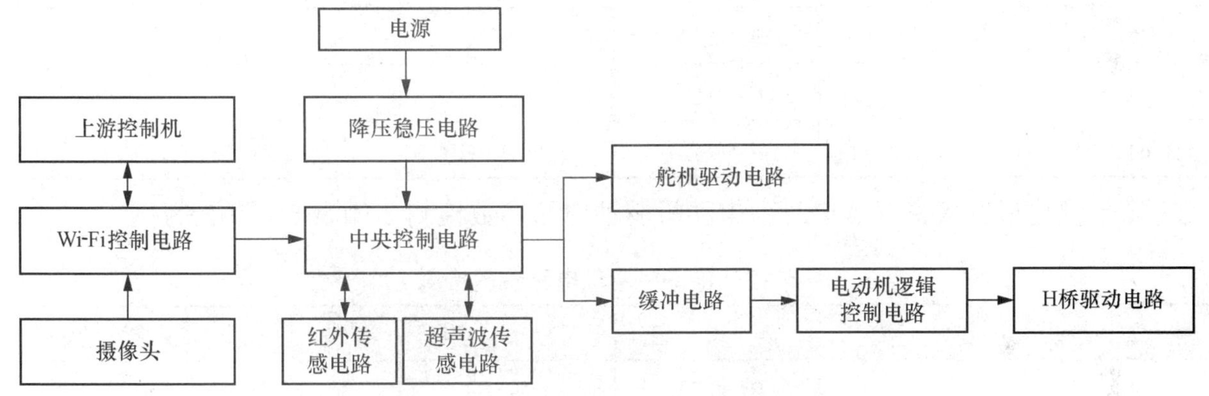

图 6-41　智能巡更机器人电路方框图

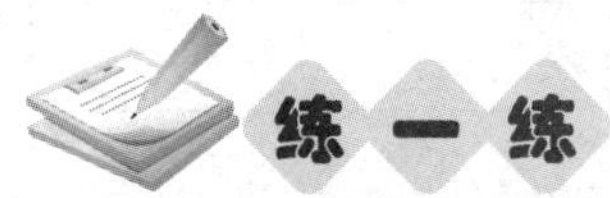

请找到各功能电路的核心元器件，并将其填入表 6-9 中。

表 6-9　核心元器件

功 能 电 路	核心元器件
Wi-Fi 控制电路	
电动机逻辑控制电路	
降压稳压电路	
中央控制电路	
红外传感电路	
缓冲电路	

2．参数检测

（1）供电参数检测如表 6-10 所示。

表 6-10 供电参数检测

测试点	电位	参考值	测试点	电位	参考值
SY8100 引脚 5		7.4V	74HC244 引脚 20		5V
SY8100 引脚 6		5V	AR9331 引脚 A20		3.3V
TB6612 引脚 24		7.4V	单片机电源		5V

（2）电动机驱动电路参数检测。

当智能巡更机器人直线前进时，电动机驱动电路参数检测 1 如表 6-11 所示。

表 6-11 电动机驱动电路参数检测 1

测试点	电位	参考值	测试点	电位	参考值
D_5		6V	I_1		0V
D_6		6V	I_2		5V
D_4		0～0.3V	I_3		5V
D_7		0～0.3V	I_4		0V
TB6612 EA			TB6612 EB		

当智能巡更机器人直线后退时，电动机驱动电路参数检测 2 如表 6-12 所示。

表 6-12 电动机驱动电路参数检测 2

测试点	电位	参考值	测试点	电位	参考值
D_9		0～0.3V	I_1		5V
D_{10}		0～0.3V	I_2		0V
D_8		6V	I_3		0V
D_{11}		6V	I_4		5V
TB6612 EA			TB6612 EB		

（3）传感器电路参数检测如表 6-13 所示。

表 6-13 传感器电路参数检测

测试点	电位	参考值	备注
左侧红外传感器电源		5V	
右侧红外传感器电源		5V	
左侧红外传感器 OUTPUT		0V	未检测到黑色循迹线
右侧红外传感器 OUTPUT		0V	未检测到黑色循迹线

续表

测 试 点	电 位	参 考 值	备 注
左侧红外传感器 OUTPUT		3.5V	检测到黑色循迹线
右侧红外传感器 OUTPUT		3.5V	检测到黑色循迹线

（4）超声波传感器参数检测如下。

利用示波器检测 HC-SR04 超声波传感器模块 Trig 端和 Echo 的波形，并将波形记录在图 6-42 中。

VOLT/DIV：__________ TIME/DIV：__________

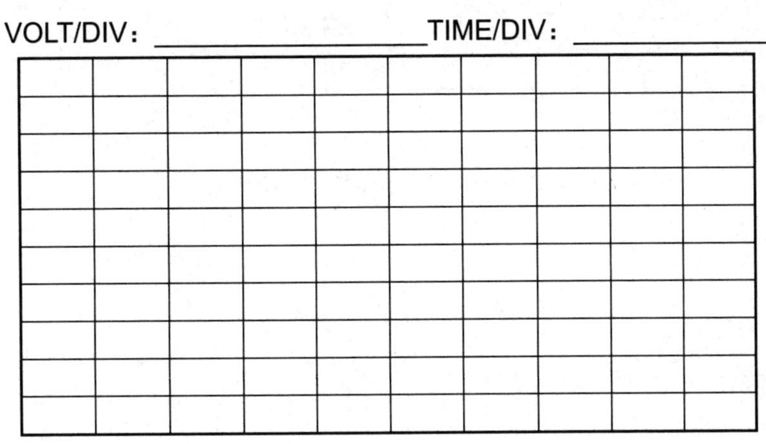

（a）

VOLT/DIV：__________ TIME/DIV：__________

（b）

图 6-42 参数检测

任务三 智能巡更机器人常见故障的检修

智能巡更机器人相对前面几个项目较为复杂，在分析电路时要分模块进行，只有了解了每个模块电路的正常工作状态和相关参数，才能推断电路工作是否正常。如图 6-43 所示，在对这种较为复杂的电路进行故障排除时，最好将排除法和“顺藤摸瓜”故障点定位法结合使用。

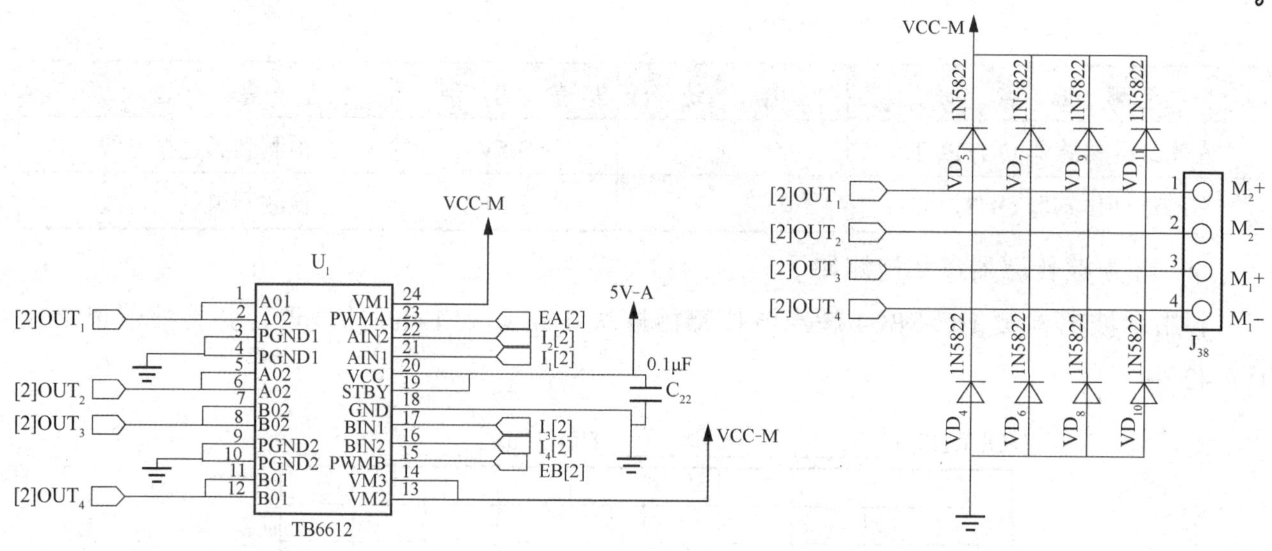

图 6-43　电动机驱动电路

一、检修方法

智能巡更机器人常见故障的检修主要用到了以下方法。

1．先观察后检测

先观察电路板和元器件外观有无明显裂痕、缺损、焊接缺陷、安装错误等。如果发现元器件或电路板没有明显故障，那么再对电路参数进行测量，进一步排查故障。

2．先静态后动态

智能巡更机器人装配相对复杂，在装配过程中需要将电路板固定，且电路板之间还会有插针连接。在装配过程中容易出现损坏电路或碰坏元器件的故障，所以在设备未通电时，要仔细检查电路是否存在硬件的物理损伤和焊接缺陷。利用万用表检测电源端是否存在短路。断电静态检测完毕，通电试验，测量电源、芯片、传感器、稳压电源等重要元器件供电是否正常。

3．电阻测量法

电阻测量法是利用万用表的欧姆挡测量电路中的集成电路、晶体管引脚和各单元电路的对地电阻值，以及各元器件自身的电阻值，来判断故障的一种检测方法。例如，在检测开关时，通常利用万用表的电阻挡对开关打开、闭合时引脚之间的阻值进行对比，判断开关的好坏。又比如，在检测电阻、电感、电容、晶体管时也会用到电阻挡。可以利用万用表的电阻挡检测电感线圈的电阻来判断其好坏；利用万用表的电阻挡对电容充放电，观察充放电现象，判断电容的好坏。在判断两个元器件之间是否可靠连接时，也经常会用到电阻挡。例如，电动机运转出现故障时，在检查过程中，其中一项任务是检查 TB6612 的驱动信号是否传输到 H 桥驱动电路，查看电路图的连接，OUT_1 连接到 VD_5 的阴极，利用万用表的电阻挡检测 TB6612 的引脚 2 和 VD_5 阴极之间的阻值，如果阻值为 0，那么说明连接可靠；如果阻值较大，甚至超出量程，那么要进一步检查。74HC244 可以利用万用表的电阻挡检测其内部电路的阻值，判断芯片的好与坏。例如，在芯片内部，某一路缓冲器在静态情况下的内阻为5kΩ左右，若偏差太大则芯片可能存在问题。

4．电压测量法

智能巡更机器人电路中芯片较多，利用电压测量法检测芯片供电电压及重要引脚输出电压尤为重要，测量传感器的输出电压也能够判断传感器的好坏。例如，机器人行走不正常时，就要测量TB6612的I_1～I_4输出口电压是否正常，还要检测H桥驱动电路中的二极管电压是否正常。要确定红外传感器供电是否正常，就要通过电压测量法检测传感器在不同情况下的输出信号是否有较大幅度的变化。

5．排除法与“顺藤摸瓜”故障点定位法结合使用

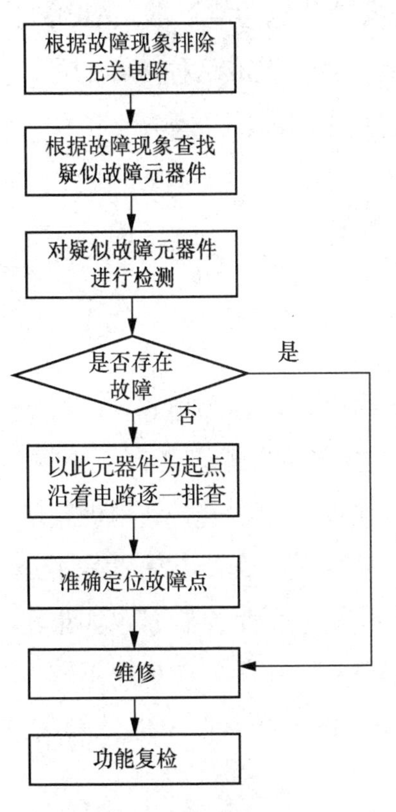

图6-44　故障排除流程

由于智能巡更机器人电路比较复杂，单纯地用“顺藤摸瓜”故障点定位法较为烦琐，因此“顺藤摸瓜”故障点定位法比较适合局部电路的排故。面对较为复杂的电路，要先根据故障现象进行大规模的排除，将故障范围缩小到一定程度后，再利用电阻测量法、电压测量法等方法查找故障点。例如，若图像传输出现问题，其他功能正常，则查看电路图就可以排除驱动电路板和程序编译控制电路板的问题，将故障范围缩小到Wi-Fi接收模块电路板，再次查看电路图，根据摄像头连接的所有电路，进行“顺藤摸瓜”检测。故障排除流程如图6-44所示。

6．替换法

对于非常可疑的故障点，若条件允许，则利用一个正常的元器件对其进行直接替换。若替换后功能正常，则说明故障点判断正确；若替换后功能不正常，则说明故障点判断失误。这种方法对于处理简单的故障方便快捷，经常用到。例如，电路中一个三极管被判断可能存在故障，这种情况在电路上测量偏差太大，影响判断结果，若拆下来测量，则比较麻烦，这时可以替换上一个好的三极管，直接进行判断。

二、典型故障分析

故障1：图像信号异常，其他功能正常

智能巡更机器人的其他功能一切正常，控制端没有图像信号。

（1）故障原因分析。

根据故障现象及发生故障的过程进行判断，图像信号之前一直都正常，机器人在工作时突然失去图像信号。摄像系统包括摄像头、摄像头接口、AR9331芯片、单片机、射频发射天线。

根据故障描述可以排除单片机电路的故障，因为如果单片机出现问题，那么其他功能也不可能正常。故障范围确定在 Wi-Fi 接收模块电路。摄像头有 4 条连接线，分别为 5V 电源、GND、信号+和信号−。摄像头的图像信号传输给 AR9331 芯片的引脚 A_{50} 和引脚 B_{43}，通过射频发射天线传输给控制端。

（2）故障位置（元器件）的判定。

通过故障现象判断，只是没有图像信号，其他功能正常，可以暂时排除射频发射天线的问题，如果射频发射天线出现问题，那么其他控制信号也无法传输。检测摄像头是否插接牢固，插拔几次仍无图像，检测摄像头是否正常，检测摄像头的接口电源 5V 正常，GND 可靠接地。利用电压测量法，检测摄像头输出信号是否正常，检测 AR9331 芯片的引脚 A_{50} 和引脚 B_{43} 无信号，进而判断可能是摄像头或 AR9331 芯片的问题，由于智能巡更机器人的其他功能正常，AR9331 芯片损坏的可能性较小，因此摄像头被定位为故障点，对摄像头进行更换。造成这种故障的原因可能是摄像头云台的转动导致数据线金属疲劳折断，还有可能是摄像头质量不达标。

故障 2：左侧车轮不转，其他车轮正常工作

智能巡更机器人在巡更过程中，左侧车轮不转，其他 3 个车轮运转正常，其他电路工作也正常。

（1）故障原因分析。

智能巡更机器人车轮控制系统由中央控制电路、缓冲电路、电动机逻辑控制电路、H 桥驱动电路构成，通常情况下，中央控制电路出现故障可能造成整个智能巡更机器人工作不正常，造成单个局部故障的可能性比较小。遇到这类故障要先从简单的易损件开始检查，利用观察的方法看一看有没有焊接不实导致的断路，电动机组之间的连线最容易脱焊，检查电动机是不是损坏，然后检查一下缓冲电路、电动机逻辑控制电路的输入、输出引脚电平是否正常，如果没有问题，那么最后检查一下 H 桥驱动电路中的二极管是否损坏，根据经验判断单个车轮不转，电路开焊、电动机损坏的可能性较大，如果电动机组整体不转，那么信号异常的可能性较大。

（2）故障位置（元器件）的判定。

总体检修思路是，根据故障现象排除中央控制电路板的故障，根据故障概率的高低检查易损件和常见故障点，检查信号系统和 H 桥驱动电路。在电动机控制电路中，电动机的连接线和电动机是常见故障点，利用观察法检查所有焊点是否有问题，利用外部电源给电动机供电，电动机正常转动。对于信号系统和 H 桥驱动电路，要先检查信号系统后检查 H 桥驱动电路，原因在于：如果先检查 H 桥驱动电路时发现有问题，那么有可能是 H 桥驱动电路时自身的问题，也有可能是接收的信号有问题，仍然要检查信号系统，这样就不如先检查信号系统，如果信号输出正常，那么就可以断定是 H 桥驱动电路出现问题。检查控制信号末端输出 TB6612 的 I_1～I_4 信号，发现信号输出正常，初步断定 H 桥驱动电路故障，进一步检查 H 桥驱动电路，发现 VD_{11} 电压异常，端电压始终都是 6V，说明二极管断路，更换二极管后故障解决。

故障 3：寻迹异常

机器人在巡更过程中，间歇性偏离寻迹线。

（1）故障原因分析。

寻迹系统包括红外传感器和中央控制电路，中央控制电路发生故障的可能性比较小。检查传感器与地面距离、平行度，传感器镜面整洁度，传感器供电，传感器信号灯。

（2）故障位置（元器件）的判定。

首先检测红外传感器供电是否是 5V，然后利用红白相间的纸接近传感器探头，检测传感器输出信号有无变化，高电平达到 3.5V，传感器高度距离地面 1cm 且平行，传感器镜面有些灰尘，用纸巾擦拭后再次调试，寻迹功能一切正常，导致寻迹功能失常的原因是镜面污浊，导致信号发射和回传精度下降。

项目评价

一、装配评价

请按照表 6-14 中的评价内容，对自己的装配进行评价。

表 6-14　装配评价表

评 价 项 目	评 价 细 则
电路焊接	元器件极性是否正确
	元器件的装配位置是否正确
	元器件的装配工艺是否正确
	是否存在虚焊、桥接、漏焊、毛刺
	是否存在焊盘翘起、脱落
	是否损坏元器件
	是否烫伤塑料件、外壳
	引脚剪脚高度是否符合要求
成品的装配	插针元件安装是否垂直
	接口安装是否符合标准
	螺钉装配是否紧固
	走线是否规范
	线头是否进行绝缘处理
	线束绑扎是否合规
成品的测试	供电正常
	显示功能正常
	校时功能正常
	报时功能正常
安全	是否存在违反操作流程或规范的操作

二、调试与检修评价

填写调试与检修评价表（见表6-15）。

表6-15　调试与检修评价表

产品名称			
调试与检修日期		故障电路板号	
故障现象			
故障原因			
检修内容			
材料应用	材料名称	型　号	数　量
检修员签字		复检员签字	
检修结果		评分	

三、6S工作规范评价

请在表6-16中对完成本任务的6S工作规范进行评价。

表6-16　6S工作规范评价表

评价项目	整理	整顿	清扫	清洁	素养	安全
评　　分						

智能机器人是第三代机器人，这种机器人带有多种传感器，能将多种传感器得到的信息进行融合，有效地适应变化的环境，具有很强的自适应能力、学习能力和自治功能。智能机器人如图6-45所示。现代智能机器人基本能按人类的指令完成各种比较复杂的工作，如深海探测、作战、侦察、扫雷、抢险、服务等工作，模拟完成人类不能或不愿完成的任务，不仅能自主完成任务，而且能与人类共同协作或在人类的指导下完成任务，在不同领域有着广泛的应用。

当前智能机器人涉及许多先进的技术，这些技术关系到智能机器人的智能性的高低，主要有以下几个方面：多传感信息融合技术即综合来自多个传感器的感知数据，以产生更可靠、更准确或更全面的信息，经过融合的多传感器系统能够更加完善、精确地反映检测对象的特性，消除信息的不确定性，提高信息的可靠性；导航和定位技术，在自主移动机器人导航中，无论是局部实时避障还是全局规划，都需要明确机器人或障碍物的当前状态及位置，以完成导航、避障及路径规划等任务；路径规划技术，最优路径规划就是依据某个或某些优化准则，在机器人工作空间中找到一条从起始状态到目标状态、可以避开障碍物的最优路径；机器人视觉技术，机器人视觉系统的工作包括图像的获取、图像的处理和分析、输出和显示，核心任务是特征提取、图像分割和图像辨识；智能控制技术，智能控制方法提高了机器人的速度及精度；人机接口技术，研究如何使人方便自然地与计算机交流。

深海探测机器人

扫雷机器人

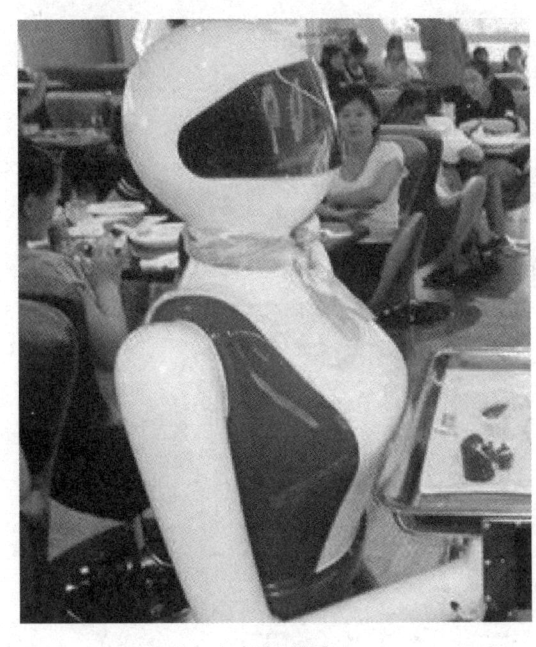

点餐机器人

作战机器人

图 6-45　智能机器人

未来机器人将朝以下几个方向发展：语言交流功能越来越完善、各种动作的完善化、外形越来越酷似人类、自我复原功能越来越强大、体内能量存储量越来越大、逻辑分析能力越来越强、具备多样化功能。

1．有些芯片的引脚距离特别近，在焊接过程中容易引脚连焊，在分开引脚的过程中，要注意防止__________，温度过____容易将芯片烧坏。

2．超声波传感器的发射器用_______表示，接收器用_______表示。

3．反射式红外传感器是集________与_________于一体的传感器。

4．H 桥驱动电路是一个典型的___________驱动电路，因为它的电路形状酷似字母 H，故得名“H 桥”。____个三极管组成 H 桥的 4 条垂直腿。

5．简述贴片元器件焊接的拖焊步骤及注意事项。

6．常用的红外传感器有几个接线端？它们的功能分别是什么？

7．无刷直流电动机的结构是什么？

8．绘制直流电动机的 H 桥驱动电路，并简述其工作过程。

9．绘制复杂电路故障排除的流程图。

10．机器人的超声波传感器发出的超声波信号往返障碍物的时间是 0.3s，当时环境温度是 20℃，请计算机器人与障碍物之间的距离。